Wissenschaftliche Reihe
Fahrzeugtechnik Univers

Herausgegeben von
M. Bargende, Stuttgart, Deutschland
H.-C. Reuss, Stuttgart, Deutschland
J. Wiedemann, Stuttgart, Deutschland

Das Institut für Verbrennungsmotoren und Kraftfahrwesen (IVK) an der Universität Stuttgart erforscht, entwickelt, appliziert und erprobt, in enger Zusammenarbeit mit der Industrie, Elemente bzw. Technologien aus dem Bereich moderner Fahrzeugkonzepte. Das Institut gliedert sich in die drei Bereiche Kraftfahrwesen, Fahrzeugantriebe und Kraftfahrzeug-Mechatronik. Aufgabe dieser Bereiche ist die Ausarbeitung des Themengebietes im Prüfstandsbetrieb, in Theorie und Simulation.

Schwerpunkte des Kraftfahrwesens sind hierbei die Aerodynamik, Akustik (NVH). Fahrdynamik und Fahrermodellierung, Leichtbau, Sicherheit, Kraftübertragung sowie Energie und Thermomanagement – auch in Verbindung mit hybriden und batterieelektrischen Fahrzeugkonzepten.

Der Bereich Fahrzeugantriebe widmet sich den Themen Brennverfahrensentwicklung einschließlich Regelungs- und Steuerungskonzeptionen bei zugleich minimierten Emissionen, komplexe Abgasnachbehandlung, Aufladesysteme und -strategien, Hybridsysteme und Betriebsstrategien sowie mechanisch-akustischen Fragestellungen.

Themen der Kraftfahrzeug-Mechatronik sind die Antriebsstrangregelung/Hybride, Elektromobilität, Bordnetz und Energiemanagement, Funktions- und Softwareentwicklung sowie Test und Diagnose.

Die Erfüllung dieser Aufgaben wird prüfstandsseitig neben vielem anderen unterstützt durch 19 Motorenprüfstände, zwei Rollenprüfstände, einen 1:1-Fahrsimulator, einen Antriebsstrangprüfstand, einen Thermowindkanal sowie einen 1:1-Aeroakustikwindkanal.

Die wissenschaftliche Reihe „Fahrzeugtechnik Universität Stuttgart" präsentiert über die am Institut entstandenen Promotionen die hervorragenden Arbeitsergebnisse der Forschungstätigkeiten am IVK.

Herausgegeben von

Prof. Dr.-Ing. Michael Bargende
Lehrstuhl Fahrzeugantriebe,
Institut für Verbrennungsmotoren
    und Kraftfahrwesen, Universität
Stuttgart
Stuttgart, Deutschland

Prof. Dr.-Ing. Jochen Wiedemann
Lehrstuhl Kraftfahrwesen,
Institut für Verbrennungsmotoren
    und Kraftfahrwesen, Universität
Stuttgart
Stuttgart, Deutschland

Prof. Dr.-Ing. Hans-Christian Reuss
Lehrstuhl Kraftfahrzeugmechatronik,
Institut für Verbrennungsmotoren
    und Kraftfahrwesen, Universität
Stuttgart
Stuttgart, Deutschland

Michael Temmler

Steuergerätetaugliche Verbrennungsoptimierung mit physikalischen Modellansätzen

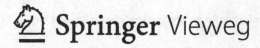

Michael Temmler
Stuttgart, Deutschland

Zugl.: Dissertation Universität Stuttgart, 2014

ISBN 978-3-658-07652-8   ISBN 978-3-658-07653-5 (eBook)
DOI 10.1007/978-3-658-07653-5

Die Deutsche Nationalbibliothek verzeichnet diese Publikation in der Deutschen Nationalbi-
bliografie; detaillierte bibliografische Daten sind im Internet über http://dnb.d-nb.de abrufbar.

Springer Vieweg
© Springer Fachmedien Wiesbaden 2014

Gedruckt auf säurefreiem und chlorfrei gebleichtem Papier

Springer Fachmedien Wiesbaden ist Teil der Fachverlagsgruppe Springer Science+Business Media
(www.springer.com)

Vorwort

Die vorliegende Arbeit entstand während meiner Tätigkeit als wissenschaftlicher Mitarbeiter am Forschungsinstitut für Kraftfahrwesen und Fahrzeugmotoren Stuttgart (FKFS) und anschließend am Institut für Verbrennungsmotoren und Kraftfahrwesen (IVK) der Universität Stuttgart unter der Leitung von Herrn Prof. Dr.-Ing. M. Bargende.

Mein besonderer Dank gilt Herrn Prof. Dr.-Ing. M. Bargende für die hervorragende wissenschaftliche und persönliche Betreuung während der Durchführung dieser Arbeit. Herrn Prof. Dr.-Ing. R. Baar (Technische Universität Berlin) danke ich für die Übernahme des Koreferates.

Zu besonderem Dank verpflichtet bin ich Herrn Dipl.-Ing. H. Kolb von der Daimler AG, der das Zustandekommen dieser Arbeit ermöglichte, für seine großartige Unterstützung. Meinen Kolleginnen und Kollegen am FKFS, IVK und der Daimler AG, besonders Herrn Dipl.-Ing. A. Schober, danke ich für die angenehme Arbeitsatmosphäre, deren Unterstützung und die zahlreichen Diskussionen.

Den Studenten M. Mössinger, F. Herzenjak, M. Franke, M. Seith, die ich während meiner Zeit als Doktorand betreuen durfte, danke ich für ihre Unterstützung in Form von Studien- / Diplomarbeiten, durch die diese Arbeit vorangetrieben wurde.

Herrn Dipl.-Ing. O. Bänfer von der Universität Siegen möchte ich für dessen Unterstützung und Rat im Umgang mit der zur Verfügung gestellten Toolbox zur Erstellung lokaler Modellnetze danken.

Nicht zuletzt danke ich meiner Familie und ganz besonders meiner Partnerin Sandra für die große Unterstützung, das viele Verständnis und die Geduld während der Anfertigung dieser Arbeit.

Stuttgart, im September 2013

Michael Temmler

Abstract

Engine development's goal to reduce combustion emission and fuel consumption is realised by using new technologies. It is engine control's task to coordinate the interaction of single technologies. As a consequence of these readjusting abilities the application effort will be higher.

The presented engine management of distributed systems allows a replacement of the central engine control to a peripheral engine control with enclosed technical components. To achieve this physical command variables are used. These command variables are converted to actuating variables by self-sufficient subsystems. The design models in each control system allocates additional state variables to the overall system, which can only be measured with great effort. By assembling single modules to an engine control system, the ability to control an internal combustion engine efficiently could be proven successfully. A spark ignited mode as well as the controlled auto ignition was implemented within the engine system. The additional recommendation of adaption of command variables calls for a cooperation of particular subsystems with the central control unit, the combustion manager. The example of closed-loop combustion control shows the interaction of combustion control unit and the combustion manager. The adaption of feedforward control on the basis of indicated mean effective pressure, centre of combustion and air fuel ratio acts on the command variables air mass, ignition angle and fuel mass in spark ignited combustion modes, respectively fuel mass of main injection, pilot injection and residual gas ratio in controlled auto ignition.

A multi-criteria nonlinear optimization of internal combustion engines in the space of the engine management system is implemented by means of the physical based models. The combustion optimization exceeds the simple adaption of the feed forward control. Empirical combustion and emission models are keeping the computational effort low and are generating the optimization fundament. Applicating local model networks enable inserting previous knowledge in terms of data from phenomenological physical models or expert knowledge. The continuous ease of interpreting this model structure and the possibility to allow online-adaption of the parametrisation enable the model to adjust to each particular engine. This capability adds to a reduction of calibration effort. The developed concept of engine control system was used in two aggregates, an one-cylinder testbench and a four-cylinder engine in an experimental vehicle. For this reason, the interaction of combustion and gasexchange is considered in combustion optimization. Both models can be adapted to measurement. So the same combustion model can be used in both experimental vehicles. To optimize the combustion in the space of the engine management system a suitable algorithm was developed and integrated into the combustion manager as the central control system. The algorithm is characterized by a structure that allows the same models to be used for optimization and collection of the actual engine state. The results of optimizing the fuel consumption including a provision for emissions, knocking combustion and gasexchange show the successful implementation of the presented concept. An average fuel consumption improvement in the pre-control depending on parameter setting of the combustion optimization between 2.5 % and 6.2 % could be proved. With the help of the combustion optimization, which is suitable for engine control units, it has been successful to operate an internal combustion engine efficient with complex technologies.

Zusammenfassung

Das Ziel der Motorenentwicklung, die Schadstoffemissionen und den Kraftstoffverbrauch zu reduzieren, wird durch den Einsatz neuer Technologien verwirklicht. Das koordinierte Zusammenwirken der Einzelkomponenten ist Aufgabe der Motorsteuerung. Folge dieser neuen Verstellmöglichkeiten ist fast immer ein erhöhter Applikationsaufwand.

Das vorgestellte Motormanagement der verteilten Systeme ermöglicht unter Vorgabe gemeinsamer physikalischer Führungsgrößen ein Ersetzen der zentralen Motorsteuerung durch eine dezentrale Motorsteuerung mit gekapselten Technologiebausteinen. Autark arbeitende Subsysteme setzen die Führungsgrößen in Stellgrößen um. Die Modelle in allen Steuerungsmodulen stellen dem Gesamtsystem zusätzliche, teilweise nicht bzw. nur mit enormem Aufwand messbare Zustandsgrößen bereit. Mit dem Verbund der Einzelmodule konnte erfolgreich gezeigt werden, dass dieses Motorsteuerungssystem in der Lage ist, einen Verbrennungsmotor effizient zu betreiben. Sowohl der homogen fremdgezündete Betrieb als auch die Prozessführung der homogenen Selbstzündung sind enthalten. Die zusätzlich zu empfehlende Adaption von Führungsgrößen erfordert das Zusammenspiel der jeweiligen Subsysteme mit der zentralen Steuerungseinheit, dem Verbrennungskoordinator. Das dargestellte Beispiel der Verbrennungslageregelung zeigt exemplarisch das Zusammenwirken von Verbrennungsregelung und Verbrennungskoordinator. Die Adaption der Vorsteuerung anhand des indizierten Mitteldruckes, der Verbrennungslage und des -luftverhältnisses wirkt auf die Führungsgrößen Luftmasse, Zündwinkel und Kraftstoffmasse innerhalb der fremdgezündeten Betriebsarten bzw. Haupt-, Voreinspritzmasse und Restgasgehalt im selbstzündenden Betrieb ein.

Unter Verwendung physikalisch basierter Modelle kommt ein Verfahren zur modellbasierten multikriteriellen nichtlinearen Optimierung des Verbrennungsprozesses innerhalb des Motormanagements zum Einsatz. Die Verbrennungsoptimierung geht dabei über eine einfache Adaption der Vorsteuerung hinaus. Empirische Verbrennungs- und Emissionsmodelle halten den Rechenaufwand gering und bilden die Grundlage der Optimierung. Der Einsatz von lokalen Modellnetzen ermöglicht das Einbringen von Vorwissen, das sowohl in Form von Daten phänomenologisch physikalischer Modelle als auch von Expertenwissen vorlag. Die durchgängige Interpretierbarkeit der Modellstruktur und die Fähigkeit zur Online-Adaption der Parametrierung gewährleisten das gezielte Anpassen der Modelle an den jeweiligen Motor. Dies trägt zu einer Reduktion des Kalibrierungsaufwandes bei. Das entwickelte Motorsteuerungskonzept kam an zwei Aggregaten, einem Einzylinder-Prüfstand und einem Vierzylindermotor in einem Versuchsfahrzeug, zum Einsatz. Die wechselseitige Beeinflussung von Verbrennung und Ladungswechsel innerhalb der Verbrennungsoptimierung berücksichtigen die entwickelten Modelle. Beide Modelle sind adaptierbar ausgeführt, was die Anwendung desselben Verbrennungsmodells an beiden Versuchsträgern ermöglicht. Für die Verbrennungsoptimierung innerhalb des Motorsteuerungssystems wird ein geeigneter Algorithmus vorgestellt, der in den Verbrennungskoordinator - das zentrale Steuerungsorgan - integriert ist. Der Algorithmus zeichnet sich durch geringen Rechenaufwand und eine Strukturierung aus, die es ermöglicht, dieselben Modelle zur Optimierung wie zur Erfassung des aktuellen Motorzustandes zu verwenden. Die Ergebnisse der Verbrauchsoptimierung inklusive der Berücksichtigung von Emissionen, Klopfen und des Ladungswechsels zeigen die erfolgreiche Umsetzung dieses beschriebenen Konzeptes. Eine durchschnittliche Verbrauchsverbesserung der Vorsteuerung je nach Parametrierung der Verbrennungsoptimierung zwischen 2.5 % und 6.2 % konnte nachgewiesen werden. Mit Hilfe der steuergerätetauglichen Verbrennungsoptimierung ist es gelungen, einen Verbrennungsmotor mit komplexen Technologien effizient zu betreiben.

Inhaltsverzeichnis

Nomenklatur

Lateinische Symbole

A	[m^2]	Oberfläche
a	[-]	Vibe-Parameter
A_{eff}	[m^2]	effektiv durchströmte Fläche
A_F	[m^2]	Flammenoberfläche
A_w	[m^2]	Oberfläche Wandwärmeübergang
A_0, A_1, A_2	[-]	Koeffizienten zur Bestimmung des Reibmitteldruckes
b_i	[g/kWh]	indizierter spezifischer Kraftstoffverbrauch
B_0, B_1	[-]	Koeffizienten zur Bestimmung des Reibmitteldruckes
c	[m/s]	Schallgeschwindigkeit
c		Zentrumskoordinate
C_k	[-]	Koeffizient für turbulente kinetische Energie bei „Einlassventil schließt"
c_m	[m/s]	mittlere Kolbengeschwindigkeit
c_v	[J/kg/K]	spezifische Wärmekapazität
d_{EV}	[m]	Durchmesser Einlassventil
d_Z	[m]	Durchmesser Zylinder - Bohrung
dm	[kg/°KW]	Massenstrom
$dm_{1,2}$	[kg/°KW]	Massenstrom von System 1 in System 2
dQ_b	[J/°KW]	Brennverlauf
dQ_h	[J/°KW]	Heizverlauf
f	[Hz]	Frequenz
f		Funktionswert
H	[J]	Enthalpie
h_{EV}	[m]	maximaler Ventilhub Einlassventile
H_u	[J/kg]	unterer Heizwert

h	[J/kg]	spezifische Enthalpie
h_1, h_2, h_3	[-]	Hyperbelparameter
I_k	[-]	Vorreaktionszustand
J		Verlustfunktion
$j'_{m,s}$		Nullstellen der Ableitung der Besselfunktion
K		Reaktionsrate, -geschwindigkeit
k		Geschwindigkeitskonstante
k	[J/kg]	spezifische kinetische Energie
k_E	[J/kg]	spezifische kinetische Energie, Einspritzung
k_{ES}	[J/kg]	spezifische kinetische Energie bei „Einlassventil schließt"
k_q	[J/kg]	spezifische kinetische Energie, Quetschströmung
k_i	[-]	Gewichtung des i-ten Terms in der Verlustfunktion
l	[m]	integrales Längenmaß
L_{st}	[-]	stöchiometrisches Luftverhältnis
M	[-]	Anzahl Teilmodelle eines lokalen Modellnetzes
m	[kg]	Masse
m	[-]	Umfangsordnung
m	[-]	Vibe-Formfaktor
m_{ES}	[mg]	Einspritzmasse
m_{Fr}	[kg]	Frischgasmasse
N	[-]	Anzahl der Messdaten
n	[-]	Anzahl der Eingangsgrößen
n_{EV}	[-]	Anzahl Einlassventile
N_{mot}	[1/min]	Motordrehzahl
P	[-]	Kovarianzmatrix
p	[-]	Anzahl Eingänge eines lokal Modellnetzes
p	[Pa]	Druck
p_{me}	[bar]	effektiver Mitteldruck
p_{mi}	[bar]	indizierter Mitteldruck
p_{mr}	[bar]	Reibmitteldruck
Q	[J]	Wärme
Q		diagonale Gewichtungsmatrix eines lokal linearen Modells
q	[-]	Anzahl der Ausgänge
$Q_{B,um}$	[J]	umgesetzte Wärme
Q_b	[J]	Summenbrennverlauf
Q_w	[J]	Wandwärme

R	[J/kg/K]	individuelle Gaskonstante
s	[-]	Radialordnung
s_L	[m/s]	laminare Flammengeschwindigkeit
T	[K]	Temperatur
t	[s]	Zeit
t_{ES}	[ms]	Einspritzzeit
T_{KW}	[K]	Temperatur des Kühlwassers
T_w	[K]	Wandtemperatur
U	[J]	innere Energie
u	[J/kg]	spezifische innere Energie
u		Eingangssignal eines lokalen Modellnetzes
u_E	[m/s]	Eindringgeschwindigkeit
u_T	[m/s]	Turbulenzgeschwindigkeit
u_{Tr0}	[m/s]	Tropfengeschwindigkeit bei Austritt aus der Einspritzdüse
V	[m³]	Volumen
V_h	[m³]	Hubvolumen
W	[J]	Volumenänderungsarbeit
w	[-]	Parameter eines lokal linearen Modells
X		Datenmatrix eines lokal linearen Modells
x_1		Bestpunkt des Simplex
x_{ci}		innerer Kontraktionspunkt
x_{co}		äußerer Kontraktionspunkt
x_e		Expansionspunkt
x_{n+1}		schlechtester Punkt des Simplex
x_R	[%]	Restgasgehalt
x_r		Reflexionspunkt
x_S		Spiegelpunkt
x_{sh}		Punkt der Schrumpfung
y		Messsignal
y	[-]	normierte Brenndauer Vibe
$\hat{y}$		Ausgangssignal eines lokalen Modellnetzes
y_i		Zustandsgröße in der Verlustfunktion

Griechische Symbole

α	[W/m^2/K]	Wärmeübergangskoeffizient
α	[-]	Temperaturexponent
α_K	[-]	Durchflussbeiwert der Ventile
β	[-]	Druckexponent
Δ		Differenz
ε	[-]	Dissipationsrate
ε	[-]	Verdichtungsverhältnis
ε_{Diss}	[-]	Dissipationskoeffizient
ε_{DT}	[-]	Drall- und Tumblekoeffizient
ε_E	[-]	Einspritzturbulenzkoeffizient
ε_q	[-]	Quetschströmungskoeffizient
η_{um}	[-]	Umsatzwirkungsgrad
η	[-]	Wirkungsgrad
η_i	[-]	indizierter Wirkungsgrad
ϑ	[°C]	Temperatur
κ	[-]	Isentropenexponent
λ	[-]	Verbrennungsluftverhältnis
λ_i	[-]	Vergessensfaktor
λ_L	[-]	Liefergrad
μ	[-]	Zugehörigkeitsfunktion
ν	[m^2/s]	kinematische Viskosität
ξ	[-]	Restgasexponent
ρ	[kg/s]	Dichte
ρ		Parameter des Simplex-Algorithmus (Reflexion)
σ		Parameter des Simplex-Algorithmus (Schrumpfung)
σ		Standardabweichungen
τ	[s]	charakteristische Zeit
Φ	[-]	Gültigkeitsfunktion
φ	[°KW]	Kurbelwinkel
φ_{DK}	[°]	Drosselklappenwinkel
φ_{ESB}	[°KW]	Einspritzbeginn
φ_{VB}	[°KW]	Verbrennungsbeginn
φ_{VD}	[°KW]	Verbrennungsdauer
φ_{ZW}	[°KW]	Zündwinkel

| χ | Parameter des Simplex-Algorithmus (Expansion) |
| ψ | Parameter des Simplex-Algorithmus (Kontraktion) |

Indizes

0	Ausgangszustand, Normzustand
1	vor Drosselstelle
2	nach Drosselstelle
a	Auslass
Abg	Abgas
atm	Umgebung
ANW	Auslassnockenwelle
AO	Auslassventil öffnet
AS	Auslassventil schließt
B	Brennstoff
B50	50%-Umsatzpunkt des Brennverlaufes
E	Eindring
e	Einlass
eff	effektiv
ENW	Einlassnockenwelle
EO	Einlassventil öffnet
ES	Einlassventil schließt
F	Flamme
gef	gefiltert
H50	50%-Umsatzpunkt des Heizverlaufes
HD	Hochdruck
HE	Haupteinspritzung
i	indiziert
komp	Kompression
konv	Konvektion
krit	kritisch
Krst	Kraftstoff
l	Leckage
L	Luft
LW	Ladungswechsel
max	Maximum, Spitzenwert

MI	Main Injection / Haupteinspritzung
OPT	Zustandsgrößen während der Optimierung
R	Restgas
RB	Rechenbeginn
RE	Rechenende
ref	Referenzzustand
SR	Saugrohr
st	stöchiometrisch
T	Taylor
um	umgesetzt, umzusetzen
uv	unverbrannt
v	verbrannt
v	Vibe
VE	Voreinspritzung
W	Wand
Z	Zylinder
ZZP	Zündzeitpunkt

Abkürzungen

A/D	Analog-Digital
AFT	Atlas Fahrzeugtechnik
APR	Arbeitsprozessrechnung
ASP	Arbeitsspiel
BFGS	Broyden-Fletcher-Goldfarb-Shanno
CAI	Controlled Auto Ignition
CAN	Controller Area Network
CFD	Computational Fluid Dynamics
CO	Kohlenmonoxid
CRFD	Computational Reactive Fluid Dynamics
DSP	Digital Signal Processor
dSPACE	Digital Signal Processing and Control Engineering
DVA	Druckverlaufsanalyse
EMVS	Elektromagnetische Ventilsteuerung
FES	frühes Schließen der Einlassventile
FI^{2RE}	Flexible Injection and Ignition for Rapid Engineering

FIR-Filter	Filter mit endlicher Impulsantwort (finite impulse response)
FPGA	Field Programmable Gate Array
FVV	Forschungsvereinigung Verbrennungskraftmaschinen
HC	Kohlenwasserstoff
HFM	Luftmassenmesser
HIL	Hardware in the Loop
IAV	Ingenieurgesellschaft Auto und Verkehr
IIR-Filter	Filter mit unendlicher Impulsantwort (infinite impulse response)
K	Kelvin
KBG	Klopfbeginn
KFB	Klopffensterbreite
KI	Klopfintensität
KI_B	Klopfintensität Basis
KI_{nKBG}	Klopfintensität gebildet nach Klopfbeginn
KI_{vKBG}	Klopfintensität gebildet vor Klopfbeginn
KIVH	Klopfintensitätsverhältnis
KS	Klopfspitze
KW	Kurbelwinkel
LLM	lokal lineares Modell
LM	Levenberg-Marquardt
LMN	lokales Modellnetz
LMS	Least Mean Squares
LOLIMOT	Local Linear Model Tree
LOT	oberer Totpunkt des Ladungswechseltaktes
LS	Least Squares
MLP	Multilayer Perzeptron
N_2O	Lachgas
NO	Stickstoffmonoxid
NO_2	Stickstoffdioxid
NRMSE	Normalized Root Mean Square Error
OH	Hydroxid-Ionen
PI	proportional-integral
POD	Plug-on Device
RBF	Radiale Basisfunktion
RLS	Recursive Least Squares

RCP	Rapid Control Prototyping
RWLS	Recursive Weighted Least Squares
SES	spätes Schließen der Einlassventile
SI	Spark Ignition
SQP	Sequential-Quadratic-Programming
TP-Filter	Tiefpass-Filter
TRA	Thermodynamic Realtime Analysis
UT	unterer Totpunkt
ZOT	oberer Totpunkt des Hochdrucktaktes

1

Einleitung

Verbrennungsmotoren stellen heute den Hauptteil der Antriebsaggregate aller Fahrzeuge. Obwohl der Trend zur Verringerung der Abgasemissonen stark durch Hybridisierung [51, 163, 80] bis hin zum rein elektrischen Fahren [49, 74, 184] geprägt ist, ist das Potenzial heutiger Otto- und Dieselmotoren nicht ausgeschöpft. Ziel der Motorenentwicklung ist, die bei der Verbrennung entstehenden Schadstoffe weiter zu senken, ohne die Forderungen nach niedrigem Kraftstoffverbrauch, hoher Leistung, Zuverlässigkeit, Komfort und niedrigen Kosten zu vernachlässigen. Neue Technologien, wie die Benzindirekteinspritzung, Hochaufladung [153], (voll-)variable Ventilsteuerung [19, 103, 41, 144, 149, 104, 111] und variable Verdichtungsverhältnisse [77] können diesen Zielkonflikt entschärfen. Das koordinierte Zusammenwirken aller Einzelmaßnahmen stellt dabei die zentrale Herausforderung an die Motorsteuerung dar. Bei geeigneter Prozessführung lassen sich Synergieeffekte im Verbund erzielen. Die Realisierung einer drosselfreien Laststeuerung ist beim Ottomotor ein Mittel zur Verbrauchssenkung, ohne die Emissionen negativ zu beeinflussen [40, 160]. Durch aktive Steuerung der Öffnungsdauer der Einlassventile kann die Ladungsmenge beeinflusst werden. Der Saugrohrdruck steigt, was die Drosselverluste durch den Einsatz der Drosselklappe in der Teillast reduziert. Die damit verbundene Absenkung der effektiven Verdichtung beeinflusst die Verbrennung. Maßnahmen zur Erzeugung von Turbulenz durch die Maskierung der Einlassventile und die Erzeugung einer Drallbewegung durch unterschiedlichen Ventilhub der beiden Einlassventile [82] kompensieren die Verbrennungsbeeinflussung. Mechanische Systeme, die zur Reduktion der Ventilöffnungsdauer den Ventilhub verkleinern, erhöhen die Ladungswechselverluste bei sehr kleinen Ventilhüben. Das Einlassventil selbst beginnt stark zu drosseln. Eine entsprechende Kinematik mit steilen Ventilrampen führt zu kürzeren Steuerzeiten bei Teilhub mit entsprechend positiven

Auswirkungen auf den Ladungswechselverlust [101]. Hydraulische und elektromotorische Ventiltriebsysteme [116, 103] ermöglichen sowohl den Einsatz von steilen Ventilrampen als auch die separate Einstellung von Ventilhub- und -öffnungsdauer. Eine Steuerung von Luftmasse und Restgasgehalt ist mit diesem System realisierbar. Beide Eingriffe in den Verbrennungsprozess kommen hier zur Anwendung.

Neben der Steuerung der Frischluftmenge lassen sich durch den Einsatz einer variablen Ventilsteuerung der Restgasgehalt und die Ladungsbewegung positiv beeinflussen [103]. Eine variable Ventilsteuerung kann nicht nur zur Entdrosselung genutzt werden. Geeignete Steuerzeiten können bei Turbomotoren durch Ausspülen von Restgas zur Verbesserung des Volllastdrehmomentes beitragen [189, 156, 155]. Um die Variabilitäten des Ventiltriebes komplett zu nutzen, ist es erforderlich, den Restgasgehalt und die Luftmasse zu kennen und damit gezielt regulieren zu können.

Mit dem Einsatz eines variablen Verdichtungsverhältnisses erfolgt die Beeinflussung des effektiven Zylindervolumens, was die Kombination eines niedrigen Kraftstoffverbrauches in der Teillast mit hoher spezifischer Leistung ermöglicht. Die Klopfneigung in der Volllast wird dabei durch ein niedriges Verdichtungsverhältnis reduziert [181, 77]. Das volle Potenzial der konstruktiven Entwicklungen lässt sich nur durch eine passende Motorsteuerung ausschöpfen.

Neue Stellmöglichkeiten führen immer zu einem höheren Aufwand für die Motorkalibrierung. Die Einzelparameter stehen in Wechselwirkung zueinander und stellen damit ein mehrdimensionales Optimierungsproblem dar. Der Applikationsaufwand steigt nicht nur durch die wachsende Anzahl freier Parameter, sondern nimmt auch durch die geforderte Güte, die strengere Abgasgesetzgebung, höhere Komfortanforderungen etc. weiter zu. Herkömmliche Vorgehensweisen werden diesen Anforderungen meist nicht mehr gerecht. Aus diesem Grund finden in der Entwicklung neue Methoden der modellbasierten·Parameteroptimierung Anwendung [88, 145, 175]. Die nötigen Messdaten für die Modellbildung werden mit statistischen Methoden erzeugt. Diese modellbasierte Kalibrierung, wie auch die herkömmlichen Applikationsverfahren sind in der Regel mit der Entwurfsphase abgeschlossen. Einzelne Parameter, wie der Zündwinkel im klopfbegrenzten Betriebsbereich oder die Vorsteuerung des Kraftstoffpfades, werden während der Laufzeit im Motorsteuergerät angepasst bzw. adaptiert. Damit lassen sich Individualisierungseffekte realisieren. Die Motorsteuerung passt sich individuell an das jeweilige Aggregat bzw. an den einzelnen Zylinder an. Mit der in dieser Arbeit eingesetzten Verbrennungsregelung ist neben der Adaption der Vorsteuerung des Kraftstoffpfades eine Adaption des Zündwinkels und der Luftmasse realisiert. Die Rückkopplung von Motorzustandsgrößen und Verwendung in Parameterregelungssystemen bewirkt, wie die Adaption, eine Senkung des Applikationsaufwands. Die Führung der relevanten Größe in einzelnen Regelkreisen bewirkt, dass eine unmittelbare Beeinflussung der Verbrennung gelingt. Regelungsstrukturen und Adaptionen können zum Teil die Auswirkungen von Bauteilstreuungen und Alterungseffekten kompensieren [142]. Um einen Motor mit oben genannten Variabilitäten effektiv entwickeln und betreiben zu können, ist demzufolge eine Motorsteuerung nötig, die mit vertretbarem Applikationsaufwand die Einzeltechnologien bestmöglich verbindet.

Die Einführung neuer Abgasvorschriften und hohe Kosten für Abgasnachbehandlungssysteme treiben die Entwicklung geeigneter innermotorischer Maßnahmen voran. Eine Möglichkeit der Motorsteuerung zur Effizienzsteigerung ist ein zylinderdruckbasiertes Motormanagement. Durch die zyklusaufgelösten Brennrauminformationen können Ungenauigkeiten der Zumessung ausgeglichen werden. Der zeitlich aufgelöste Zylinderdruck erlaubt durch die Generierung von Informationen aus dem Verbrennungsprozess die Führung und Regelung der Verbrennung. Mit gezielten Stelleingriffen können die Verbrennung, die Zylinderfüllung und, -zusammensetzung zylinderdruckbasiert und zylinderindividuell beeinflusst werden. Konzepte, die die Lage der Verbrennung und das in den Brennraum einströmende Gas regeln, wurden dargestellt und zeigen Vorteile bezüglich Verbrauch und Schadstoffemissionen [71, 102, 118, 83]. Durch die modellbasierte Beschreibung der wesentlichen Wirkungszusammenhänge erfolgt eine Verringerung des Applikationsaufwands. Eine Anpassung der Motorsteuerung an den jeweiligen Motor und die aktuellen Betriebsbedingungen ist mit den direkten Brennrauminformationen besser möglich. Darüber hinaus ergibt sich durch die Verfügbarkeit des Zylinderdruckes die Möglichkeit, Emissionen genauer als bisher zu modellieren und in einem entsprechenden Motormanagement zu nutzen [167, 3, 25]. Die Verwendung von Größen innerhalb des Motormanagementsystems, die die Verbrennung direkt beeinflussen, erhöht die Nachvollziehbarkeit der Ergebnisse und vereinfacht die Applikation.

Die Betrachtung der Entwicklung der Motorsteuerung von der Handeinstellung über die mechanische Regelung einzelner Größen nach physikalischen Prinzipien (Fliehkraft, Unterdruck), die Einführung der elektronischen Steuerung mit einigen Kennfeldern bis hin zum heutigen Motormanagementsystem mit zahlreichen Steuerungen, Regelungen und Adaptionen verdeutlicht, dass die Komplexität des Motormangementes stark zunimmt. Die heutige Motorsteuerung ermöglicht die genaue Anpassung an wechselnde Bedingungen [179]. Der Wunsch nach einer individuellen Anpassung der Motorsteuerung an den jeweiligen Motor ist mit den bestehenden Mitteln noch nicht vollständig zu verwirklichen. Um weitere Regelkreise schließen zu können und die bestehenden Wechselwirkungen zu berücksichtigen, ist die in dieser Arbeit vorgestellte Online-Optimierung ein viel versprechender Ansatz. Dieser Ansatz geht über die bestehenden Adaptionsalgorithmen hinaus.

Ziel dieser Arbeit ist die Entwicklung eines Verfahrens zur modellbasierten multikriteriellen Optimierung des Verbrennungsprozesses innerhalb eines zylinderdruckgeführten Motormanagements. Um die steigenden Anforderungen an die Motorsteuerung zu erfüllen, ohne den Applikationsaufwand ins Unermessliche steigen zu lassen, wird eine neue Steuergeräte-Architektur zur Prozessregelung von Verbrennungsmotoren mit hoher Variabilität vorgestellt. Ziel ist eine strukturierte Prozessführung über Kenngrößen der Verbrennung, statt der direkten Ansteuerung von Aktoren. Damit ist es möglich, die bisher zentrale Motorsteuerung in eine dezentrale Motorsteuerung mit gekapselten Technologiebausteinen zu zerlegen. Diese unabhängigen Systeme werden nach dem Vorbild der Organe eines Säugetiers durch eine koordinierende Einheit geführt. Somit ist die Konzentration von Verbrennungs-Know-how und thermodynamischer Strategieführung in einer Einheit gewährleistet. Wichtig für diesen Ansatz ist, die ausgetauschten Größen zwischen den einzelnen Einheiten auf ein Mindestmaß zu begrenzen, um den Kommunikationsaufwand nicht unnötig zu erhöhen. Die Funktionalität darf hierdurch nicht beeinträchtigt sein. Die Modelle stellen zusätzliche teilweise nicht bzw. nur mit enormem Aufwand messbare Zustandsgrößen bereit. Ein wichtiger Teil der Arbeit ist die Entwicklung von Modellen auf Basis des Brennrauminnendruckes unter den Gesichtspunkten Modularisierbarkeit, Adaptierbarkeit, Genauigkeit und Steuergerätetauglichkeit. Damit wird gewährleistet, dass sich Modellstrukturen sowohl für die Analyse des aktuellen Motorzustandes als auch für die Optimierung verwenden lassen. Bereits aus der Literatur bekannte Motormanagementstrukturen mit Verbrennungsregelung [102] sind auf Mehrgrößenregelungen mit maximal zwei Regelgrößen und entsprechend maximal zwei dazugehörigen Stellgrößen beschränkt. Durch die geschickte Verwendung von Algorithmen der Optimierungstheorie lässt sich dieser Zustand aufbrechen, ohne die Wechselwirkungen der Modelleingänge zu vernachlässigen. Es wird die Möglichkeit geschaffen, mehrere Größen gleichzeitig anzupassen.

2

Stand der Technik

Motormanagement

In heutigen Motormanagementsystemen werden aus einer Lastanforderung, die Fahrerwunsch, Betriebszustand und externe Eingriffe beinhaltet, und der aktuellen Drehzahl die Motorsteuergrößen, d.h. die Stellglieder des Motors, berechnet [46, 179]. Die lastbeschreibende Größe - in der Motorsteuerung homogener Ottomotoren meist die Luftmasse je Arbeitsspiel bzw. eine dazu äquivalente Größe - dient als Führungsgröße. Mit der Entwicklung von zylinderdruckbasierten Motormanagementsystemen eröffnet sich die Möglichkeit, die reine kennfeldgeführte Steuerung der Verbrennung durch eine Regelung auf Basis von Brennrauminformationen zu ersetzen. Die direkte Druckindizierung ersetzt die indirekte Lasterfassung aus der Peripherie des Motors. Dolt [30] zeigt, dass eine Motorsteuerung von Ottomotoren mit einer thermodynamischen Auswertung des Zylinderdrucksignals möglich ist. Die vorgestellte Motorsteuerung regelt den Zündzeitpunkt und die Gasmasse im Zylinder. Die Erkennung von Verbrennungsaussetzern gelingt durch Einsatz eines Diagnosefaktors. Grundsätzliche Untersuchungen zur Ermittlung der Abgasrückführrate aus Größen des Druck- und Brennverlaufes werden erläutert. Hart [58] stellt einen Ansatz zur zylinderindividuellen Lasterfassung am saugrohreinspritzenden Ottomotor auf Basis von Zylinderdruckmerkmalen vor. Zur Bestimmung des Thermoschockeinflusses und der Luftmasse aus dem Brennraumdrucksignal dienen adaptive Kalman-Filter. Mladek [118] benutzt zur Schätzung der Luftmasse im Zylinder eines Ottomotors ausschließlich physikalische Zusammenhänge. Diese Struktur ermöglicht die einfache Übertragung auf andere Motoren. Mit den verwendeten Modellen ist eine zylinderindividuelle Schätzung der Abgasrückführrate und des Luftverhältnisses möglich. Bei dem von Jeschke et al. [72] vorgestellten zylinderdruckbasierten Motormanagement von Dieselmotoren regeln die Einspritzparameter

Spritzbeginn und Spritzdauer die Verbrennung. Mittels echtzeitfähiger Auswertung der indizierten Druckverläufe werden zylinderindividuelle Regelungsstrukturen dargestellt und deren Vorteile bewertet. Ein Echtzeitindiziersystem dient der Zylinderdruckerfassung und der Bestimmung verbrennungsspezifischer Kenngrößen. Die Regelung des indizierten Mitteldruckes mit der Förderdauer und des Verbrennungsbeginns mit dem Förderbeginn verringert die Stickoxid- und Partikelemissionen. Gleichermaßen verbessert sich die Empfindlichkeit gegen Bauteiltoleranzen und variierende Umgebungsbedingungen. Als Führungsgröße zur Berechnung der Sollwerte für Verbrennungslage, Frischluftmasse und Ladedruck dient der indizierte Mitteldruck. Durch Verknüpfung verschiedener empirischer Modelle mit stationären Grundgleichungen realisiert Jeschke [71] einen Beobachter, der Zustandsgrößen des Gassystems schätzt. Kenngrößen des Zylinderdruckes bilden die Eingänge der zugrunde liegenden Modelle. Aufbauend auf diesem Konzept wird von Larink [102] eine modellbasierte Regelung des Motorgassystems vorgestellt. Das beschriebene Regelungssystem greift auf Zustandsgrößen eines Füllungsmodells zurück, welches Zylinderdruckmerkmale nutzt. Gotter [48] stellt eine Funktionssoftware zum Betreiben von direkteinspritzenden Ottomotoren unter Verwendung von Regelungen auf Basis des indizierten Mitteldruckes vor. Dieses modell- und zylinderdruckbasierte Motorsteuerungssystem kann bedatungsaufwendige Strukturen zum Teil vermeiden. Eine Erweiterung der Funktionssoftware ist ein physikalisch-neuronales Füllungsmodell für variable Ventiltriebe [125]. Durch die Adaption dieses Modells gelingt ein Lernen der Füllungserfassung in stationären Betriebspunkten. Die Vermessung des Motors mit sämtlichen Variabilitäten und Nutzung der dafür entwickelten Echtzeit-Ladungswechselanalyse ermöglicht das Trainieren des neuronalen Füllungsmodells.

Modellbasierte Optimierung

Steigende Systemkomplexität und Kopplungseffekte zwischen den Stellgrößen erschweren eine manuelle Applikation. Dies führt vermehrt zum Einsatz von Optimierungsverfahren in der Entwicklung und Applikation. Steigende Rechenleistung, Verfahren zur effizienten Modellbildung und Motorvermessung begünstigen diese Entwicklung. Schüler [151] stellt ein Verfahren zur schnellen Motorvermessung vor, das anschließend das dynamische Verhalten der Abgasanlage modelliert. Die gewonnenen Daten dienen der Offline-Zyklusoptimierung unter Berücksichtigung einer großen Anzahl von zyklusrelevanten Betriebspunkten. Zur Abbildung der Zusammenhänge von Motorstellgrößen und Emissionen finden lokal lineare neuronale Netze Verwendung. Diese in der Literatur als Neuro-Fuzzy-Modelle bezeichneten Systeme können dynamische Zusammenhänge beschreiben. Schüler [151] verwendet einen Ansatz der externen Rückkopplung um die dynamisch auftretende Effekte darstellen zu können. Aus den Daten der schnellen Motorvermessung und den Ergebnissen der

Optimierung werden quasistationäre Kennfelder berechnet. Zwei Verfahren dienen der Zyklusoptimierung, wobei das erste den Einfluss der Stellgrößenänderung auf den Verbrauch unter Berücksichtigung einer limitierten Abgaskomponente vergleicht. Die Besonderheit der zweiten Methodik liegt in der Art der Modellierung. Durch die Optimierung mit den beschriebenen Stellgrößenmodellen können die Eigenschaften der lokalen Netze gezielt genutzt werden. Dadurch ist die Anzahl der zu optimierenden Parameter nicht von der Anzahl der Zykluspunkte sondern von der Komplexität der Stellgrößenmodelle abhängig.

Hafner [57] stellt ein Verfahren zur modellbasierten Offline-Optimierung vor, worin mathematische Modelle das Prozessverhalten abbilden. Ausgehend von einem neuen Verfahren der dynamischen Motorvermessung werden lokal lineare Modelle mit externer Dynamik erzeugt. Aufbauend auf der stationären Optimierung jedes einzelnen Punktes des Abgastestzyklus erfolgt eine iterative Anpassung der Gewichtungsparameter der Zielfunktion mit dem Ziel die gesetzlichen Grenzwerte des gesamten Zertifizierungszyklus nicht zu überschreiten. Eine dynamische Optimierung der Parameter geeigneter Vorsteuerungsfunktionen verbessert das instationäre Verhalten.

Haase [56] verwendet zur Motorapplikation eine modellgestützte Optimierung. Die statistische Versuchsplanung dient zur Erzeugung der benötigten Messdaten. Der Motor mit Elektromagnetischer Ventilsteuerung (EMVS) bietet große Freiheitsgrade der Prozessführung. Ein Ziel dieser Arbeit bestand darin, den hohen Aufwand einer manuellen Applikation zu verringern und gleichzeitig die hohe Qualität der Ergebnisse zu behalten. Eine in die Optimierung integrierte Klopfgrenzfunktion dient als Beschränkung. Neben einem Betriebspunktmodell wird ein Kennfeldbereichsmodell verwendet. Nach der Optimierung erfolgt die modellgestützte Glättung der erzeugten Steuerungskennfelder. Damit ist es möglich, die Auswirkung der Glättung auf die Zielgröße zu quantifizieren und einen guten Kompromiss zwischen Glättung und Zielgröße zu finden. Ein weiteres Verfahren zur modellgestützten Kennfeldoptimierung beschreibt Mitterer [117]. Ausgehend von der Versuchsplanung mit anschließender Modellbildung wird eine Optimierung an verschiedenen Betriebspunkten beschrieben. Die Kennfeldberechnung erfolgt mittels der erzeugten Optima. Naumann [119] beschreibt ein wissensbasiertes Verfahren zur Online-Optimierung der Führungsgrößenkennfelder eines Dieselmotors mit Fuzzy-Regeln. Die Strategie besteht in der gezielten Abarbeitung von Wenn-Dann-Regeln.

Alle genannten Autoren verwenden zur Modellbildung neuronale Netze bzw. Polynommodelle, um das Verhalten des Motors schnell und individuell abbilden zu können. Methoden der statistischen Versuchsplanung werden vorwiegend an Motorprüfständen eingesetzt um die steigende Komplexität der Motorapplikation in angemessener Zeit abzuarbeiten [21, 55, 145, 94]. Ein Vorteil statistischer Methoden im Vergleich zu physikalischen

Modellen ist deren universelle Adaptierbarkeit. Die Interpretierbarkeit der Ergebnisse bzw. der Modellstrukturen geht teilweise verloren. Der gezielte Einsatz physikalischer Modelle ermöglicht aber die frühzeitige Abschätzung von Wirkungszusammenhängen ohne eine hohe Anzahl von Prüfstandsmessungen [88, 174, 168]. Die Wiedergabe der Zusammenhänge der motorischen Verbrennung ermöglicht eine gezielte Analyse und damit auch Optimierung. Die eingesetzten Optimierungsalgorithmen eignen sich für eine Voroptimierung an den Regressionsmodellen. Damit wird der Suchraum eingeschränkt. Die Online-Optimierung erfolgt anschließend innerhalb dieser Grenzen direkt am Motor. Poland et al. [140] und Knödler et al. [85] beschreiben die Berücksichtigung der Grenzen.

Verbrennungs- und Emissionsmodelle für Echtzeitanwendungen

Zur Modellbildung für Echtzeitanwendungen (garantierte Antwortzeit) werden vorwiegend datenbasierte Methoden eingesetzt. Zwar bieten physikalische Modelle das größte Potenzial, sie verursachen jedoch einen hohen rechentechnischen Aufwand. Ein Vorteil datenbasierter Modelle in der Entwicklung und Applikation ist deren einfache Parametrierbarkeit.

Sinsel [161] beschreibt ein Modell zur Echtzeitsimulation eines Nutzfahrzeugdiesel- motors in Hardware in the Loop-Anwendungen (HIL). Das Motormodell beinhaltet ein winkelsynchrones Drehmomentmodell. Ein mehrdimensionales Kennfeld in Verbindung mit einem Doppel-Vibe-Ersatzbrennverlauf dient der Beschreibung der Verbrennung. Die Modellanpassung an den realen Motor erfolgt mittels Konstruktionsparametern und Prüf- standsmessungen bzw. geeigneter Simulationsprogramme zur Parameteridentifikation em- pirischer Kenngrößen. Zur Modellierung des Abgasturboladers dient ein Neuro-Fuzzy-Netz. Die Beschreibung der Fahrzeuglängsdynamik erfolgt näherungsweise mittels eines Zwei- Massen-Schwingers. Für die Echtzeitsimulation des Gesamtsystems wird die Verteilung des Gesamtmodells innerhalb eines Multi-Transputersystems beschrieben. Vier Prozes- soren sind für das verteilte Motormodell notwendig. Torkzadeh [172] verwendet für die HIL-Simulation physikalische Ansätze zur Beschreibung der Verbrennung. Die reaktionski- netische Schadstoffmodellierung der Stickoxidemissionen wird als zu aufwendig bewertet, weshalb keine weitere Modellierung Betrachtung findet. Die Antriebsstrangmodellierung erfolgt mittels Nero-Fuzzy-Modellen auf Basis des LOLIMOT-Trainingsalgorithmus [121]. In Gärtner [54] wird die Stickoxidbildung eines Dieselmotors mit empirisch-physikalisch basierten Ansätzen modelliert. Die wichtigsten Einflussgrößen sind der 50%-Umsatzpunkt der Verbrennung, die Gasmasse im Zylinder sowie der Sauerstoffgehalt der Ladeluft. Heider et al. [59] beschreiben einen einfachen Ansatz zur nachträglichen Berechnung der Temperatur der verbrannten Zone ausgehend von einem Ein-Zonen-Modell der Prozess- rechnung. Die Temperatur der modellierten Reaktionszone ist Grundlage zur Vorhersage der NO-Emission in Abhängigkeit von Last, Drehzahl, Ladelufttemperatur, Ladedruck, Einspritzbeginn und der rückgeführten Abgasmenge in den Brennraum. Jippa [73] schätzt die Gesamtgasmasse im Zylinder zyklus- und zylinderselektiv mit physikalischen Ansätzen. Als Kenngröße zur Verbrennungsbeurteilung dient der Punkt 50%-Energieumsetzung. Verschiedene Ansätze zur Berechnung des Heizverlaufes werden beschrieben und miteinander verglichen. Ein Lastsprung dient der dynamischen Beurteilung. Die fehlende Messmöglichkeit des Verbrennungsluftverhältnisses in transienten Vorgängen ist ursächlich für die dargestellte Abschätzung von Luftverhältnis mit dem indizierten Mitteldruck. Die instationäre Bestimmung der Zylindermasse erfolgt mit einem Volumenmodell. Die Füll- und Entleermethode dient der prädiktiven Füllungsberechnung. Weiterhin erfolgt eine Analyse und Bewertung fahrzeugtauglicher Zylinderdrucksensoren und deren Eignung für thermodynamische Analysen. Krug [91] beschreibt einen physikalisch-empirischen Ansatz zur kurbelwinkelaufgelösten Modellierung des Druckverlaufs für eine HIL-Simulation. Die Energieumsetzung im Zylinder in Echtzeit gibt ein Vibe-Ersatzbrennverlauf wieder, dessen Parameter Erfahrungswerten entstammen. Die Beschreibung des Ladungswechsels und der Schadstoffemissionen erfolgt unter Zuhilfenahme neuronaler Netze. Größte Flexibilität bezüglich der Anpassung an Messergebnisse bieten Ansätze mit externer Dynamik, wobei auf die Probleme der aufwendigen Modellierung und eines nur bedingt möglichen Stabilitätsnachweises eingegangen wird.

Online-Optimierung

Im Unterschied zur Offline Optimierung, bei welcher das Motorverhalten ein Prozessmodell oder ein einfacheres empirisches Modell abbildet, verwendet die Online-Optimierung den realen Motor als Datenquelle [18, 16, 17]. Das Prozessmodell einer modellgestützten Offline-Optimierung muss nicht die hohen Anforderungen an die Rechengeschwindigkeit einer Online-Anwendung erfüllen. Die Plausibilisierung der Ergebnisse sowie der Messsignale kann durch den Anwender erfolgen. Zur Entwicklung des Direktstarts verwendet Kulzer [95] ein quasidimensionales Verbrennungsmodell mit zwei Temperaturzonen und zwei Gemischzonen bei Drehzahl Null. Damit ist es möglich, die einzelnen Verbrennungen zum Motorstart ohne Anlasserunterstützung zu untersuchen. Fesefeldt [35] verzichtet aufgrund guter Ergebnisse mit Vibe-Ersatzbrennverläufen und kurzen Rechenzeiten auf quasidimensionale Verbrennungsmodelle. Die Ersatzbrennverläufe werden für jeden Zyklus des Startvorganges einzeln abgestimmt. Beide Autoren verwenden die Modelle zur simulativen Unterstützung der Direktstartentwicklung. Die Modelle werden nicht online eingesetzt und eignen sich aufgrund der genauen Abbildung der Zusammenhänge sehr gut für die Entwicklungsunterstützung. Nach Naumann [119] ist für die Online-Optimierung

ein effizientes Optimierungsverfahren notwendig, welches wenige Iterationen benötigt.
Das von Naumann [119] vorgestellte wissensbasierte Online-Optimierungsverfahren be-
wirkt eine durchschnittlich 10-fache Beschleunigung des Optimierungsvorganges. Dieses
Verfahren zeigt Potenzial hinsichtlich einer dynamischen Optimierung von Führungsgrößen-
Kennfeldern [18].

Poland et al. [140], Knödler et al. [85] und Sung et al. [168] stellen einen modellbasierten Optimierungsalgorithmus zur Online-Optimierung von Verbrennungsmotoren vor.
Eine Kombination von modellbasierter Offline-Optimierung und Online-Optimierung
wird von Brendenbeck [21] vorgeschlagen. Zur Voroptimierung für die eigentliche Online-
Optimierung am Motorprüfstand dienen Regressionsmodelle. Der Einsatz detaillierter
Prozessmodelle inklusive der anschließenden Online-Optimierung am Motor findet an
dieser Stelle keine Berücksichtigung.

Theoretische Grundlagen

3.1 Thermodynamik

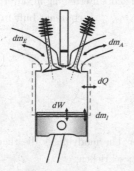

Abbildung 3.1: Brennraum

Die Beschreibung der thermodynamischen Grundlagen dient dem Verständnis des dieser Arbeit zugrunde liegenden thermodynamischen Modells eines Ottomotors. Zur Berechnung und Analyse der innermotorischen Vorgänge existieren, je nach Detaillierungsgrad, verschiedene Berechnungsverfahren. Die 3D-CFD-Rechnung ist vor allem dort zu finden, wo eine detaillierte Analyse einzelner Betriebspunkte von Interesse ist. Die Berechnungsdauer eines vollen Arbeitsspiels liegt, trotz steigender Rechenleistung, immer noch im Bereich mehrerer Stunden [26]. Die nulldimensionale Prozessrechnung hat zur Zeit als Einzige das Potenzial für eine Echtzeitanwendung [91, 172, 161].

Ein thermodynamisches System ist ein abgegrenzter Raum, der für die thermodynamischen Untersuchungen definiert wird. In diesem System herrscht ortsunabhängig der gleiche Druck und es dürfen nur gasförmige Komponenten enthalten sein. Eine Systemgrenze durch die der Materie- und Energietransport erfolgt, trennt das System von seiner Umgebung. Der Brennraum in Abbildung 3.1 mit dem Kolben, der Laufbuchse, den Ventiltellern und dem Zylinderkopf als Begrenzung wird häufig als ein solches System betrachtet [52]. Alle dem System zugeführten Energien sind positiv definiert, alle Abgeführten negativ. Folgende Energien können in das System ein- und austreten: Brennwärme Q_b, Wandwärme Q_w,

Abgasenthalpie H_a, Ansaugenthalpie H_e, Volumenänderungsarbeit W und Leckage H_l. Zur Beschreibung dieser Zusammenhänge wird der erste Hauptsatz der Thermodynamik - hier in differentieller Form - verwendet, wobei die äußere Energie vernachlässigt ist.

$$\frac{dQ_b}{d\varphi} + \frac{dQ_w}{d\varphi} + \frac{H_a}{d\varphi} + \frac{H_e}{d\varphi} + \frac{W}{d\varphi} + \frac{H_l}{d\varphi} = \frac{U}{d\varphi} \tag{3.1}$$

Für die Änderung der inneren Energie U kann geschrieben werden:

$$\frac{dU}{d\varphi} = m_Z \frac{du}{d\varphi} + \frac{dm_Z}{d\varphi} u \tag{3.2}$$

Im einfachsten Fall besteht das System Brennraum aus einer einzigen homogen durchmischten Zone gleichen Druckes, gleicher Temperatur und Gaszusammensetzung (Einzonenmodell). Eine zweizonige Rechnung hingegen unterteilt den Brennraum in eine kalte, unverbrannte und eine heiße, verbrannte Zone. Während der Verbrennung tauschen beide Zonen Masse aus. Ein Massenstrom fließt von der unverbrannten in die verbrannte Zone. Die Gaszusammensetzung innerhalb einer Zone wird nach Unterteilung in unverbrannte Luft $m_{L,uv}$, unverbrannten dampfförmigen Kraftstoff $m_{B,uv}$, verbrannte Luft $m_{L,v}$ und verbrannten Kraftstoff $m_{B,v}$ wie folgt berechnet:

$$\lambda_{uv} = \frac{m_{L,uv} + m_{L,v}}{m_{B,uv} \, L_{st}} \tag{3.3}$$

$$\lambda_v = \frac{m_{L,uv} + m_{L,v}}{m_{B,v} \, L_{st}} \tag{3.4}$$

In jeder Zone muss neben dem ersten Hauptsatz der Thermodynamik die thermische Zustandsgleichung erfüllt sein. In differentieller Form geschrieben:

$$p \, \frac{dV}{d\varphi} + V \, \frac{dp}{d\varphi} = m_Z \, R \, \frac{dT}{d\varphi} + m_Z \, T \, \frac{dR}{d\varphi} + R \, T \, \frac{dm_Z}{d\varphi} \tag{3.5}$$

Weder die spezifische innere Energie u in (3.2) noch die spezifische Gaskonstante R in (3.5) sind konstante Größen. Mit Gaszusammensetzung, Temperatur und Druck ändern sich diese beiden Größen, die die Kalorik bilden.

Die Konzentration der chemischen Verbindungen innerhalb der Gaskomponenten ändert sich durch die Verbrennung mit Druck und Temperatur. Dementsprechend sind die

kalorischen Eigenschaften von Druck, Temperatur und Gaszusammensetzung abhängig.
Die Änderung der inneren Energie und der Gaskonstante ergeben sich zu:

$$\frac{du}{d\varphi} = \frac{\partial u}{\partial T}\frac{dT}{d\varphi} + \frac{\partial u}{\partial p}\frac{dp}{d\varphi} + \frac{\partial u}{\partial \lambda}\frac{d\lambda}{d\varphi} \tag{3.6}$$

$$\frac{dR}{d\varphi} = \frac{\partial R}{\partial T}\frac{dT}{d\varphi} + \frac{\partial R}{\partial p}\frac{dp}{d\varphi} + \frac{\partial R}{\partial \lambda}\frac{d\lambda}{d\varphi} \tag{3.7}$$

Es wird angenommen, dass sich das Arbeitsgas zu jedem Zeitpunkt im chemischen Gleichgewicht befindet. Der Einfluss der Reaktionskinetik ist nach [52, 64] gering. Die Bestimmung der partiellen Ableitungen nach den Parametern T, p und λ kann numerisch erfolgen.

Rauchgas bezeichnet die Produkte der Verbrennung, wobei Frischluft als Rauchgas mit $\lambda \to \infty$ aufgefasst wird. Das Arbeitsgas im Brennraum besteht aus Rauchgas und Kraftstoffdampf. Flüssiger Kraftstoff gehört nicht zur Definition eines thermodynamischen Systems und findet deshalb keine Berücksichtigung. Die innere Energie von Rauchgas als Funktion von Temperatur und Luftverhältnis bildet Justi [75] als einen empirischen Polynomansatz ab. Dieser Ansatz besitzt erhebliche Vereinfachungen, wie die Vernachlässigung von Dissoziationseffekten und Druckabhängigkeit, ist aber sehr schnell zu berechnen, was für die Online-Anwendung wichtig ist. Zacharias [191] verwendete erstmals den Komponentenansatz. Sind die Konzentrationen der einzelnen Spezies im Rauchgas bekannt, so können - auf der Berechnung des chemischen Gleichgewichts aufbauend - mit der Mischungsgleichung die Stoffgrößen des Gemisches bestimmt werden.

Für die Arbeitsprozessrechnung müssen nur etwa 9 bis 20 Spezies der Verbrennungsprodukte betrachtet werden [52]. Der Einfluss weiterer Stoffe ist gering. Zacharias verwendete 20 Spezies, wobei angenommen wurde, dass oberhalb von 1500 K chemisches Gleichgewicht vorliegt. Die Abweichungen des idealen Gasverhaltens vom realen wird von Zacharias [191] mit Einführung des Realgasfaktors berücksichtigt. Aufbauend auf den berechneten Stoffwerttabellen entwickelte er Approximationspolynome. Von de Jaegher [28] wurde ebenfalls der Komponentenansatz zusammen mit der Gleichgewichtsrechnung eingesetzt. Er berücksichtigte 19 Spezies des Rauchgases. Auf die Erstellung von Approximationspolynomen und die Berücksichtigung der Realgaseigenschaften wurde verzichtet. Großer Vorteil dieses Ansatzes ist die Erweiterung auf den unterstöchiometrischen Bereich. Grill [52] entwickelte einen Ansatz zur Berechnung der Stoffeigenschaften beliebiger Kraftstoffe. Er verwendete nur 9 Spezies ohne Einbußen von Rechengenauigkeit und betrachtete das chemische Gleichgewicht unterhalb einer Temperatur von 1600 K als „eingefroren". Weitere Arbeiten zur Rauchgaskalorik existieren von Berner et al. [20] (Erdgas) und Hohlbaum [64], auf die an dieser Stelle nicht explizit eingegangen werden soll.

Ansätze zur Berechnung der Kalorik von Kraftstoffdampf sind in Plaum [134], Heywood [61] und Grill [52] zu finden. Alle drei Ansätze nutzen einen Polynomansatz in Abhängigkeit der Temperatur zur Beschreibung der spezifischen Enthalpie. Ausschließlich der Ansatz von Grill [52] ist auf beliebige Kraftstoffe anwendbar.

Die Berücksichtigung der Kraftstoffmassenänderung kann [12, 95] entnommen werden. Dabei ist zu beachten, dass die Verdampfung von flüssigem Kraftstoff dem Arbeitsgas Wärme entzieht. Für die einzonige Arbeitsprozessrechnung ergeben sich in Anlehnung an Grill [52] folgende zu lösende Gleichungen:

$$\frac{dp}{d\varphi} = \frac{\xi - \frac{dV}{d\varphi}}{\eta} \tag{3.8}$$

$$\frac{dT}{d\varphi} = \frac{a_Y - a_p \frac{dp}{d\varphi} - p \frac{dV}{d\varphi}}{a_T} \tag{3.9}$$

mit

$$\xi = \frac{a_Y - b_Y \frac{a_T}{b_T}}{p \left(1 - \frac{a_T}{b_T}\right)}$$

$$\eta = \frac{a_p - b_p \frac{a_T}{b_T}}{p \left(1 - \frac{a_T}{b_T}\right)}$$

$$a_T = m_Z \frac{\partial u}{\partial T}$$

$$a_p = m_Z \frac{\partial u}{\partial p}$$

$$a_Y = dQ_b + dQ_w$$

$$b_T = -m_Z \left(R + T \frac{\partial R}{\partial T}\right)$$

$$b_p = V_Z - m_Z T \frac{\partial R}{\partial p}$$

$$b_Y = 0$$

Die Änderung der Zylindermasse nach „Einlass schließt" wird vernachlässigt (keine Leckage, keine Kraftstoffeinspritzung nach „Einlass schließt"). Auf die Darstellung des zweizonigen Gleichungssystems sei hier verzichtet. Eine entsprechende Darstellung ist in [52] zu finden.

Nach Umstellen der Gleichung (3.5), Vernachlässigung der Änderung der spezifischen Gaskonstante und der Massenänderung während der Hochdruckphase ergibt sich:

$$\frac{dT}{d\varphi} = \frac{1}{R\,m_Z}\left(p\,\frac{dV}{d\varphi} + V\,\frac{dp}{d\varphi}\right) \tag{3.10}$$

Unter Vernachlässigung der Druck- und Gaszusammensetzungsabhängigkeit von u und R, der Annahme $c_v = du/dT$, Ersetzen von $dW/d\varphi = -p \cdot dV/d\varphi$ und Einsetzen der Gleichung (3.10) in (3.1) ergibt sich:

$$\frac{dQ_h}{d\varphi} = \frac{dQ_b}{d\varphi} + \frac{dQ_w}{d\varphi} = \frac{c_v}{R}\left(p\,\frac{dV}{d\varphi} + V\,\frac{dp}{d\varphi}\right) + p\,\frac{dV}{d\varphi} \tag{3.11}$$

Für die Temperaturabhängigkeit von c_v/R wird ein linearer Ansatz mit geschätzter Temperatur 60°KW vor ZOT verwendet [11]:

$$\frac{1}{\kappa - 1} = \frac{c_v}{R} = 2.39 + 0.0008\,\frac{T_{(-60)}}{p_{(-60)}\,V_{(-60)}}\,p\,V \tag{3.12}$$

Eine sehr einfach und schnell zu berechnende Gleichung der Druckänderung ergibt sich durch Umformen von (3.11) unter Verwendung von (3.12).

$$\frac{dp}{d\varphi} = \frac{1}{V}\left((\kappa - 1)\,\frac{dQ_h}{d\varphi} - \kappa\,p\,dV\right) \tag{3.13}$$

Die Berechnung des Heizverlaufes folgt aus (3.11) und (3.12) zu [11]:

$$\frac{dQ_h}{d\varphi} = \frac{\kappa}{\kappa - 1}\,p\,\frac{dV}{d\varphi} + \frac{1}{\kappa - 1}\,V\,\frac{dp}{d\varphi} \tag{3.14}$$

Von Urlaub [176] wird für c_v ein einfacher Polynomansatz vorgeschlagen. Der Einfluss der verschiedenen Berechnungsverfahren nach Grill [52], Zacharias [191], Justi [75], Urlaub [176] und Bargende [11] in der Prozesssimulation wird in Kapitel 6.5 betrachtet. Weiterhin sei auf Grill [52] verwiesen, der unterschiedliche Kalorikansätze eingehend vergleicht und bewertet.

Der Wandwärmeübergang dQ_w wird mit dem Newtonschen Ansatz berechnet:

$$\frac{dQ_w}{dt} = \alpha\,A_w\,\Delta T \tag{3.15}$$

Berechnungsverfahren für den Wandwärmeübergangskoeffizienten α existieren von Woschni [188], Woschni/Huber [67], Hohenberg [63], Bargende [8, 13] für den Brennraum und Zapf [192] für die Ein- und Auslasskanäle. Zur Umsetzung mit anschließender Abschätzung des Rechenaufwandes kommen die Ansätze von Woschni und Bargende. Die Wandtemperatur kann nach Sargenti [146] berechnet oder als konstant angenommen werden. In Bargende [8] ist ein Ansatz zur Abschätzung der Temperatur für Zylinderkopf, Laufbuchse, Kolben, Einlass- und Auslassventile zu finden. Für die Untersuchungen in dieser Arbeit finden konstante Werte für Zylinderkopf, Laufbuchse und Kolben Anwendung [52], um Rechenzeit zu sparen.

Bei zweizoniger Rechnung ist auf eine korrekte Einbindung der Wandwärme zu achten. Alle oben genannten Verfahren zur Bestimmung des Wandwärmeübergangskoeffizienten basieren auf einer einzonigen Temperatur. Gleichung (3.15) liefert einen globalen Wandwärmestrom, der auf die einzelnen Zonen aufzuteilen ist. Ansätze hierzu liegen von [87, 64, 11] vor. In dieser Arbeit wird bei zweizoniger Rechnung folgender Ansatz nach Bargende [11] verwendet:

$$\frac{dQ_{w,uv}}{d\varphi} = \alpha_{uv,konv} \; A_{w,uv} \; (T_w - T_{uv}) \; \frac{dt}{d\varphi} \tag{3.16}$$

Der Wandwärmestrom der unverbrannten Zone berechnet sich mit dem konvektiven Anteil des Wandwärmeübergangskoeffizienten, d.h. der globale Ansatz ist mit der unverbrannten Temperatur und ohne Verbrennungsterm anzuwenden. Die momentan vom Unverbrannten beaufschlagte Fläche $A_{w,uv}$ resultiert aus dem Verhältnis der Volumina oder der Annahme und entsprechenden Berechnungen zur hemisphärischen Flammenausbreitung. Der Wandwärmestrom der verbrannten Zone ergibt sich aus der Differenz des Gesamtwandwärmestroms und dem der unverbrannten Zone. Damit wird erreicht, dass die Summe des Wandwärmestroms beider Zonen dem globalen Wandwärmestrom entspricht.

Nach dem Ansaugtakt befindet sich angesaugte Frischluft und Restgas - entsprechend der Zusammensetzung des letzten Arbeitsspiels - im Zylinder. Findet die Einspritzung statt bevor das Einlassventil schließt, enthält der Brennraum zusätzlich dampfförmigen Kraftstoff.

$$m_{uv} = m_Z = m_L + m_R (+m_B) \tag{3.17}$$

Ein Austausch von Masse zwischen den jeweiligen Zonen bzw. über die Systemgrenze hinweg wird mit der Massenbilanz berechnet.

$$\frac{dm_Z}{d\varphi} = \frac{dm_a}{d\varphi} + \frac{dm_e}{d\varphi} + \frac{dm_l}{d\varphi} + \frac{dm_B}{d\varphi} \tag{3.18}$$

Leckage und Ladungswechselmassenstrom können gemeinsam durch eine Blendenströmung behandelt werden [52]. Der Massenstrom lässt sich unter Annahme adiabat-isentroper

Zustandsänderung und der Vernachlässigung der Geschwindigkeit im Ausgangssystem wie folgt berechnen:

$$\frac{dm_{1,2}}{d\varphi} = A_{eff}\, p_1 \sqrt{\frac{1}{R_1\, T_1}} \sqrt{\frac{2\kappa}{\kappa-1} \left(\left(\frac{p_2}{p_1}\right)^{\frac{2}{\kappa}} - \left(\frac{p_2}{p_1}\right)^{\frac{\kappa+1}{\kappa}} \right)} \frac{dt}{d\varphi} \qquad (3.19)$$

Die Durchflussgleichung nach Saint-Venant und Wantzel ist für eine stationäre Drosselströmung im Intervall $d\varphi$ gültig. Durch Ausschließen einer Überschallströmung kann bei Erreichen des kritischen Druckverhältnisses die Strömungsgeschwindigkeit nicht weiter steigen. Das Druckverhältnis p_2/p_1 in (3.19) ist für Werte kleiner dem kritischen Druckverhältnis durch das kritische (3.20) zu ersetzen.

$$\Pi_{krit} = \frac{p_2}{p_1} = \left(\frac{2}{\kappa+1}\right)^{\frac{\kappa}{\kappa-1}} \qquad (3.20)$$

Die Berechnung des Strömungsquerschnittes A_{eff} für die Modellierung von Ein- und Auslassventilströmung erfolgt in Abhängigkeit der Ventilhubkurven und der Durchflussbeiwerte. Die Verwendung einer konstanten Fläche dient der Modellierung der Leckageströmung. In der vorliegenden Arbeit wird der Leckagemassenstrom nicht berücksichtigt.

Der Brennverlauf $dQ_b/d\varphi$, der zeitliche Verlauf der Wärmefreisetzung im Brennraum, ist wie der Brennstoffmassenumsatz $dm_B/d\varphi$, der zeitliche Verlauf des Massenumsatzes von dampfförmigem Kraftstoff zu Rauchgas, stets von Modellannahmen abhängig. Zu diesen Annahmen gehören die Modellierung des Wandwärmeübergangs, der Kalorik bzw. die ein- oder mehrzonige Aufteilung des Brennrauminhaltes. Beide Größen können mittels des unteren Heizwertes und des Umsetzungswirkungsgrades ineinander umgerechnet werden.

$$\frac{dQ_b}{d\varphi} = \frac{dm_b}{d\varphi}\, H_u\, \eta_{um} \qquad (3.21)$$

Der Umsetzungswirkungsgrad wird für stöchiometrische und magere Verbrennungen zu eins angenommen. Für unterstöchiometrische Verbrennung ist die Berechnung aus den kalorischen Gaseigenschaften oder aus Näherungsgleichungen möglich [52, 178]. Die Berechnung des Brennverlaufes bzw. des Massenumsatzes aus einem gemessenen Zylinderdruck wird als Druckverlaufsanalyse (DVA), der umgekehrte Weg als Arbeitsprozessrechnung (APR) bezeichnet. Die Modellierung bzw. Vorgabe des Brennstoffmassenumsatzes ist für die APR notwendig.

Zur Abstimmung und Adaption der Brennverlaufsmodelle (siehe Kapitel 6.1) dient die DVA. Die Gleichungen (3.22) und (3.23) zeigen für den eindimensionalen Fall die Berechnung von Temperatur- und Brennverlauf.

$$\frac{dT}{d\varphi} = \frac{p\,\frac{dV}{d\varphi} + V\,\frac{dp}{d\varphi} - m_Z\,T\left(\frac{\partial R}{\partial p}\frac{dp}{d\varphi} + \frac{\partial R}{\partial \lambda}\frac{d\lambda}{d\varphi}\right)}{m_Z\left(R + T\,\frac{\partial R}{\partial T}\right)} \tag{3.22}$$

$$\frac{dQ_b}{d\varphi} = m_Z\left(\frac{\partial u}{dT}\frac{dT}{d\varphi} + \frac{\partial u}{\partial p}\frac{dp}{d\varphi} + \frac{\partial u}{\partial \lambda}\frac{d\lambda}{d\varphi}\right) + p\,\frac{dV}{d\varphi} - \frac{dQ_w}{d\varphi} \tag{3.23}$$

Die einzonige Modellvorstellung nimmt zu jedem Zeitpunkt eine vollständige Durchmischung der Zylinderladung an. Hingegen unterscheidet das Zweizonen-Modell zwischen einer unverbrannten und einer verbrannten Temperatur. Bis zum Brennbeginn wird einzonig gerechnet. In der unverbrannten Zone sind Frischluft, Kraftstoffdampf und Restgas der vorangegangenen Verbrennung enthalten. Das gesamte Arbeitsgas hat eine Temperatur, die sogenannte Massenmitteltemperatur. Demnach ist auch der Wandwärmestrom der unverbrannten Zone zuzurechnen.

Nach dem Start der Verbrennung erfolgt eine Aufteilung der Zylindermasse in eine verbrannte und eine unverbrannte Masse. Die Flammenfront wird als unendlich dünn angenommen. Die beiden thermodynamischen Zonen sind durch einen Enthalpiestrom vom Unverbrannten ins Verbrannte miteinander verknüpft. Der Brennverlauf $dQ_b/d\varphi$ wird komplett der verbrannten Zone zugeführt.

$$\frac{dm_v}{d\varphi}\,h_{uv} = -\frac{dm_{uv}}{d\varphi}\,h_{uv} \tag{3.24}$$

Die Modellierung einer globalen Turbulenz ist für einige weitere Modelle (z.B. Entrainment-Verbrennungsmodell [52, 53]) erforderlich. Aus diesem Grund soll das verwendete homogene, isotrope (örtlich konstant, zeitlich veränderlich) k-ε-Turbulenzmodell in Anlehnung an Grill [52] und Kožuch [87] kurz beschrieben werden. Im Hochdruckteil der Prozessrechnung gilt:

$$\frac{dk}{dt} = -\frac{2}{3}\frac{k}{V_Z}\frac{dV_Z}{dt} - \varepsilon_{Diss}\frac{k^{1.5}}{l} + \left(\varepsilon_q\,\frac{k_q^{1.5}}{l}\right)_{\varphi > ZOT} - \varepsilon_E\,\frac{dk_E}{dt} - \varepsilon_{DT}\,\frac{c_m^3}{l} \tag{3.25}$$

Der erste Term beschreibt die Turbulenzzunahme in der Kompression und die Abnahmen in der Expansion durch die Kolbenbewegung. Die Abnahme der Turbulenz durch Dissipation hängt von der selbigen und dem charakteristischen Wirbeldurchmesser l ab. Mit steigender kinetischer Energie nimmt die Dissipation überproportional und mit kleiner werdender Wirbelgröße proportional zu. Die Größe der Wirbel ist unter der Annahme eines Kugelvolumens, das dem Zylindervolumen entspricht, definiert zu:

$$l = \frac{6 \, V_Z^{\frac{1}{3}}}{\pi} \tag{3.26}$$

Die Turbulenzeinbringung aus der Kolbenmulde nach dem Oberen Totpunkt wird als Quetschströmung bezeichnet. Eine Darstellung der Gleichungen der radialen und axialen Komponente der Muldenströmung ist in Grill [52] und Bargende [8] zu finden. Die Turbulenzeinbringung durch die Einspritzung modelliert Barba [7] auf Basis der Ausgangstropfengeschwindigkeit u_{Tr0}, der Annahme eines kompressiblen Mediums und der Verwendung des effektiven Düsenquerschnittes. Die Turbulenzgenerierung aus Drall- und Tumblezerfall beschreibt der letzte Term mit dem Koeffizienten ε_{DT}. Als Startwert zur Lösung der k-ε-Differentialgleichung (3.25) wird folgende Gleichung verwendet [52]:

$$k_{ES} = C_k \, \frac{c_m \, d_Z \, \lambda_L}{n_{EV} \, d_{EV} \, h_{EV}} \tag{3.27}$$

Aus der spezifischen turbulenten Energie ergibt sich die Turbulenzgeschwindigkeit, die für die Modellierung der phänomenologischen Verbrennung notwendig ist:

$$u_T = \sqrt{\frac{2}{3} \, k} \tag{3.28}$$

3.2   Schadstoffbildung

Der Hochdruckprozess von Ottomotoren läuft global über- als auch unterstöchiometrisch ab. Dementsprechend sind im Abgas Konzentrationen von unverbrannten Kohlenwasserstoffen, Kohlenstoffmonoxid und Stickoxid vorhanden. Bei unterstöchiometrischer Verbrennung wird der Brennstoff trotz ausreichend hoher Temperatur aufgrund des Sauerstoffmangels nicht vollständig oxidiert. Bei überstöchiometrischer Verbrennung ist genügend Sauerstoff vorhanden. Dies führt bei ausreichend hoher Temperatur zur verstärkten Bildung von Stickoxid. Die überwiegend homogene Prozessführung beim Ottomotor und eine angepasste Einspritzstrategie vermeidet weitgehend die Bildung von Ruß [76, 78]. Eine Modellierung der Rußmasse wie auch die Abbildung der Partikelanzahl wird hier nicht verfolgt. Um die gesundheitsgefährdenden Schadstoffkomponenten NO, CO, HC als Beurteilungsgrößen innerhalb einer Motorsteuerung nutzbar zu machen, sind Schadstoffmodelle nötig.

Stickoxidbildung

Unter bestimmten Umständen - hohe Temperatur, ausreichend Zeit, Verfügbarkeit von Sauerstoff - reagiert der sehr reaktionsträge Stickstoff mit dem Luftsauerstoff zu Stickoxiden. Während der Verbrennung entsteht fast ausschließlich Stickstoffmonoxid (NO), das nach längerer Zeit unter atmosphärischen Bedingungen fast vollständig zu Stickstoffdioxid (NO_2) umgewandelt wird [109]. Es lassen sich vier verschiedene Mechanismen der Stickoxidbildung durch Verbrennung unterscheiden [180]: Thermisches-NO, Prompt-NO, NO aus Lachgas, Brennstoff-NO. Thermisches NO (Zeldovic-NO) entsteht bei Temperaturen über 1700 K aus Luftstickstoff. Die Aufspaltung der stabilen Dreifachbindung von N_2 benötigt eine hohe Aktivierungsenergie. Bereits bei niedrigen Temperaturen entsteht aus Luftstickstoff in der Flammenfront Prompt-NO (Fenimore-NO). Wegen der relativ niedrigen Aktivierungsenergie der geschwindigkeitsbestimmenden Reaktion wird bereits bei T≈1000K NO gebildet. Hohe Drücke und niedrige Temperaturen fördern die NO-Bildung über Lachgas (N_2O). Das Temperaturniveau selbst hat nur einen geringen Einfluss. Diese Reaktion gewinnt an Bedeutung, wenn magere Verbrennungen und niedrige Temperaturen die Bildung von thermischem NO unterdrücken. Weiter kann Stickstoffmonoxid durch Konversion von Brennstoff-Stickstoff entstehen. Diese Bildungsmechanismen laufen unter verbrennungsmotorischen Bedingungen praktisch nie bis zum chemischen Gleichgewicht ab, weshalb sie als kinetisch kontrollierte Prozesse bezeichnet werden. In der motorischen Verbrennung spielt das thermischen NO die bedeutende Rolle. Der Beitrag der anderen Mechanismen zur Stickoxidemission ist zu vernachlässigen [59, 135, 109].

Kohlenmonoxidbildung

Verläuft eine Verbrennung fett, läuft die Oxidation von Kohlenmonoxid (CO) wegen des Sauerstoffmangels in Konkurrenz zur Oxidation von Wasserstoff (H_2) ab. Die Reaktion von Wasserstoff zu Wasser befindet sich praktisch im chemischen Gleichgewicht, die Bildung von Kohlendioxid (CO_2) aus CO ist hingegen kinetisch kontrolliert. Bei magerer Verbrennung läuft die Bildung von Kohlendioxid aus CO und OH aufgrund des fehlenden Wasserstoffs gebremst ab. Bei sehr mageren Gemischen entsteht vermehrt CO wegen der niedrigen Temperaturen und der verstärkt unvollständigen Verbrennung im wandnahen Bereich [108]. Die CO-Oxidation ist stark von der Verbrennungstemperatur abhängig, weshalb diese Reaktion während der Expansion stark gehemmt abläuft. Ab einem bestimmten Temperaturniveau ist keine Änderung der Konzentration mehr festzustellen, der „eingefrorene" Gleichgewichtszustand ist erreicht [52].

Unverbrannte Kohlenwasserstoffe

Bei einer vollständigen Verbrennung von Kohlenwasserstoffen treten hinter der Flammenfront keine unverbrannten Anteile auf. Die bei einer motorischen Verbrennung messbaren,
unverbrannten Kohlenwasserstoffe (HC) stammen aus von der Verbrennung nicht oder
nicht vollständig erfassten Zonen. Die Zusammensetzung der unverbrannten Kohlenwasserstoffe ist sehr vielfältig und reicht von teiloxidierten bis zu vollständig unverbrannten
Komponenten [109]. Ursache für die HC-Entstehung ist vor allem das Löschen der Flamme
durch starke Abkühlung in Wandnähe und in Spalten sowie kleine Flammengeschwindigkei-
ten. Weitere Quellen für Kohlenwasserstoffemissionen sind der an der Zylinderlaufbuchse
haftende Ölfilm, Ablagerungen auf der Kolbenoberfläche und am Zylinderkopf. Bei niedrigem Druck in der Expansion verlassen die während der Kompression durch Diffusion
gasförmig eingelagerten Kohlenwasserstoffe die Wandschichten und werden mit dem Abgas
ausgeschoben [44]. Aufgrund der verschiedenen Wege der HC-Entstehung und der damit
verbundenen Komplexität ist eine quantitative Berechnung auf physikalisch-chemischen
Grundlagen noch nicht möglich [108, 180].

3.3 Klopferkennung

Klopfende Verbrennungen sind unkontrollierte Selbstzündungen von unverbrannten Rest-
gemischzonen (Endgas) bevor diese von der Flammenfront erreicht werden [108]. Sie
treten bei fremdgezündeten Motoren auf. Während der Kompression des Kraftstoff-Luft-
Restgasgemisches werden die chemischen Vorreaktionen so stark beschleunigt, dass die
Druckerhöhung durch die Zündeinleitung ausreicht, um die Selbstzündungsschwelle zu
überschreiten. Die nötige Aktivierungsenergie zur Einleitung der Verbrennung steht bereits
zur Verfügung bevor sie von der annähernden Flammenfront bereitgestellt wird. Heiße
Bauteiloberflächen als Folge unzureichender Motorkühlung fördern diesen Effekt. Bei
langsamem Flammenfortschritt kann es passieren, dass die Zeit ausreicht um die Selbstzündungsschwelle zu erreichen. Die anschließende fast isochore Verbrennung führt, je nach an
der Selbstzündung beteiligten Masse, zu starken Druckanstiegen, die sich im Brennraum
als Druckwellen mit Schallgeschwindigkeit ausbreiten. Durch mehrfache Reflexion an den
Brennraumwänden entstehen stehende gedämpfte Eigenschwingungen des Brennraumvolumens [187]. Diese Überlagerung von mehreren Druckwellen kann zu einer mechanischen
Schädigung des Brennraumes führen.

  Zur Detektion klopfender Arbeitsspiele eignen sich unterschiedliche Verfahren. Kategori-
siert nach der physikalischen Größe, sind Verfahren der Auswertung von Zylinderdrucksignal,

Motorblockschwingungen, Ionisation und Lichtemission des Gases während der Verbrennung zu unterscheiden. Klopfregelungssysteme heutiger Motorsteuerungen nutzen häufig Motorblockschwingungen bzw. Körperschall [47]. Zylinderdruckbasierte Verfahren werten die dem Druckverlauf überlagerten Schwingungen aus und werden heute zur zuverlässigen Abstimmung des Klopfverhaltens innerhalb der Kennfeldabstimmung im Prüfstandsbetrieb eingesetzt [37, 162].

Ein sehr zuverlässiges Verfahren zur Klopferkennung ist in Worret [187] beschrieben. Aus dem Zylinderdruck wird zunächst der Heizverlauf berechnet und anschließend hochpassgefiltert. Neben der Bewertung klopfender Arbeitsspiele ist es möglich, den Zeitpunkt zu bestimmen, an dem Klopfen eintritt. Die in der vorliegenden Arbeit verwendete Klopfdetektionsmethode basiert auf dem Zylinderdruck, da dieses Signal weniger anfällig für Störgeräusche ist als Körperschall [99] und innerhalb des gesamten Motormanagements zur Verfügung steht (siehe Kapitel 5). Die Signalqualität des Zylinderduckes ist aufgrund des besseren Signal-Rausch-Abstandes und der Tatsache, dass kaum akustische Störungen überlagert sind, sehr gut für die Bestimmung der Klopfintensität geeignet. Aufbauend auf der physikalischen Bezugsgröße Zylinderdruck erfolgt der Einsatz eines thermodynamisch formulierten Klopfkriteriums innerhalb der Prozesssimulation (siehe Kapitel 6.4).

Aus messtechnischer Sicht ist bei der Anwendung zylinderdruckbasierter Klopfdetektionsmethoden das Zusammenspiel zwischen der Position und Anbindung des Drucksensors im Brennraum, dem Klopfort und den resultierenden Brennraumresonanzfrequenzen zu beachten [187]. Die Anbindung des Drucksensors im Brennraum kann entweder brennraumbündig oder mit einem Schusskanal erfolgen. Durch ein Zurückversetzen des Sensors wird der Thermoschockeinfluss vermindert. Es können sich aber unter ungünstigen geometrischen Bedingungen Pfeifenschwingungen ausbilden. Je nach Durchmesser und Länge dieses Kanals liegen die angeregten Schwingungen im Bereich der Eigenfrequenzen des Brennraumes, wodurch die Klopferkennung behindert wird. Bei mittleren und höheren Drehzahlen überlagern sich bereits im „normalen" Motorbetrieb hochfrequente Schwingungsanteile dem Drucksignal. Aus diesem Grund sollten die Sensoren außermittig im Brennraumdach - aufgrund größerer Schwingungsamplituden - zwischen den Ein- und Auslassventilen und brennraumbündig angebracht werden. Aus Gründen der Zugänglichkeit wurde der Sensor beim Vierzylinderversuchsträger (siehe Tabelle 4.1) leicht zurückversetzt. Eine zylinderdruckbasierte Klopferkennung war dennoch möglich.

Das im Brennraum eingeschlossene Gas stellt ein schwingungsfähiges System dar, in dem sich Druckwellen ausbilden. Die durch Selbstzündung hervorgerufenen hochfrequenten Druckschwingungen sind dem „normalen" Zylinderdruckverlauf überlagert. Infolge Reflexion an den Brennraumwänden bilden sich nur die Wellen als stehende Wellen aus, die an die geometrischen Abmessungen angepasst sind. Das System ist durch die geometrische Form, die Stoffwerte des Gases und dessen Gaszustand bestimmt. Die auftretenden Schwingungen im Brennraum können Umfangs-, Radialschwingungen und Kombinationen aus beiden sein. Zum Zeitpunkt des Klopfens, kurz nach dem oberen Totpunkt, ist die Änderung des Brennraumvolumens gering. Aus diesem Grund werden stehende Wellen in Zylinderachsrichtung vernachlässigt [187].

Eine geometrisch einfache Form (Hohlzylinder), homogene Gaszusammensetzung und die Gültigkeit der akustischen Theorie vorausgesetzt, lassen sich die Resonanzfrequenzen des Zylinders abschätzen. Die Raumresonanzen ergeben sich durch Lösung der Wellengleichung unter Zuhilfenahme der Besselfunktion [1]. Die vertikalen Schwingungsmoden sind vernachlässigt.

$$f(m,s) = \frac{c}{\pi \, d} \, j'_{m,s} \tag{3.29}$$

Nach Adolph [1] kann für den Temperaturbereich 2000 K < T < 2800 K ein linearer Zusammenhang zur Berechnung der Schallgeschwindigkeit im Verbrennungsgas angenommen werden.

$$c(T) = 0.201 \, T + 450 \tag{3.30}$$

Bei Vernachlässigung der Frischgasmenge zum Klopfbeginn und der Annahme einer Temperatur von 2500 K in der verbrannten Zone, resultieren für den untersuchten Vierzylindermotor folgende bis 20 kHz berechneten Brennraumresonanzfrequenzen, siehe Tabelle 3.1.

$j'_{m,s}$	1.8412	3.0542	3.8317	4.2012	5.3176	5.3314
f_R	6.8077	11.2927	14.1675	15.5337	19.6615	19.7125

Tabelle 3.1: Berechnete Brennraumresonanzfrequenzen

Die Nullstellen der Besselfunktion $j'_{m,s}$ können [1, 187, 131] entnommen werden. Die Schwingungsmodi orientieren sich an dem Ort ihrer Anregung und sind um die Zylinderachse frei drehbar. Aus diesem Grund hat die Position des Drucksensors in Abhängigkeit des Klopfortes einen Einfluss auf die Signalcharakteristik und deren Frequenzinhalte.

Basiert die Berechnung der Klopfintensität auf einem einzelnen Wert des jeweiligen Arbeitsspiels, kann dies zu fehlerhaften Berechnungen führen, wenn sich der Klopfort ändert. Die Anbringung des Drucksensors an den Brennraum sollte unter Kenntnis des bevorzugten Endgasbereiches nicht in den Knotenlinien der energiereichen Schwingungsmodi (niedrige Ordnung) erfolgen [187]. Als Voraussetzung der Erkennung klopfender Arbeitsspiele ist so sichergestellt, dass diese Frequenzanteile im Mittel in der hochfrequenten Überlagerung des Drucksignals enthalten sind. Mit zunehmender Klopfstärke steigen zwangsläufig nicht alle Brennraumresonanzen, sondern nur die Schwankungen einzelner Frequenzanteile. Die Bestimmung der Klopfintensitäten darf aus diesem Grund nicht mittels Bandpassfilterung ausschließlich auf den Brennraumresonanzfrequenzen basieren. Nach Worret [187] und Rechs [141] genügt für die Erfassung der Klopfgrenze die Betrachtung bis 30 kHz.

Zur Ermittlung der folgenden mittleren Frequenzspektren in Abbildung 3.2 wurde das Zylinderdrucksignal zeitbasiert mit einer Abtastung von 500 kHz und einer Auflösung von 16 Bit aufgezeichnet. Zur Unterdrückung von Aliasingeffekten wird das Signal zusätzlich analog gefiltert. Der Nutzfrequenzbereich liegt im Bereich von 0 bis 30 kHz [166]. Ein nachgeschalteter Hochpassfilter stellt die für die Klopfdetektion verwendeten hochpassgefilterten Druckverläufe zur Verfügung. Gut im gemessenen Signal zu erkennen sind die unter den ver-

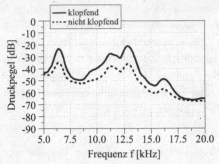

Abbildung 3.2: Frequenzspektren im klopfenden und nicht klopfenden Motorbetrieb bei 2000 min^{-1} Volllast

einfachten Annahmen berechneten Resonanzfrequenzen (Tabelle 3.1). Die Berechnung und Messung der ersten beiden Resonanzfrequenzen stimmt gut überein. Oberhalb 12 kHz sind die Abweichungen höher. Der Einfluss des zurückversetzten Drucksensors und die vereinfachte Berechnung machen sich hier bemerkbar.

Die Ordnung eines Tiefpassfilters ist bei gleicher Filterqualität im Vergleich zu einem Hochpassfilter geringer. Entsprechend sind weniger Rechenoperationen erforderlich. Das Hochpassverhalten ist durch Differenzbildung aus Rohsignal und tiefpassgefiltertem Signal realisiert. Die Reduktion der Filterordnung gelingt durch Einsatz eines IIR-Filters (infinite impulse response) mit Kompensation der Phasenverschiebung durch Vorwärts-Rückwärts-Rechnung. Aufgrund des schwachen Dämpfungsverhaltens des Tiefpassfilters (1. Ordnung) ist dessen Eckfrequenz nicht zu niedrig zu wählen, um nicht klopfrelevante Schwingungen ausreichend stark zu unterdrücken. Andererseits darf die erste Raumresonanz nicht zu stark geschwächt werden. Die Eigenschaften des Tiefpassfilters sind dem Anhang A.1 zu entnehmen. Gibt ein keine Möglichkeit das Drucksignal vor der Umrechnung auf die Kurbelwinkelbasis zu filtern, müssen mehrere Filter eingesetzt werden. In Abhängigkeit von der Drehzahl ist jeweils zwischen den Filtern zu wechseln.

Zur zylinderdruckbasierten Ermittlung klopfender Arbeitsspiele existieren unterschiedliche Ansätze in Bezug auf das Signal und dessen Bewertung. Eine Klassifizierung einzelner Ansätze nach dem verwendeten Signal und der Beurteilung der Klopfintensität und des

Klopfbeginns kann Worret [187] entnommen werden. Einfache Ansätze trennen klopfende von nicht klopfenden Arbeitsspielen durch einen vorzugebenden Schwellwert eines spezifischen Merkmals. Die Bildung eines Grundpegels aus den Merkmalen nicht klopfend bewerteter Arbeitsspiele ermöglicht die Kompensation überlagerter Störungen. Überschreitet das Klopfmerkmal mit einem gewissen Sicherheitsabstand den Grundpegel, wird der Zyklus als klopfend erkannt. Der Zeitpunkt des Schwellwertübertritts kennzeichnet den Klopfbeginn. Wie Worret [187] beschreibt, eignet sich der hochpassgefilterte Heizverlauf aufgrund des besseren Signal-Rauschabstandes besser zur Klopfdetektion als das hochpassgefilterte Drucksignal. Die errechneten Klopfintensitäten beider Signale korrelieren miteinander. Der Vorteil dieser Methodik besteht im zweiten differentiellen Glied der Berechnungsformel des Heizverlaufes (3.14).

Die Grundschwingungen auf dem Drucksignal werden durch den stärker werdenden Einfluss der Druckänderung nach ZOT multipliziert mit dem steigenden Zylindervolumen nach ZOT, in der Nähe des oberen Totpunktes gedämpft und im Bereich des erwarteten Klopfzeitpunktes nach OT verstärkt. Das Amplitudenverhältnis zwischen Grundrauschen und hochfrequentem Anteil durch klopfende Verbrennung nimmt zu. Die Verwendung des Heizverlaufes schafft eine Abhängigkeit der Intensität des Klopfens von dessen Eintreten. Die Intensität spät klopfender Arbeitspiele nimmt im Vergleich zur Nutzung des Drucksignals zu. Aus diesem Grund bleibt die beschriebene Methodik von Worret [187] für diese Arbeit nur in den Grundzügen bestehen. Zur Klopferkennung dient der hochpassgefilterte Druckverlauf.

Für die Bestimmung des Klopfbeginns KBG wird ein dynamisches Analysefenster konstanter Breite verwendet, dessen Lage der 50%-Massenumsatzpunkt des Heizverlaufes festlegt. Die Verbrennungslageregelung (siehe Kapitel 5) regelt den 50%-Massenumsatzpunkt. Damit ist es nicht notwendig, dieses Signal zusätzlich zu erzeugen. Dieser Umsatzpunkt eignet sich, besonders bei spät klopfenden Arbeitsspielen, besser als bspw. die Lage des Maximaldruckes. Ausgangspunkt zur Bestimmung des Klopfbeginns ist die Lage der maximalen Amplitude des hochpassgefilterten Druckverlaufes innerhalb des Analysefensters. Von diesem Punkt wird entgegen der Zeitachse der früheste Schwellwertübertritt - 0,65 der Maximalamplitude - erfasst [187]. Der erste entgegen der Zeitachse ermittelte Nulldurchgang stellt einen vorläufigen Klopfbeginn dar. Überschreitet die Klopfintensität (3.31) innerhalb des „Klopffensters" (nach Klopfbeginn) eine vorzugebende Schwelle, erfolgt eine Halbierung des Schwellwertes zur Bestimmung des Klopfbeginns und die Suche des Nulldurchganges beginnt erneut. Anschließend ergibt sich eine neue Klopfintensität und ein neuer Klopfbeginn. Dies ermöglicht für Signale mit hohen Amplituden eine weitere Suche nach Schwellwertübertritten. Zur Beschreibung der Klopfintensität KI wird abweichend

zu [1, 187] nicht die Summe der Signalquadrate, sondern, angelehnt an die Berechnung des
Motorsteuergerätes [152], der Betrag benutzt.

$$KI = \frac{1}{\Delta\varphi_{KFB}} \sum_{\varphi=\varphi_{KBG}}^{\varphi_{KBG}+\Delta\varphi_{KFB}} |(Signal_{gef}(\varphi))|\,\Delta\varphi \qquad (3.31)$$

Der Bezug der Klopfintensität auf die Breite des Klopffensters ($\Delta\varphi_{KFB}$) mindert den
Einfluss veränderlicher Klopffensterbreiten (KFB). Zur Erkennung klopfender Arbeitsspiele
wird das Verhältnis aus Klopfintensität nach und vor Klopfbeginn berechnet, was den
Einfluss von Störsignalen verringert. Kleine Intensitäten der Referenzseite (KI_{vKBG}) können
zum fehlerhaften Erkennen nicht klopfender Arbeitsspiele führen. Die Addition eines
Wertes KI_B (Klopfintensität Basis) auf Klopf- und Referenzintensität zur Bildung des
Klopfintensitätsverhältnisses $KIVH$ verringert diesen Effekt.

$$KIVH = \frac{KI_{nKBG} + KI_B}{KI_{vKBG} + KI_B} \qquad (3.32)$$

Durch den Vergleich des Klopfintensitätsverhältnisses mit einem drehzahlabhängigen
Schwellwert wird das Arbeitsspiel als klopfend erkannt. Eine Möglichkeit zur Reduktion der Rechenzeit ist das Abschalten der Berechnung des Klopfbeginns. Der 50%-
Massenumsatzpunkt markiert in diesem Fall die Trennung zwischen Klopf- und Referenzseite.

Abbildung 3.3 (rechts) zeigt einen Vergleich der Lage verschiedener Umsatzpunkte des
Heizverlaufes im Vergleich zur Lage des Zylinderdruckmaximums und des Klopfbeginns,
ermittelt aus klopfenden Arbeitsspielen am Vollmotor (siehe Kapitel 4.1) bei 2000 min^{-1}
nach obigem Schema. Im linken Teil der Abbildung ist das hochpassgefilterte Drucksignal
mit einer Markierung des 50%-Umsatzpunktes und des Spitzendruckes dargestellt. Der
50%-Umsatzpunkt für klopfende Verbrennungen liegt deutlich vor dem Klopfbeginn. Damit
ist auch bei abgeschalteter Klopfbeginnermittlung eine zuverlässige Trennung in Klopf-
und Referenzseite gegeben. Für die Trennung besser geeignet wäre der 70%-Umsatzpunkt,
da dieser Punkt näher am ermittelten Klopfbeginn liegt. Von einer Nutzung in der Klopferkennung wird hier aufgrund der Notwendigkeit einer zusätzlichen Berechnung abgesehen.
Um bei abgeschalteter Ermittlung des Klopfbeginns einen späteren Punkt für die Trennung
zu bekommen, erfolgt stattdessen ausgehend vom 50%-Umsatzpunkt eine Verschiebung
des Startpunktes der Bildung des Klopfintegrals. Ohne die Tauglichkeit der Unterteilung
in Klopf- und Referenzseite einzuschränken, ist es so möglich einen Punkt festzulegen, der
nicht aus der Signalcharakteristik selbst entstammt. Die Größen aus der Verbrennungslageregelung entstammen dem tiefpassgefilterten Drucksignal.

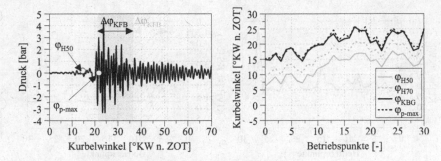

Abbildung 3.3: Vergleich Klopfbeginn mit Lage Maximaldruck und 50%-, 70%-Umsatzpunkt des Heizverlaufes am Vollmotor bei 2000 min^{-1}

Liegt der 50%-Umsatzpunkt weit vor dem Klopfbeginn, kann es bei sehr kleinem „Klopffenster" vorkommen, dass die Schwingungen nicht in die Berechnung des Klopfintegrals eingehen. Eine Vergrößerung des Summationsbereiches löst dieses Problem, vergrößert aber die Rechenzeit, verfälscht die Ergebnisse und erschwert die Erfassung schwach klopfender Arbeitsspiele. Liegt der Klopfzeitpunkt nahe dem 50%-Massenumsatzpunkt, wird durch ein sehr großes Klopffenster der Einfluss hoher Spitzen in diesem Bereich schwächer gewichtet. Zur Verifizierung der Größe des Klopffensters dient eine weitere Klopfintensität KI_2 (gleicher KFB), die an das „Klopffenster" anschließt.

$$KI_2 = \frac{1}{\Delta\varphi_{KFB}} \sum_{\varphi=\varphi_{KBG}+\Delta\varphi_{KFB}}^{\varphi_{KBG}+2\Delta\varphi_{KFB}} |(Signal_{gef}(\varphi))| \, \Delta\varphi \qquad (3.33)$$

Abbildung 3.4 zeigt die beiden ermittelten Klopfintensitäten KI und KI_2 (links) einer Reihe klopfender Arbeitsspiele bei 2000 min^{-1}, das Klopfintensitätsverhältnis $KIVH$ und die Klopfspitze KS (rechts), den Maximalwert des hochpassgefilterten Druckverlaufes. Diese weitere Berechnung dient der Bewertung der Lage des 50%-Umsatzpunktes als Eingangssignal der Klopferkennung während der Abstimmung des Algorithmus. Es lässt eine Aussage zu, ob die Lage dieses Punktes für die Klopferkennung zu früh liegt. In der Online-Anwendung wird die Zusatzberechnung nicht ausgeführt. Wie Abbildung 3.4 zeigt, ist die Klopfintensität des zweiten Fensters kleiner als die Klopfintensität KI_{nKBG}. Das beweist, dass das Klopffenster mit 15°KW groß genug ist, um klopfende Arbeitsspiele sicher zu erkennen. Zur Abgrenzung klopfender Arbeitsspiele dient das Klopfintensitätsverhältnis.

Abbildung 3.4 (rechts) zeigt, dass das Klopfintensitätsverhältnis $KIVH$ weniger sensitiv als die oft zur Klopfapplikation [81] eingesetzte Klopfspitze KS reagiert. Der zu

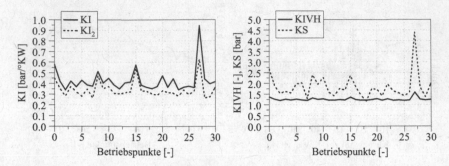

Abbildung 3.4: Vergleich zwischen Klopfintensität KI und KI_2 (links), Klopfinensitätsverhältnis und Klopfspitze (rechts) am Vollmotor bei 2000 min^{-1}

überschreitende Schwellwert berücksichtigt die Drehzahlabhängigkeit [187] motorspezifisch. Zur Validierung des beschriebenen Algorithmus wurden neben der Verifikation des ermittelten Klopfbeginns mit verschiedenen Umsatzpunkten des Heizverlaufes eine Reihe weiterer Kriterien automatisiert abgeprüft. Diese seien im Folgenden kurz genannt:

- Klopfbeginn muss nach dem 50%-Umsatzpunkt des Heizverlaufes entsprechend der Einteilung in Klopf- und Referenzseite liegen ($\varphi_{KBG} > \varphi_{H50}$)

- Klopfbeginn darf nicht weiter als die Fensterbreite vom 50%-Umsatzpunkt entfernt liegen ($\varphi_{KBG} < (\varphi_{H50} + \Delta\varphi_{KFB})$)

- Klopfbeginn sollte nahe der Klopfspitze (KS) liegen (($\varphi_{KS} - \varphi_{KBG}$) → 0)

- Spitzenwert des zweiten Klopffensters sollte zu Beginn liegen ($\varphi_{KS2} \approx \varphi_{H50} + \Delta\varphi_{KFB}$)

- Spitzenwert des zweiten Klopffensters deutlich geringer als die Klopfspitze ($\varphi_{KS2} << \varphi_{KS}$) - eignet sich gut zur Festlegung der KFB, ähnlich der Bewertung KI_2

- Lage des Spitzendruckes (ungefiltertes Drucksignal) innerhalb des Klopffensters ($\varphi_{KBG} < \varphi_{KS} < (\varphi_{KBG} + \Delta\varphi_{KFB})$)

3.4 Modellbildung, Vorbetrachtungen und Identifikation

Die Art der Modellbildung wird in eine theoretische und eine experimentelle Vorgehensweise unterteilt. Theoretische Modelle geben die physikalischen Gesetze in Form von Bilanz- und Zustandsgleichungen wieder. Die Parameter der Modelle hängen von geometrischen und physikalisch-technischen Daten ab, deren exakte Ermittlung nicht trivial ist. Häufig können nicht alle Zusammenhänge analytisch beschrieben werden. Ist weiterhin die phänomenologische Beschreibung der Wirkungszusammenhänge nicht möglich, so stellt die experimentelle Modellbildung eine leistungsfähige Methodik zur Beschreibung dieser Vorgänge dar. Die Messung der Ein- und Ausgangssignale bildet die Grundlage der Identifikation experimenteller Modelle. Die Schwierigkeit besteht darin, ein geeignetes mathematisches Verfahren zu finden, das den Zusammenhang der Ein- und Ausgangsgrößen möglichst genau wiedergibt. Grundvoraussetzung einer hohen Modellqualität ist eine sorgfältige Planung und Durchführung der Messungen. Die anschließende Festlegung der Modellstruktur ist im Allgemeinen ein iterativer Prozess [173]. Dieses Vorgehen kann durch das Einbringen von physikalischen Zusammenhängen effizienter gestaltet werden. Entsprechend sollte die Auswahl der Eingangsgrößen nach den physikalischen Gesetzen erfolgen.

Nach der Messung folgt die Signalanalyse und Datenaufbereitung. Für die Modellerstellung dürfen nicht alle Messungen verwendet werden, um das Modell mit unabhängigen Daten validieren zu können. Bei erfolgreicher Validierung ist die experimentelle Modellbildung abgeschlossen. Falls die Validierung nicht zum geforderten Ergebnis führt, müssen nacheinander Datenaufbereitung und Modellstruktur geprüft werden. Bei der Festlegung einer geeigneten Modellstruktur ist der Abbildung aller relevanten physikalischen Effekte eine besondere Bedeutung beizumessen.

Eine wichtige Forderung für die steuergerätetaugliche Abbildung von Prozessverhalten ist eine universelle, einfach und schnell parametrierbare Struktur bei vertretbarem Rechenaufwand. Die Interpretierbarkeit der Modellstruktur ermöglicht die Verifikation und das Einbringen von Vorwissen. Die Realisierung der Online-Adaptierbarkeit gewährleistet, die Modellstruktur an die Charakteristik des jeweiligen Motors im laufenden Betrieb anpassen zu können.

Polynommodelle sind für die Approximation nichtlinearer Zusammenhänge gut geeignet. Die Koeffizienten sind linear. Zu deren Schätzung können demzufolge lineare Methoden (Methode der kleinsten Fehlerquadrate) eingesetzt werden. Gute Glattheitseigenschaften und ein geringer Aufwand zur Bestimmung der Modellparameter haben unter anderem zu deren großer Verbreitung beigetragen [25, 55, 56]. Ein Nachteil der Polynomansätze ist der starke Anstieg der Anzahl der Parameter und der Polynomordnung mit der Anzahl der Eingangsgrößen. Die lokale Adaption eines einmal parametrierten Polynoms ist, ohne das Gesamtverhalten zu beeinflussen, nur schwer möglich.

Eine sehr einfach zu implementierende Modellstruktur zur Abbildung nichtlinearen Verhaltens sind Rasterkennfelder. Deren Nachteil des exponentiellen Anstiegs der Stützstellen mit der Zahl der Eingangsgrößen führt in heutigen Steuergeräten dazu, dass höherdimensionale Zusammenhänge durch Kombination von Kennfeldern approximiert werden [173, 151, 57]. Die Adaption von Rasterkennfeldern ist steuergerätetauglich möglich [150], aber bei einer Kombination von Kennfeldern eingeschränkt.

Der Einsatz neuronaler Netze zur Identifikation nichtlinearen Verhaltens ist stark verbreitet. Nicht alle Netztypen eignen sich für eine Online-Anwendung. Bekannte neuronale Netze sind die Multilayer Perzeptronen (MLP) [122, 125, 183]. Die informationsverarbeitenden Einheiten, die Neuronen, bilden aufeinander folgende vollvernetzte Strukturen. Meist werden zweischichtige Netze mit einer verdeckten Schicht (hidden layer - keine Verbindung nach außen) und einer Ausgangsschicht verwendet. Das Trainieren der nichtlinearen Parameter der Neuronen erfolgt durch nichtlineare Verfahren (Backpropagation). Aufgrund der globalen Wirksamkeit der mit den Neuronen realisierten Basisfunktionen ist keine Interpretation der Gewichte möglich. Damit ist das Einbringen von Vorwissen und eine Online-Adaption ausgeschlossen [173]. Durch die Adaption einzelner Parameter würde sich die Funktion im gesamten Eingangsraum ändern. Diesen Nachteil überwinden Radiale Basisfunktionen (RBF) und Neuro-Fuzzy Modelle.

RBF-Netze besitzen lokal aktive Neuronen, die häufig Gaußfunktionen entsprechen. In diesem Fall können die Parameter der verdeckten Schicht als Zentrum und Standardabweichung der jeweils aktiven Gaußglocke interpretiert werden [122]. Durch die Interpretierbarkeit der Parameter sind lineare Verfahren zur Identifizierung ausreichend. Die Änderung einzelner Gewichtungsfaktoren hat nur lokale Auswirkungen auf die zu approximierende Funktion. Aus diesem Grund sind RBF-Netze gut online adaptierbar. Nachteil der lokalen Auswirkungen ist, dass zur gleichmäßigen Abdeckung des Eingangsraumes eine große Anzahl an Neuronen erforderlich ist. Nachteile im Extrapolationsverhalten, im Übergangsverhalten zwischen den Basisfunktionen, dem Monotonieverhalten und in der Empfindlichkeit bezüglich der Wahl der Parameter der verdeckten Schicht können durch Normierung der Basisfunktionen behoben werden.

Fuzzy-Systeme beschreiben die Zusammenhänge zwischen Ein- und Ausgangsgrößen durch Regeln, die der menschlichen Denkweise angelehnt sind. Werden diese „Wenn-Dann-Regeln" datenbasiert gebildet, handelt es sich um Neuro-Fuzzy-Modelle. Entsprechend der Unterscheidung zwischen Parametern der verdeckten Schicht und Parametern der Ausgangsschicht bei neuronalen Netzen wird bei Neuro-Fuzzy-Modellen zwischen Parametern der Eingangs-Zugehörigkeitsfunktion (Regel-Prämissen) und Parametern der Ausgangs-Gleichungen (Regel-Konklusionen) unterschieden [121].

Wesentliche Anforderungen für den Einsatz von Modellen in der steuergerätetauglichen Anwendung beziehen sich auf Entwurfs- und Rechenaufwand. Die Abbildung von vieldimensionalen Abhängigkeiten gestaltet sich mit einfachen Rasterkennfeldern schwierig. Stattdessen eignen sich Polynommodelle besser für diese Anwendung. Allerdings ist es nur mit starken Einschränkungen möglich, die Funktionen lokal zu adaptieren, ohne das globale Verhalten signifikant zu beeinflussen. Der Aufwand zur Berechnung des Modellausgangs von lokal linearen Neuro-Fuzzy-Modellen ist bei niedrigdimensionalen Zusammenhängen im Vergleich zu Rasterkennfeldern zwar höher, der benötigte Kalibrationsfestspeicher kann im Gegenzug jedoch deutlich verringert werden [123]. Ein weiterer Vorteil ist die in guter Näherung lineare Zunahme der benötigten Parameter mit der Anzahl der Eingangsgrößen im Vergleich zu exponentiellem Wachstum bei der Anwendung von Rasterkennfeldern. Für einige Typen von neuronalen Netzen muss die Anzahl der Neuronen zu Beginn des Trainings vorgegeben werden. Dies ist schwierig, da das Ergebnis des Trainings von der Neuronenzahl abhängig ist. Der Konstruktionsalgorithmus [121] für lokal lineare Neuro-Fuzzy-Modelle passt die Modellkomplexität selbstständig an die lokale Komplexität der abzubildenden Funktion an, bis die gewünschte Approximationsgüte erreicht ist.

3.5 Lokale Modellnetze

LOLIMOT (LOcal LInear MOdel Tree) ist ein Trainingsalgorithmus zur Parametrierung von lokal linearen Neuro-Fuzzy-Modellen bzw. lokalen Modellnetzen (LMN) [121]. Diese Art der neuronalen Netze sind ein erweiterter Ansatz der RBF-Netze. Im Gegensatz zu RBF-Netzen verwenden diese Netze lineare Modelle anstatt einfacher Konstanten als Wert der Neuronen. Die Grundidee besteht darin, eine nichtlineare Funktion durch mehrere lineare Modelle stückweise zu approximieren. Zwischen den Modellen wird stetig differenzierbar gewechselt. Die Gültigkeit der einzelnen Modelle bestimmt eine Aktivierungs- bzw. Gültigkeitsfunktion Φ_i - in diesem Falle normierte Gaußfunktionen. Dementsprechend beträgt die Summe aller Modellzugehörigkeiten in jedem Punkt des Eingangsraumes eins.

Der Ausgang $\hat{y}$ eines lokalen Modellnetzes (LMN) bestehend aus M Teilmodellen mit p Eingängen berechnet sich zu:

$$\hat{y} = \sum_{i=1}^{M} (w_{i0} + w_{i1}u_1 + \ldots + w_{ip}u_p)\ \Phi_i(\underline{u}) \tag{3.34}$$

Die Parameter der linearen Teilmodelle sind mit $\underline{w}_i = [w_{i0}, \ldots, w_{ip}]$, die Eingangsgrößen mit $\underline{u}_i = [u_1, \ldots, u_p]$ und die Gültigkeitsfunktion mit Φ_i bezeichnet. Der Funktionswert der normierten Gaußfunktionen an der Stelle $\underline{u}$ für das Teilmodell i errechnet sich mit

$$\Phi_i(\underline{u}) = \frac{\mu_i(\underline{u})}{\sum_{j=1}^{M} \mu_j(\underline{u})} \tag{3.35}$$

und der Zugehörigkeitsfunktion

$$\mu_i = exp\left(-\frac{1}{2}\left(\frac{(u_1 - c_{i1})^2}{\sigma_{i1}^2} + \ldots + \frac{(u_p - c_{ip})^2}{\sigma_{ip}^2}\right)\right). \tag{3.36}$$

Die Koeffizienten der linearen Teilmodelle $\underline{w}_i$, die Zentrumskoordinaten $\underline{c}_i$ und die Standardabweichungen $\underline{\sigma}_i$ der Gewichtungsfunktionen Φ bestimmt der Algorithmus im Laufe des Trainings. Die Parameter der Gewichtungsfunktion legen dabei die Struktur des Netzes fest und werden in einer äußeren Schleife, der Strukturoptimierung, bestimmt. Die Koeffizienten der linearen Teilmodelle entstammen jeweils einer inneren Schleife, der Parameteroptimierung. Die Vorgehensweise, das Modell stückweise an die Nichtlinearität des abzubildenden Prozesses anzupassen, ermöglicht es, die Struktur gezielt zu bewerten. Eine Auswertung der Partitionierung des Eingangsraumes erlaubt ggf. die Anpassung der Messdatendichte an die Verteilung und Lage der Nichtlinearität. In Gebieten mit schwach nichtlinearem Verhalten sind wenige große Hyperquader, in Gebieten mit starker Nichtlinearität entsprechend viele kleine Hyperquader platziert. Diese Art der lokalen Modellnetze ermöglicht die Verwendung verschiedener Eingänge für die Teilmodelle und die Aktivierungsfunktionen. Der Eingangsvektor $\underline{u}$ der Aktivierungsfunktionen bestimmt, welche physikalischen Größen die Partitionierung verwendet [121]. Die Beschränkung des Eingangsvektors kann eine weitere Teilung des Modells in diese Richtung verhindern. Die Interpretierbarkeit ermöglicht, die Netzstruktur komplett aus Vorwissen vorzugeben und anschließend nur die Parameter zu schätzen [125]. Für die Anpassung des Prozessmodells an einen neuen Motor ähnlichen Verhaltens kann die Netzstruktur beibehalten werden [173].

Das Ersetzen lokal linearer Teilmodelle durch nichtlineare Funktionen ist prinzipiell möglich, falls der abzubildende Prozess eine solche Nichtlinearität fordert. Die einzige Forderung ist die Linearität in den Parametern, damit zu deren Schätzung weiterhin lineare Methoden eingesetzt werden können.

Parameteroptimierung

Zunächst sei die Struktur des zugrunde liegenden lokalen Modellnetzes als gegeben angenommen. In diesem Fall sind die Zentren und die Standardabweichungen aller linearen Teilmodelle bekannt. Die Ermittlung der Parameter der jeweiligen Teilmodelle erfolgt unabhängig voneinander mit Hilfe eines gewichteten Least-Squares-Verfahrens. Lineare Optimierungsverfahren sind sehr schnell und führen immer zum globalen Minimum der zugrunde liegenden Verlustfunktion [121]. Eine Wichtung der Datenpunkte ergibt sich entsprechend der Zugehörigkeit zu einem Teilmodell. Datenpunkte nahe dem Zentrum, im unmittelbaren Wirkungsbereich des Modells, sind stark gewichtet, weit entfernte Datenpunkte dementsprechend schwach.

Der Parametervektor $\underline{w}_i$ des i-ten Teilmodells wird mit der Datenmatrix X, die in der k-ten Zeile den Messvektor enthält, wie folgt errechnet:

$$\underline{w}_i = \left(X^T \, Q_i \, X \right)^{-1} X^T \, Q_i \, y \qquad (3.37)$$

Hierbei entspricht Q_i der diagonalen Gewichtungsmatrix mit den Elementen $q_{ij} = \Phi_i \left(\underline{u}(k) \right)$.

Strukturoptimierung

Die Strukturoptimierung teilt den Eingangsraum in Teilräume auf, denen jeweils ein lokal lineares Modell mit einer dazugehörigen Gewichtungsfunktion zugeordnet wird. Beim LOLIMOT-Konstruktionsalgorithmus [121] erfolgt die Aufteilung in achsenorthogonalen Schnitten, sodass sich Rechtecke bzw. Hyperquader als Teilräume ergeben. Das Zentrum der jeweiligen Basisfunktion wird in der Mitte des Hyperquaders platziert, die Standardabweichung entsprechend proportional zu dessen Ausdehnung in jede Raumrichtung. Somit legt das Volumen des Hyperquaders den Gültigkeitsbereich des zugehörigen lokal linearen Teilmodells fest. Durch dieses Vorgehen wird die Modellstruktur so lang verfeinert, bis ein minimaler Modellfehler bzw. eine maximale Teilmodellanzahl erreicht ist.

Ausgangspunkt des Konstruktionsalgorithmus ist ein einziges lineares Modell, das im gesamten Eingangsraum gültig ist. In jeder Iteration wird der lokale Modellfehler jedes

Teilmodells berechnet. Für eine weitere Unterteilung wählt der Algorithmus das Modell mit dem größten Fehler. In jeder Raumrichtung folgt anschließend eine achsenorthogonale Unterteilung und die Schätzung der Parameter der sich ergebenden linearen Teilmodelle. Der Gesamtmodellfehler dient der Auswahl der Aufteilung, die die größte Modellverbesserung bewirkt. Der lokale Modellfehler entscheidet, welches Teilmodell weiter zu unterteilen ist. Durch diese Vorgehensweise passt sich die Netzstruktur der Nichtlinearität der Messdaten an. Das Modell wird nur an den Stellen weiter verfeinert, die die Komplexität des abzubildenden Prozesses vorgibt. Die Art des Aufbaus ermöglicht durch Auswertung der nichtlinearen Teilungen des Eingangsraumes und der linearen Teilmodelle eine Interpretierbarkeit der Zusammenhänge von Ein- und Ausgangsverhalten. Weiterhin kann zusätzliches Expertenwissen, das nicht aus den Messdaten gelernt werden kann, integriert werden. Es ist möglich die Modellstruktur manuell durch Vorwissen zu beeinflussen. Für weitere Ausführungen zur Modellierung dynamischer Systeme, zum LOLIMOT-Konstruktionsalgorithmus, dem Extrapolationsverhalten, der Bildung lokaler Ableitungen, u.a. sei auf [122] verwiesen.

Zur beispielhaften Darstellung der Ergebnisse von LOLIMOT zeigt Abbildung 3.5 den gemessenen Zündwinkel des Einzylindermotors (siehe Tabelle 4.1) als Last-Drehzahl-Kennfeld, die Partitionierung und die Gültigkeitsfunktionen des zugehörigen lokalen Modellnetzes.

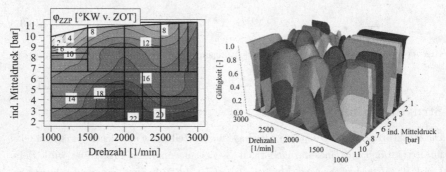

Abbildung 3.5: Zündwinkel, Partitionierung (links) und Zugehörigkeitsfunktionen (rechts) des lokalen Modellnetzes, Einzylindermotor

Die Vorteile von lokalen Modellnetzen im Vergleich zu Rasterkennfeldern kommen besonders bei höherdimensionalen Problemen zum Tragen. Zur besseren Darstellung des grundsätzlichen Verhaltens lokaler Modellnetze soll an dieser Stelle ein zweidimensionales Problem dienen.

Mit steigender Last nimmt die Dichte im Brennraum zu und damit der Zündwinkel ab. Die Zündwinkelverstellung ist notwendig, um die Lage des Energieumsatzes konstant zu halten. Im Bereich hoher Lasten ist der Zündwinkel durch Klopfen begrenzt. Mit der Annahme konstanter Brenngeschwindigkeit muss der Zündwinkel mit steigender Drehzahl nach früh verstellt werden. In Abbildung 3.5 (links) ist über dem gemessenen Zündwinkel die Partitionierung eines lokalen Modellnetzes abgebildet. Dieses Modell wurde so gewählt, dass die Abweichung zur Messung kleiner 0.75°KW beträgt. Es zeigt sich deutlich, dass sich das lokale Modellnetz an die Nichtlinearität des Prozesses anpasst. Im rechten Teil der Abbildung sind die dazugehörigen Gültigkeitsfunktion bzw. Aktivierungsfunktionen dargestellt. Die Graustufe der Teilmodelle gibt an, zu welchem Zeitpunkt des Konstruktionsalgorithmus dieses Modell gebildet wurde. Teilmodelle mit dunkel eingefärbter Aktivierungsfunktion bewirken eine große Verbesserung des Fehlers zwischen Messung und Gesamtmodell und werden bereits zu Beginn der Modellierung gebildet. Helle Teilmodelle werden entsprechend zum Ende des Konstruktionsalgorithmus eingefügt. Der Vollständigkeit halber sei erwähnt, dass bereits mit deutlich weniger Aufwand, d.h weniger Teilmodellen, eine Differenz von unter 1°KW in weiten Bereichen erreicht werden kann. Ein allgemeingültiger Vergleich zwischen Kennfeldern und lokalen Modellnetzen fällt schwer, da dies vom jeweiligen Anwendungsfall abhängt. In diesem konkreten Fall ist das LMN dem Kennfeld bei gleicher Anzahl an Parametern überlegen. Allerdings ist der Rechenaufwand durch die Exponentialfunktion (3.36) höher. Dieses Verhältnis zwischen Nutzen und Aufwand verschiebt sich mit zunehmender Anzahl an Modelleingängen zugunsten lokaler Modellnetze [123].

Online-Adaption

Wesentliche Gründe für die Forderung der Online-Adaptierbarkeit von Modellen ist die Tatsache, dass die Abbildung von zeitvariantem Verhalten mit einfachen zeitinvarianten Modellen zu ungenau ist. Eine weitere Schwierigkeit stellt die Generierung von allgemeingültigen Messdaten zur Abbildung des gesamten Prozessverhaltens dar. Bei der Anwendung der Adaption sollte unterschieden werden in die Verringerung des Varianz-Fehlers, d.h. die Anpassung der Parameter des Modells, und des Bias-Fehlers, dem Anpassen der Modellordnung [122]. Bezogen auf das konkrete Beispiel der lokalen Modellnetze würde die Verringerung des Bias-Fehlers eine Verfeinerung der Modellstruktur durch Hinzufügen neuer Neuronen bedeuten. Die steuergerätetaugliche Umsetzung ist schwierig, da nicht nur der Rechenaufwand relevant ist. Es müssten Speicherbereiche für zusätzliche Neuronen freigehalten werden. Für die Behandlung von Anwendungen, die eine derart nichtlineare Änderung der Modellstruktur fordern, sei auf [122] verwiesen. Alle Ausführungen dieser Arbeit beziehen sich auf die Anpassung der Parameter der lokal linearen Modelle. Die Struktur wird während der Laufzeit als unveränderlich betrachtet und nicht angepasst.

Die Interpretierbarkeit der Modellstruktur ermöglicht es, ähnlich wie dies bei Raster-kennfeldern in der Motor-Applikation geschieht, die lokal linearen Teilmodelle zu verschie-ben, zu vergrößern bzw. zu verkleinern, wenn dies erforderlich ist. Allerdings ist dies bei höherdimensionalen Modellen aus Gründen der Vorstellbarkeit schwierig.

Eine direkte Anwendung des LOLIMOT-Algorithmus für die Adaption in Echtzeit ist zu rechenaufwendig. Daher wird eine rekursive Form benutzt [122]. Voraussetzung für die Adaption der Parameter $\underline{w}_i$ der lokal linearen Modelle ist das Vorhandensein eines lokalen Modellnetzes, das die Struktur in Form der Gültigkeitsfunktionen Φ_i vorgibt. Unter dieser Annahme kann der RWLS-Algorithmus (Recursive Weighted Least Squares) für jedes Teilmodell i geschrieben werden:

$$\hat{\underline{w}}_i(k) = \hat{\underline{w}}_i(k-1) + \underline{\gamma}_i(k)\ e_i(k) \tag{3.38}$$
$$e_i(k) = y(k) - \tilde{\underline{x}}^T(k)\ \hat{\underline{w}}_i(k-1)$$
$$\underline{\gamma}_i(k) = \frac{1}{\tilde{\underline{x}}^T\ \underline{P}_i(k-1)\ \tilde{\underline{x}}(k) + \frac{\lambda_i}{\Phi_i(\underline{z}(k))}}\ \underline{P}_i(k-1)\ \tilde{\underline{x}}(k) \tag{3.39}$$
$$\underline{P}_i(k) = \frac{1}{\lambda}\left(\underline{I} - \underline{\gamma}_i(k)\ \tilde{\underline{x}}^T(k)\right)\ \underline{P}_i(k-1) \tag{3.40}$$

Der Eingangsvektor $\underline{x}$ ist um den Regressor 1 erweitert, um die Offset-Parameter w_{i0} zu adaptieren. Das Verwenden verschiedener Startwerte in der Kovarianz-Matrix $\underline{P}_i(0)$ speziell für jedes lokal lineare Modell und Vergessensfaktoren λ_i, um die Adaptionsgeschwindigkeit zu beeinflussen, ist mit entsprechendem Vorwissen möglich [121]. Die Bestimmung der Anzahl der zu adaptierenden Teilmodelle i kann auf drei verschiedenen Wegen geschehen [122]. In jedem Rechenschritt erfolgt die Adaption aller Teilmodelle. Dadurch steht dem Vorteil einer schnellen Konvergenz das Risiko der Instabilität gegenüber. Der Wert der Zugehörigkeitsfunktion der einzelnen Teilmodelle steuert den Grad der Adaption. Für die zweite Strategie sind nur die Modelle zu adaptieren, die am „aktivsten" sind, d.h. die Teilmodelle deren Zugehörigkeitsfunktion den größten Wert hat. Durch diese Maßnahme kann das Risiko der Instabilität vermieden werden. Zudem ist der Rechenaufwand geringer, da nicht alle Teilmodelle anzupassen sind. Allerdings verschlechtert sich die Konvergenzge-schwindigkeit. Ein Kompromiss aus beiden Vorgehensweisen entsteht durch die Vorgabe eines Grenzwertes $\Phi_i > \Phi_{thr}$. Dementsprechend werden nur die Teilmodelle in der Nähe des aktuellen Eingangs adaptiert, deren Gültigkeitswert größer als der Schwellwert ist.

Diese Arbeit enthält eine Kombination aus Strategie zwei und drei. Überschreitet der Wert der Gültigkeitsfunktion den Grenzwert nicht, wird das jeweils „aktivste" Teilmodell ad-aptiert. So wird gewährleistet, dass mit jeder Ausführung eine Adaption erfolgt. Der Einsatz eines variablen Vergessensfaktors $\lambda(k)$ - in diesem Fall für das gesamte lokale Modellnetz - vermeidet den Nachteil eines „Aufblähens" der Kovarianzmatrix in Stationärpunkten.

$$\lambda(k+1) = 1 - \left(1 - \underline{x}(k)^T \, \underline{\gamma}(k)\right) \, \frac{e^2(k)}{\sum_0} \, \Phi(k) \tag{3.41}$$

Proportional zum erwarteten Signalrauschen ist der Faktor $\sum_0$, der die Geschwindigkeit und Robustheit der Adaption beeinflusst, zu wählen [122].

Abbildung 3.6 zeigt die Abweichung zwischen dem lokalen Modellnetz nach dem Training und der Adaption. Um Adaptionsgeschwindigkeit und -güte beurteilen zu können, wurden in diesem Beispiel die Parameter des trainierten lokalen Modellnetzes auf Null gesetzt und mit den Trainingsdaten adaptiert. Einzig die Modellstruktur bleibt bestehen. Dies entspricht im Extremfall der Anpassung des Modells an einen neuen Motor ähnlichen

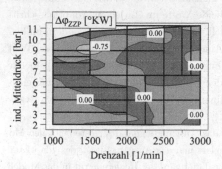

Abbildung 3.6: Abweichung zwischen Training und Adaption des lokalen Modellnetzes

Verhaltens. Wie gut zu erkennen, sind die Abweichungen sehr gering. Lediglich eine Differenz von 0.75°KW bleibt im Bereich vieler kleiner lokal linearer Teilmodelle bestehen. Dies zeigt eine Schwierigkeit, die durch das Modelltraining hervorgerufen wird. Einerseits führt eine höhere Anzahl lokal linearer Teilmodelle zur besseren Abbildung des Prozessverhaltens. Andererseits wird dadurch der Rechenaufwand erhöht und die Modelladaption erschwert. Die Wahl von Φ_{thr} hat hierbei einen großen Einfluss auf das Adaptionsergebnis. Entsprechend der Gültigkeit der lokal linearen Teilmodelle werden mehrere Teilmodelle in einem Adaptionsschritt angepasst. Vergleiche der lokalen Modellnetzadaption mit einer bilinearen Kennfeldadaption und künstlich stark verrauschten Messdaten zeigten ähnliche Ergebnisse. Beide Methoden führen zu vergleichbaren Maximalfehlern.

In Abbildung 3.7 ist das Verhalten der Adaption anhand des Saugrohrmodells aus Kapitel 6.3 über der Zeit dargestellt. Die grau hinterlegten Bereiche kennzeichnen die Aktivität der Adaption. Im linken Teil der Abbildung sind die Luftmasse des Modells und die Referenz-Luftmasse zu sehen, im rechten Teil der Abbildung die Ventilsteuerzeiten „Auslass schließt" und „Einlass öffnet". Dies ist keine Messung vom Fahrzeug, zeigt aber gut die Funktionsweise der LMN-Adaption. Das Verhalten des Saugrohrmodells wurde am Rechner simuliert. Für Φ_{thr} wird ein Wert von 0.25 verwendet. Die Berechnung des

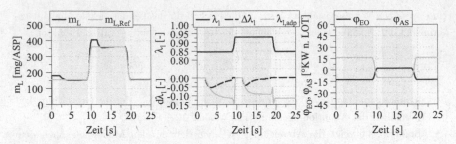

Abbildung 3.7: Adaption Liefergrad des Saugrohrmodells

Vergessensfaktor $\lambda(k)$ erfolgt in jedem Schritt neu. Das lokale Modellnetz des Liefergrades ist mit einem adaptiven lokalen Modellnetz gleicher Struktur additiv verknüpft. Nach der Aktivierung der Adaption nähern sich beide Werte an. In jedem Adaptionsschritt wird nicht die ganze Differenz zwischen Modell und Referenz adaptiert, sondern im hier abgebildeten Fall nur 85 %. Für die spätere Anwendung im Fahrzeug wurde dieser Wert auf 10 % herabgesetzt. Die Luftmassendifferenz regelt ein PI-Regler aus. Die bleibende Regelabweichung dient als Eingangssignal der Adaption. Nach der Ausführung eines Adaptionsschrittes muss anschließend eine definierte Zeit gewartet werden, um den Regler einschwingen zu lassen.

Im mittleren Teil der Abbildung ist oben das Ausgangssignal des „festen" lokalen Modellnetzes, im unteren Teil der Eingriff des Reglers und das Ausgangssignal des adaptieren Netzes zu sehen. Mit fortschreitender Adaptionsdauer wird der Reglereingriff in das Modell übertragen. Nach dem Betriebspunktwechsel beginnt die lokale Adaption von vorn. Vor dem Wechsel zurück in den Ausgangszustand wurden Regler und Adaption deaktiviert. Der Erfolg der Adaption ist gut zu erkennen. Während des Wechsels befinden sich die Modelleingangsgrößen in Bereichen, in welchen keine Adaption erfolgt ist. Die Gültigkeit der einzelnen lokal linearen Modelle und die Wahl von Φ_{thr} bewirkt eine Adaption benachbarter Teilmodelle, was beim Betriebspunktwechsel zu erkennen ist.

Entwicklungssysteme, Messdatenerfassung und -auswertung

4.1 Versuchsträger

Für die Untersuchungen im Rahmen dieser Arbeit wurden zwei Versuchsträger der Daimler AG mit Benzin-Direkteinspritzung verwendet. Die spezifischen Motordaten sind in Tabelle 4.1 zusammengestellt.

Motorgrößen	Vierzylinder-Vollmotor	Einzylinder-Motor
Zylinderzahl [-]	4	1
Hubraum [cm^3]	1796	460
Bohrung [mm]	82	83
Hub [mm]	85	85
Pleuellänge [mm]	138.5	138.5
Verdichtung [-]	9.5	10.3

Tabelle 4.1: Daten der Versuchsmotoren

Der Vierzylindermotor [34] mit je vier Ventilen, 1.8 Liter Hubraum und 125 kW Leistung besaß eine verstellbare Ein- und Auslassnockenwelle mit einem, im Vergleich zum Serienmotor, erweiterten Stellbereich. Einlassseitig war eine Verstellung von 40°KW, auslassseitig von 60°KW möglich, die der Steuerung des internen Restgasgehaltes diente. Daraus ergab sich eine Verringerung der Drosselverluste im Teillastbetrieb. Zudem forderte der erweiterte Nockenwellenstellbereich ein Ersetzen des Serienkolbens durch einen Kolben mit tieferen Ventiltaschen. Die externe Abgasrückführung wurde entfernt und der mechanische Lader des Serienaggregates durch einen Abgasturbolader mit Ladeluftkühlung ersetzt. Ein pneumatisch betätigtes Wastegate am Abgasturbolader diente der Regelung des Ladedruckes. Durch vollständiges Öffnen dieser Bypassklappe konnte nahezu ein Saugbetrieb realisiert werden.

Dieser Vierzylindermotor diente der Erprobung von Teilen des Motormanagementsystems unter Fahrzeugbedingungen und war in einer C-Klasse Limousine mit mechanischem Getriebe verbaut, siehe Abbildung 4.1 (rechts).

Abbildung 4.1: Einzylinderprüfstand (links) und Versuchsfahrzeug (rechts)

Um die Zylinderdrücke auch im Fahrzeug erfassen zu können, wurde ein veränderter Zylinderkopf mit entsprechenden Bohrungen eingesetzt. Zusätzlich kamen zur Analyse piezoresistive Saugrohrdrucksensoren, Ansaug- und Abgas-Thermoelemente zur Anwendung. Das Motorsteuergerät verfügte über einen sogenannten Freischnitt um Steuersignale von außen vorgeben zu können. Einige Stellsignale der Motorsteuerung konnten durch eine CAN-Verbindung (Controller Area Network) überschrieben werden.

Das Einzylinderaggregat (Abbildung 4.1 (links)) basierte auf dem Vierzylindermotor. Öl- und Kühlwasserversorgung sowie Konditionierung waren am Prüfstand über externe Systeme sichergestellt. Das Aggregat besaß keinen Abgasturbolader. Dementsprechend wurden der Abgasgegendruck, die Aufladung und Kühlung der Ladeluft vom Prüfstand extern eingestellt. Eine Besonderheit stellte der vollvariable Ventiltrieb dar, der eine ventilindividuelle und voneinander unabhängige Ansteuerung von Öffnungs-, Schließ-Zeitpunkt und Hub ermöglichte [116]. Damit war es möglich die Ventilerhebungskurven der Ein- und Auslassventile in weiten Bereichen zu verändern. Vor allem der Ventiltrieb mit separater Ansteuerung ermöglichte die Entwicklung verschiedener Brennverfahren. Das folgende Kapitel 4.2 beschreibt die zum Betreiben dieses Motors benutzten Rapid-Control-Prototyping-Steuergeräte (RCP-System).

Der Einzylindermotor diente der Entwicklung des Gesamtsteuerungssystems. Die von der Gesamtsystementwicklung losgelöste Erprobung der in dieser Arbeit vorgestellten Algorithmen erfolgte am Vierzylindermotor. Damit war es möglich, Teile des Motormanagementsystems unabhängig vom Gesamtsystem zu entwickeln.

4.2   Entwicklungsumgebung

Die Steuerung des Einzylindermotors besteht aus mehreren unabhängigen RCP-Systemen. Zur Online-Analyse der Verbrennung ist eine Druckindizierung mit anschließender Auswertung auf einer leistungsfähigen Hardware nötig. Während der Entwicklung der Systeme der verteilten Motorsteuerung (siehe Kapitel 5) wurden mehrere Einheiten mit jeweils einer Indizierung ausgestattet. Dies ermöglichte die unabhängige Entwicklung der einzelnen Systeme. Der gesamte Steuergeräteverbund bestand aus insgesamt vier RCP-Steuergeräten. Abbildung 4.2 zeigt den Steuergeräteverbund zur Ansteuerung des Verbrennungsmotors.

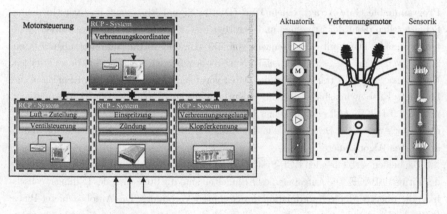

Abbildung 4.2: Steuergeräteverbund [32, 33, 68, 2]

Die Basiskontrolleinheit steuert Drosselklappe, Einspritzung, Zündung und erfasst das Verbrennungsluftverhältnis der Abgaslambdasonde, die Kühlwassertemperatur sowie das Signal des Heißfilmluftmassenmessers. Die umgesetzten Steuersignale der Einspritzung (Zeit, Winkel, Raildruck), Zündung und deren jeweiliger Status werden an den Verbrennungskoordinator zurückgemeldet. Zum Starten des gesamten Verbundes aktiviert der

Verbrennungskoordinator nacheinander alle Systeme. Eine Ablaufsteuerung schaltet die weiteren Systeme zur Ladungswechselsteuerung und Verbrennungsregelung erst zu, wenn die Basiskontrolleinheit alle Aktoren ansteuert und den fehlerfreien Status zurückmeldet.

Als Basiseinheit zur Ansteuerung der Aktuatorik diente die Protronic der AFT GmbH [158]. Dies ist ein modular aufgebauter Steuerrechner mit analogen und digitalen Eingängen zur Verarbeitung der Signale von Druck- und Temperatursensoren sowie speziellen Schaltungen zur Signalerfassung von Klopfsensoren und Lambdasonden. Schaltbare Endstufen für Drosselklappe, Zündung und Einspritzung ermöglichen einen vom Seriensteuergerät unabhängigen Motorbetrieb. Alle Signale verarbeitet ein leistungsstarker, mit MATLAB™ Simulink™ programmierbarer, Mikrocontroller. Wahlweise können C-Routinen und Zustandsautomaten eingebunden werden. Für einfache Rechenoperationen stehen Standardblöcke zur Verfügung. Durch die grafische Anordnung einzelner Blöcke und das Zusammenfassen zu Modulen wird eine Struktur aufgebaut. Die parametrierbaren Endstufen ermöglichen die Anpassung an die jeweilige Aktuatorik des Motors.

Für die Zylinderdruckindizierung und die Regelung der Verbrennung dient das System FI^{2RE} der IAV GmbH [166]. Ein entsprechendes TRA-Modul (Thermodynamic Realtime Analysis) mit analogen Filtern, mehreren schnellen AD-Wandlern, einem FPGA (Field Programmable Gate Array), einem DSP (Digital Signal Processor) und verschiedenen Schnittstellen dient der Erfassung und Verarbeitung der vom Drucksignalverstärker gelieferten Signale. Diese mit einer Frequenz von 500 kHz und 16 Bit Auflösung abgetasteten Signale werden analog gefiltert, um einen Nutzfrequenzbereich von 0 bis 30 kHz zu erhalten. Der integrierte FPGA transformiert die Daten von bis zu acht zeitbasierten Kanälen in die benötigte Kurbelwinkelbasis. Mit dieser Kurbelwinkelauswertung ist eine Erfassung vom maximal 0.1 °KW Auflösung bei einer Höchstdrehzahl von 7000 min^{-1} möglich. Der DSP diente der Analyse der Drucksignale und der Ausführung der zur Regelung der Verbrennung benötigten Algorithmen.

Die beiden verbleibenden RCP-Systeme des Gesamtverbundes sind jeweils eine Autobox der Firma dSPACE. Die Aufgaben dieser Einheiten sind die Steuerung des Ladungswechsels bzw. die übergeordnete Koordination des gesamten Verbundes. Die Autobox bietet Platz für sechs Einsteckkarten, die den jeweiligen Anforderungen angepasst werden können. Die leistungsstarke Rechenkarte (DS1005 [31]) mit einem PowerPC-750GX-Prozessor, welcher eine Leistung von 1 GHz besitzt, ist vollständig mit MATLAB™ Simulink™ programmierbar.

Während der voneinander unabhängigen Entwicklung der Einzelsysteme war es notwendig, die beiden Autoboxen mit einer Druckindizierung auszustatten. Die schnelle Analog-Digital-Wandler-Karte (DS2004) bietet 16 High-Speed A/D-Kanäle mit hoher

Genauigkeit. Externe Triggereingänge und entsprechende Triggerfunktionen ermöglichen die Signalaufzeichnung in definierten Kurbelwinkelfenstern. In Verbindung mit der RapidPro Control Unit (dSpace) sind damit winkelsynchrone Messungen möglich. Eine weitere Karte, DS4302 CAN Interface Board, ermöglicht die Kommunikation innerhalb des Steuergeräteverbundes mittels CAN.

Die mehrfache Druckaufzeichnung ist nur während der Entwicklungsphase der Einzelsysteme notwendig. Zur schnellen Übertragung größerer Datenmengen zwischen dem System FI^{2RE}, das im Verbund die Druckindizierung übernimmt, und der jeweiligen Autobox wurde ein sogenanntes POD-Interface (Plug-on Device) integriert [31]. Mit dieser Schnittstelle können große Datenmengen, auch komplette Druckverläufe, in Echtzeit übertragen werden.

Zur Steuerung des Vollmotors diente das vorhandene Motorsteuergerät als Basiskontrolleinheit. Mittels eines Bypasses erfolgte die Beeinflussung von Einspritzung, Zündung, Drosselklappe und Nockenwellenphasenlage. Die Ladungswechselsteuerung und der Verbrennungskoordinator waren als separate Module auf einer Autobox realisiert. Die funktionale Umsetzung der Verbrennungsregelung blieb wie beim Einzylindermotor erhalten. Lediglich eine Anpassung auf vier Zylinder war notwendig.

4.3   Signalaufbereitung und- auswertung

Für die Nutzung des Zylinderdruckes zu Regelungs- und Steuerungsaufgaben muss die Verarbeitung der kurbelwinkelaufgelösten Zylinderdruckmesswerte in Echtzeit erfolgen. Um garantierte Antwortzeiten zu erreichen, muss die gesamte Datenverarbeitung nach einer definierten Zeit beendet sein (harte Echtzeit). Das Ergebnis muss somit nicht nur zum frühest möglichen Zeitpunkt vorliegen, sondern auch immer an diesem Zeitpunkt vorhanden sein. Iterative Verfahren z.B. zur Berechnung des Brennverlaufes aus dem Druckverlauf sowie Integrationsverfahren mit variabler Schrittweitensteuerung sind prinzipbedingt nicht möglich. Durch die Festlegung der Rechen- und Auswertereihenfolge wird eine Berechnungssequenz erzeugt, die definierte Ausführungszeiten garantiert [71].

Dem gemessenen Druckverlauf sind oftmals Signalanteile überlagert, die die thermodynamische Analyse behindern. Dies können sowohl angeregte Druckschwingungen als auch Störgrößen, hervorgerufen durch Bauteilbewegungen (z.B. Ventilprellen), sein [99]. Bevor Kennwerte aus dem digitalisierten Signal berechnet werden können, ist eine Vorverarbeitung der Rohdaten notwendig. Diese Signalvorverarbeitung beinhaltet eine Filterung, die Nulllinienfindung und die Bestimmung des oberen Totpunktes.

Zur Erfassung der Kolbenposition ist auf der Kurbelwelle ein Winkelsensor montiert, der die Signale durch periodisch wechselnde Zähne und Lücken auf einem Kurbelwinkelgeberrad erfasst. Mittels Zeitmessung zwischen den einzelnen Triggersignalen wird die Drehzahl bestimmt. Ein weiterer Sensor auf der Nockenwelle ermöglicht die Unterscheidung der einzelnen Arbeitstakte. Da die geometrische Aufteilung in Zähne und Lücken nicht beliebig fein erfolgen kann, wird zwischen den vorhandenen Sensorsignalen interpoliert. Diese Art der Signalauswertung ist für alle drehzahlsynchronen Auswertungen und Ansteuerungen erforderlich und wurde für die beschriebenen RCP-Systeme umgesetzt. Die Zylinderdruckaufzeichnung nutzt ebenfalls dieses Winkelsystem. Die genaue Zuordnung einer vergrößerten Lücke auf dem Kurbelwinkelgeberrad und dem oberen Totpunkt des Kolbens erfolgt unter Berücksichtigung des thermodynamischen Verlustwinkels im geschleppten Betrieb.

Abbildung 4.3 zeigt den Einfluss der Kurbelwinkelauflösung auf indizierten Mitteldruck der Hochdruckschleife (links) und 50%-Umsatzpunkt des Brennverlaufes (rechts). Die Rechenschrittweite entspricht der Kurbelwinkelauflösung des Drucksignals. Zur Verkürzung der Rechenzeit kann auf ein einfacheres Integrationsverfahren (2-Schrittverfahren Runge-Kutta und Euler-Verfahren mit fester Schrittweite im Vergleich zu 4-Schrittverfahren Runge-Kutta mit fester Schrittweite [22]) zurückgegriffen werden. Die Zylinderdrücke zwischen den Messwerten werden linear interpoliert. Gleichung (4.1) verdeutlicht beispielhaft das Vorgehen anhand der Berechnung des Mitteldrucks mit dem 4-Schrittverfahren (weitere Vereinfachungen nicht dargestellt).

$$p_{mi,i+1} = p_{mi,i} + \frac{(p_i \; dV_i + 2 \; (p_{i+0.5} \; dV_{i+0.5}) + 2 \; (p_{i+0.5} \; dV_{i+0.5}) + (p_{i+1} \; dV_{i+1}))}{6 \; V_h} \; d\varphi \quad (4.1)$$

Eine Erhöhung der Rechenzeit und -genauigkeit ergibt sich durch eine feine Abtastung des Drucksignals mit anschließenden Berechnungen. Die Auswirkungen sind in Abbildung 4.3 dargestellt. Im gezeigten Fall einer Druckverlaufsanalyse liegt die numerische Rechengenauigkeit bis zu Schrittweiten von 2°KW auf akzeptabel niedrigem Niveau. Lediglich das einfache Integrationsverfahren führt in Kombination mit hohen Abtastschrittweiten des Druckverlaufes zu größeren Abweichungen bei der Bestimmung des 50%-Massenumsatzpunktes des Brennverlaufes. Für die thermodynamische Analyse des Zylinderdruckverlaufes ist eine Kurbelwinkelauflösung von 1°KW, in dem hier dargestellten Fall sogar von 2°KW, ausreichend. Die Analyse hochfrequenter Schwingungen zur Detektion klopfender Verbrennungen verlangt eine genauere Abtastung. Zur Ermittlung spezifischer Umsatzpunkte bspw. innerhalb der Verbrennungslageregelung ist eine Reduktion der Rechenzeit durch die Verwendung des Heizverlaufes (3.11) statt des Brennverlaufes möglich. Die Unterschiede zwischen 50%-Umsatzpunkt des Heiz- und des Brennverlaufes bei relativ symmetrischen Brennverläufen zur Lage der maximalen Wärmefreisetzung (Ottomotor) sind sehr gering.

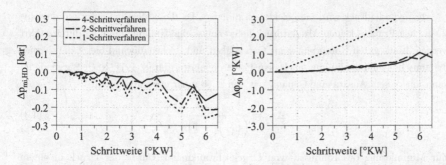

Abbildung 4.3: Einfluss unterschiedlicher Schrittweiten auf indizierten Mitteldruck und den 50%-Umsatzpunkt des Brennverlaufes (Vierzylindermotor 2000 min^{-1}, 9 bar p_{mi})

Die Erfassung eines Signals der Frequenz f_S muss unter Beachtung des Shannonschen Abtasttheorems mit mehr als der doppelten Frequenz erfolgen. Die erforderliche Auflösung ist demnach von der Drehzahl und der noch zu erfassenden Frequenz abhängig. Wird eine Auflösung des Signals von einem Zehntel Grad bei einer Drehzahl von 1000 min^{-1} angenommen, entspricht dies einem Signal der Frequenz von 30 kHz, das noch sicher erfasst werden kann.

$$f = \frac{3\ N_{mot}}{\Delta\varphi} \tag{4.2}$$

Um die numerische Stabilität für die nachfolgenden Auswertungen zu gewährleisten, wurden die Rohdaten zuvor gefiltert. Da eine Filterung oder Glättung immer mit einem Informationsverlust verbunden ist, sind je nach Signalqualität unterschiedliche Verfahren anzuwenden. Für einfache Anwendungen, wie die Bestimmung des indizierten Mitteldruckes, kann eine gleitende, gewichtete Mittelwertbildung benutzt werden. Die Klopfdetektion verlangt im Gegensatz dazu eine Hochpass- bzw. Bandpassfilterung, um die relevanten Schwingungen zu isolieren. In den nachfolgenden Auswertungen werden sowohl die hochfrequenten als auch getrennt davon die geglätteten Zylinderdrucksignale verwendet. Die Differenz aus Roh- und tiefpassgefiltertem Signal bildet das hochfrequente Signale. Mit dieser Vorgehensweise genügt eine einmalige Filterung. Ein weiterer Vorteil besteht beipielsweise in der geringeren Rechenzeit des eingesetzten IIR-Tiefpassfilters im Vergleich zu einem FIR-Hochpassfilter. Die Ordnung des Hochpassfilters müsste bei gleichem Ausgangsverhalten um ein Vielfaches höher gewählt werden. Die Phasenverschiebung des IIR-Filters wurde durch eine Vorwärts-Rückwärts-Rechnung kompensiert [4], wobei ein Teil des Rechenzeitvorteils verloren geht. Die Eigenschaften des verwendeten IIR-Tiefpassfilters können Anhang A.1 entnommen werden.

Der Zylinderdruck wird piezoelektrisch indiziert. Da diese Messung aufgrund des physikalischen Prinzips keinen Absolutdruck liefert, muss eine Nulllinienfindung durchgeführt werden. Einen guten Kompromiss aus Genauigkeit und Rechenaufwand bietet die thermodynamische Nulllinienfindung nach dem Polytropenkriterium [8, 127]. Nach Bargende [8] kann mit diesem Ansatz eine Genauigkeit von ± 50 mbar erreicht werden.

$$\Delta p_n = \frac{p_2 - p_1}{\left(\left(\frac{V_1}{V_2}\right)^n - 1\right)} \tag{4.3}$$

Zur Minimierung des Einflusses von Druckschwankungen wurde der Druck in einem Fenster von ± 4°KW um die beiden Punkte φ_1 = -100°KW und φ = -60°KW in der Kompression gemittelt. Für die Modellerstellung, die eine höhere Genauigkeit erfordert, ist das Summenbrennverlaufskriterium besser geeignet [8, 52]. Es wird angenommen, dass der Brennverlauf in der Kompression Null ist. Die Berechnung des Brennverlaufes erfolgt mit Gleichung (3.23). Da für die Berechnung des Temperaturverlaufes der offsetkorrigierte Zylinderdruck benötigt wird, ist dieses Verfahren nur iterativ zu lösen und scheidet für die Online-Anwendung aus.

Für eine thermodynamische Analyse von Verbrennungsvorgängen wird das genaue Verdichtungsverhältnis ε zur Bestimmung des Brennraumvolumens benötigt. Die statische Bestimmung durch Auslittern ist mit Unsicherheiten behaftet. Das eingesetzte Verfahren zur Bestimmung des thermodynamisch wirksamen Verdichtungsverhältnisses ist in [8, 23] beschrieben.

Motormanagement der verteilten Systeme

5.1 Überblick

Ziel des Motormanagements der verteilten Systeme ist das Betreiben eines hochkomplexen Verbrennungsmotors mit funktional kapselbaren Einheiten. Dabei soll die Steuerung und die Erfassung des aktuellen Zustandes des Motors physikalisch basiert erfolgen, um den Applikationsaufwand zu reduzieren.

Zur gezielten Steuerung des Verbrennungsprozesses eines Ottomotors ist die Vorgabe und Einstellung von Luft-, Kraftstoffmasse und der zeitlichen Lage der Energieumsetzung durch den Zündzeitpunkt notwendig. Neben Luft und Kraftstoff enthält die Zylinderfüllung Restgas aus dem vorangegangenen Verbrennungszyklus. Dieses Restgas wiederum enthält unverbrannte Luft und einen Anteil Inertgas, das nicht weiter an der Verbrennung teilnimmt. Die genaue Erfassung dieses Anteils ist hilfreich, um damit gezielt Einfluss auf die Verbrennung nehmen zu können. Hohe Anteile an Inertgas behindern die Kraftstoffumsetzung und senken die Verbrennungstemperatur und damit vor allem die Stickoxidemissionen [66].

Zur Regelung der Abgaszusammensetzung wird mit einer Lambdasonde im Abgas dessen Zustand erfasst und durch Nachführen der Kraftstoffzumessung in entsprechenden Regelkreisen das Kraftstoff-Luft-Verhältnis eingeregelt [48]. Aufgabe der Motorsteuerung ist somit die Erfassung des aktuellen Zustandes des Motors und die Umsetzung von Führungsgrößen zur gezielten Steuerung der Verbrennung. Je genauer dieser Zustand definiert und erfasst werden kann, desto exakter ist ein Steuern der Verbrennung möglich.

Das Motormanagement mit verteilten Systemen zeichnet sich aus durch

- funktionale Partitionierung,

- eine Zentraleinheit zur Führung des Gesamtsystems sowie

- physikalische Schnittstellen zwischen den Modulen.

Die funktionale Trennung erfolgt so, dass jedes Einzelmodul auf einem separaten Steuergerät ausführbar ist. Eine parallele unabhängige Entwicklung und Applikation der einzelnen Systeme und deren Austauschbarkeit wird durch die Partitionierung gefördert. Jedem Teilsystem ist eine spezifische Aufgabe zugeordnet, die selbstständig abzuarbeiten ist.

Vorbild dieser Strukturierung ist die Funktionsaufteilung biologischer Systeme in Organe, die Aufgaben wie Verdauen, Atmen oder Blut Reinigen selbstständig übernehmen. Jedes Organ arbeitet (mehr oder weniger) selbstständig, ist aber allein nicht lebensfähig. Nur der Verbund aller Organe macht den Organismus zu einem eigenständigen Lebewesen.

Von zentraler Bedeutung für diese Art der Funktionsaufteilung sind klar definierte physikalische Schnittstellen. Die ausgetauschten Informationen werden auf ein nötiges Minimum reduziert, ohne das selbstständige Arbeiten aller Module einzuschränken. Ein geeigneter Lösungsansatz sieht jeweils eine Einheit für die Ladungswechselsteuerung, für Kraftstoffzuteilung und eine weitere für die Verbrennungssteuerung vor. Die Steuerung des gesamten Systems übernimmt ein separates Modul, der Verbrennungskoordinator. Abbildung 5.1 zeigt die Anordnung der Einzelmodule.

Ein Vorteil der strikten funktionalen Trennung ist die Austauschbarkeit einzelner Module. Beispielsweise muss innerhalb des Motormanagements, infolge eines Ersetzens der starren nockengesteuerten Ventilsteuerung am Verbrennungsmotor durch ein variables System, nur das Ladungswechselmodul ersetzt bzw. angepasst werden. Alle weiteren Teilsysteme bleiben (im Idealfall) unverändert. So kann auf Motorsteuergeräte-Ebene ein „Modulbaukasten" geschaffen werden.

Die Schnittstellen zwischen den Partitionen sind wichtig für deren Leistungsfähigkeit. Einerseits muss eine Einflussnahme der Zentraleinheit auf den Verbrennungsprozess möglich sein. Andererseits darf die Anzahl der Signale nicht unbegrenzt wachsen. Der Kommunikationsaufwand muss für das Funktionieren der partitionierten Motorsteuerung in Grenzen gehalten werden.

Ein weiteres Kennzeichen des hier vorgestellten Motormanagements ist die Steuerung des Verbrennungsprozesses durch die Zentraleinheit. Den gekapselten Teilsystemen wird ein separates Steuergerät überlagert, das den gesamten Ablauf koordiniert. Diese Zentraleinheit ist gewissermaßen das „Gehirn" des Gesamtverbundes. Mittels physikalischer Führungsgrößen wie Luft- und Kraftstoffmasse, Restgasanteil und Lage der Energieumsetzung nimmt

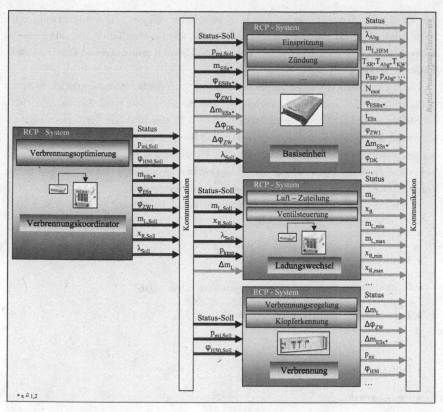

Abbildung 5.1: Führungsgrößen innerhalb des Steuergeräte-Verbundes [32, 33, 68, 2]

das Kontrollsystem Einfluss auf die „Organe". Das „Prozesswissen", das zum Betreiben des Verbrennungsmotors notwendig ist, bleibt in einem Modul konzentriert. Die Subsysteme werden, entsprechend dem „Prozesswissen" durch die Zentraleinheit geführt und damit in der Möglichkeit ihrer eigenen Einflussnahme eingeschränkt. Die Zentraleinheit ist demzufolge an die jeweiligen „Organe" anzupassen und am komplexesten vorzustellenden Fall auszulegen. Der Fokus der Arbeit liegt in der Funktionsentwicklung, weshalb ein heuristischer einfacher Überwachungsansatz gewählt wurde. Die zentrale Steuereinheit überwacht durch die Auswertung eines Statuszählers, der von ihr gesendet und von allen Teilsystemen unverändert zurückgeschickt wird, das Gesamtsystem. Entspricht der zurückgeschickte Wert nicht dem erwarteten, wird ein Fehler diagnostiziert, eine Ersatzreaktion

eingeleitet oder unter Umständen das Teilsystem ganz stillgelegt. Die Auswertung von
Statusbotschaften und Informationen über Betriebs- und Regelverhalten, die jede Einheit
des Verbundes senden muss, ermöglicht eine zielgerichtete Kommunikation, Diagnose und
Adaption des Gesamtsystems.

Die Rückmeldung des Istzustandes des Motors durch die Subsysteme ermöglicht eine
Optimierung der Führungsgrößen innerhalb der Zentraleinheit. Dies beinhaltet die Adaption
von Stellgrenzen in der Vorsteuerung (siehe Kapitel 5.2), eine Reaktion auf Verletzung von
betriebspunktabhängigen Zustandsschranken und die steuergerätetaugliche Optimierung
des gesamten Prozessverhaltens (siehe Kapitel 7). Verglichen mit lebenden Organismen
stellt diese Form der Optimierung eine Mutation bzw. Anpassung dar. Es werden neue
Kombinationen erprobt, um einen besseren Zustand zu erreichen.

Der Verbrennungskoordinator steuert folgende in sich konsistente Führungsgrößen vor:

- Mitteldruck $p_{mi,soll}$

- Verbrennungslage $\varphi_{H50,soll}$

- Kraftstoffmasse Vor- und Haupteinspritzung m_{ES1}, m_{ES2}

- Zeitpunkt Vor- und Haupteinspritzung φ_{ES1}, φ_{ES2}

- Zündwinkel φ_{ZW}

- Luftmasse $m_{L,soll}$

- Restgasgehalt $x_{R,soll}$

- Verbrennungsluftverhältnis λ_{soll}

Werden statt Stellgrößen (Steuerzeiten der Ventile, Drosselklappenwinkel, etc.) Zustandsgrößen durch die Zentraleinheit vorgegeben (Luftmasse, Restgasgehalt, etc.), muss sichergestellt
sein, dass das gewünschte Verhalten eindeutig umsetzbar ist.

Ein Teilsystem des Motormanagementsystems ist das Luftsystem (Ladungswechsel).
Der Füllungssteuerung wird neben Luftmasse und Restgasgehalt der einzustellende Druck
(Saugrohrdruck bzw. Zylinderdruck zu Beginn der Kompression) übermittelt. Das Zylinder-
volumen ist die freie Größe zur Einstellung der Zylindermasse (siehe Gleichung (3.5)).

Mit Hilfe der am Einzylinder verwendeten Ventilsteuerung [29, 116], die die volle
Variabilität von Ventilhub, Öffnungs- und Schließ-Zeitpunkt jedes einzelnen Ein- und
Auslassventils inklusive dem unabhängigen Einstellen von Öffnungsdauer und Ventilhub
ermöglicht, können sowohl Saugrohrdruck als auch der Ventiltrieb zur Füllungssteuerung

verwendet werden. Dieses idealisierte Vorgehen der Vorgabe von Zustandsgrößen kann nicht in jedem Fall beibehalten werden. Nicht jeder steuerbare Einfluss auf die Verbrennung ist separierbar. Die Forderung des Druckes im Zylinder/Saugrohr in Kombination zur Soll-Luftmasse ermöglicht eine Trennung zwischen Drosselklappen- und Ventilsteuerung. Ohne die Einführung von definierten Betriebszuständen oder weiterer Führungsgrößen kann nicht festgelegt werden, ob die Einlassventile vor (frühes Einlass schließt FES) oder nach dem unteren Totpunkt (spätes Einlass schließt) schließen. Eine Vorgabe weiterer Führungsgrößen zur Verallgemeinerung der Forderung nach eindeutiger Einstellbarkeit wird hier nicht fortgeführt.

Eine bisher nicht umgesetzte Erweiterung ist die gezielte Einstellung von Turbulenz. Am Strömungsprüfstand erfasste Kennfelder für Drall und Tumble in Abhängigkeit des Ventilhubes beider Einlassventile bilden die Grundlage einer Turbulenzmodellierung. Asymmetrisches Öffnen der Ventile erzeugt eine um die Zylinderhochachse gerichtete Strömung, während kleine Ventilhübe die Ladungsbewegungsformen Tumble und Drall gleichermaßen verstärken [29, 189, 101]. Die Grenzen dieser Form der Turbulenzerfassung werden durch definierte Betriebszustände festgelegt.

Für die Partitionierung und Kommunikation des gesamten Motormanagements bedeutet die Festlegung verschiedener Betriebsmodi, die Festlegung des Verstellbereiches der jeweiligen Aktoren. Diese Betriebsmodi sind speziell für das jeweilige Subsystem definiert. Kombinationen einzelner Betriebsmodi koordiniert die Zentraleinheit. Damit bleibt die Betriebsführung und Koordination der Subsysteme stets Aufgabe des Verbrennungskoordinators. Mit Betriebsmodus sei an dieser Stelle nicht ausschließlich eine Verbrennungsart gemeint, wie dies im späteren Teil der Arbeit Verwendung findet. Die erprobten Betriebsarten innerhalb des Motormanagements sind gewissermaßen ein Teil einer Kombinationen einzelner Betriebsmodi.

Die funktionale Partitionierung der Motorsteuerung kann theoretisch bis zur Ebene der Aktoren fortgeführt werden. Das letzte Steuergerät in der Funktionskette übernimmt nur das Umsetzen des Sollzustandes auf den Aktor. Vorteil dieser Partitionierung ist eine Reduktion der Rechenleistung pro Modul. Jeweils eine übergeordnete Einheit übernimmt die Umrechnung der Führungsgrößen in die Stellgrößen. Dieser starken funktionalen Aufteilung der Motorsteuerung auf verschiedene Recheneinheiten sind Grenzen gesetzt. Der Aufwand zur Kommunikation, d.h. der eindeutigen Vorgabe eines Wunschzustandes, die Rückmeldung des Istzustandes und des jeweiligen Status, nimmt mit jeder Partition zu.

Die Variabilitäten des Ventiltriebes des Einzylindermotors (Tabelle 4.1) ermöglichen in Kombination mit der Benzin-Direkteinspritzung eine Betriebsart der homogenen Selbstzündung (CAI) [96, 60]. Die homogene Benzin-Selbstzündung nutzt die Ladungsverdünnung zur Verbesserung der Stoffeigenschaften und damit zur Verbrauchssenkung. Fremdgezündete ottomotorische Brennverfahren mit Flammenfront (SI) stoßen bei Erhöhung des Restgas-gehaltes an eine Laufgrenze, wodurch weitere Verbrauchsverbesserungen nicht umgesetzt werden können. Die Selbstzündung des Luft-Kraftstoffgemisches wird durch hohe interne Restgasanteile eingeleitet. Eine nahezu gleichzeitige Umsetzung in mehreren Bereichen des Brennraumes und die hohe Ladungsverdünnung durch Restgas führen zu niedrigen Verbrennungstemperaturen, was die Stickoxid-Bildung weitgehend unterbindet. Die schnelle Wärmefreisetzung und die Notwendigkeit einer hohen Kompressionsendtemperatur zur Einleitung der Selbstzündung schränken den Betriebsbereich ein [60].

Abbildung 5.2 zeigt einen Vergleich von homogener Selbstzündung und Fremdzündung bei 2000 min^{-1} und 3 bar indiziertem Mitteldruck anhand der zweizonigen Druckverlaufs-analyse.

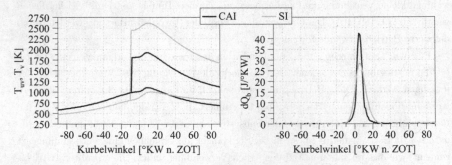

Abbildung 5.2: Temperatur- und Brennverlauf (zweizonige DVA) der homogenen Selbstzündung im Vergleich zur Fremdzündung am Einzylindermotor bei 2000 min^{-1} und 3 bar p$_{mi}$

Die höhere Wärmefreisetzungsrate, die kürzere Brenndauer sowie die niedrigeren Verbrennungstemperaturen der homogenen Selbstzündung im Vergleich zur Fremdzündung sind deutlich erkennbar.

Bei hohen Lasten nehmen die Druckgradienten im Brennraum stark zu. Hohe me-chanische und akustische Belastungen sind die Folge. Der Kennfeldbereich, in dem die Selbstzündung genutzt werden kann, entspricht in etwa den Bereichen einer ottomotorischen Verbrennung mit Ladungsschichtung [70, 60]. Eine Ausweitung des Betriebsbereiches ist durch Anpassung der Kühlwassertemperatur [115] in Verbindung mit der Ventilsteuerung [114] wie durch Turboaufladung [98], Anpassen des geometrischen Verdichtungsverhältnis-ses und externe Abgasrückführung [69] realisierbar. Bezogen auf die Ladungswechselarbeit sind mit innerer und äußerer Gemischbildung vergleichbare Ergebnisse darstellbar [164]. Ein Brennverfahrenswechsel ist dennoch notwendig. Der Wechsel von Selbstzündung zu Fremdzündung und zurück ist mit Hilfe eines vollvariablen Ventiltriebes durch zyklusgetreue Steuerung der einzelnen Ventile und damit der Restgasmenge sehr exakt möglich [38, 138, 97]. Eine Anpassung der Motorsteuerparameter unterstützt hierbei den sicheren Brennverfahrenswechsel [113, 24, 6].

Die Rückführung von Restgas zur Verbrennungseinleitung kann durch unterschiedliche Ventiltriebsstrategien umgesetzt werden. Rücksaugen von Restgas aus dem Auslasskanal mit oder ohne erneutem Öffnen der Auslassventile - nach dem Zuführen der benötigten Frischluft - steht dem Restgasrückhalten im Brennraum durch ein frühes Schließen der Auslassventile gegenüber, siehe Abbildung 5.3.

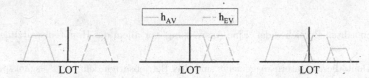

Abbildung 5.3: Restgasrückhalten im Brennraum (links), Restgasrücksaugen aus dem Auslasskanal ohne (Mitte) und mit erneutem Öffnen des Auslassventils (rechts) [186]

Die Mechanismen der Verbrennungseinleitung, Ladungsschichtung und Temperaturverteilung führen zu unterschiedlichen sich überlappenden Betriebsbereichen [137, 136, 139]. Beide Verfahren der Restgasrückführung bleiben auch mit Abgasturboaufladung auf den Teillastbereich beschränkt [139, 70, 98], wobei mit dem Rückhalten von Restgas im Brennraum geringere Lasten darstellbar sind.

Ohne eine zylinderselektive Steuerung der Auslassventile müssen weitere Stellgrößen benutzt werden, um die Selbstzündung zu beeinflussen. Wie Herrmann et al. [60] zeigen, kann die Verbrennungslage durch Einbringen von Kraftstoff in die beim Restgasrückhalten entstehende Zwischenkompression geregelt werden. Das zurückgehaltene Abgas enthält im überstöchiometrischen Motorbetrieb Restluft, die mit der Voreinspritzung und entsprechender Temperaturerhöhung reagiert.

Abbildung 5.4 zeigt im Vergleich zur Selbstzündung den Druckverlauf, die Ventilerhebungskurven und den Bereich der Vor- und Haupteinspritzung der homogenen Selbstzündung anhand eines Betriebspunktes von 2000 min^{-1} und 3 bar p_{mi} am Einzylindermotor. Die Restgasrückhaltung im Brennraum stellt die notwendige Temperatur zur Verbrennungseinleitung bereit. Der markierte Bereich der Vor- und Haupteinspritzung spiegelt

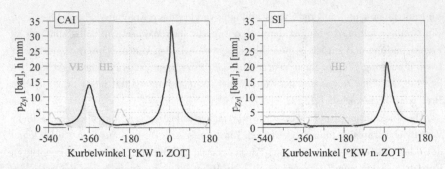

Abbildung 5.4: Einspritzstrategie, Druckverlauf und Ventilhub der Ein- und Auslassventile der Betriebsarten homogene Selbstzündung (links) und Fremdzündung (rechts) am Einzylindermotor bei 2000 min^{-1} und 3 bar p$_{mi}$

den untersuchten Bereich wider. Eine Ausweitung, vor allem der Haupteinspritzung, ist möglich.

Innerhalb dieses Motormanagements sind drei Betriebsarten definiert. Ausgangspunkt ist die ottomotorische Fremdzündung mit Lambda-Regelung durch das Kraftstoffsystem und großer Ventilöffnungsdauer. Die zweite Betriebsart nutzt zur Luftzumessung ein frühes Schließen der Einlassventile. Beide Betriebsarten verwenden die Zündanlage zur Verbrennungslageregelung und das Kraftstoffsystem zur Lambda-Regelung. Die dritte Betriebsart ist die homogene Benzinselbstzündung mit Restgasrückhalten. Die Lambda-Regelung erfolgt indirekt durch die Einstellung des Restgasgehaltes. Das Teilsystem Verbrennung (siehe Abbildung 5.1) regelt die Lage der Energieumsetzung und die vom Motor abgegebene Arbeit in allen drei Betriebsarten. Die Zylinderdruckerfassung, -aufbereitung und -weiterverarbeitung zu Kenngrößen für den Steuerungsverbund sind weitere Funktionen dieses Moduls. Innerhalb der Regelung der Verbrennungslage werden auftretende Klopfereignisse berücksichtigt. Die Regelung des indizierten Mitteldruckes ermöglicht eine Kompensation von Ungenauigkeiten der Vorsteuerung, was dessen Nutzung innerhalb der Führungsgrößenstruktur sehr vorteilhaft macht [48]. In beiden fremdgezündeten Betriebsarten wird die Verbrennungslage durch einen Zündwinkeleingriff und die abgegebene Arbeit durch eine Korrektur der Luftmasse geregelt. Die Aufteilung der Einspritzmasse auf Vor- und Haupteinspritzung (siehe Abbildung 5.4) ermöglicht die Regelung von Verbrennungslage und Arbeit bei homogener Selbstzündung [60].

Die Basiseinheit steuert die Kraftstoffzumessung, übermittelt den gemessenen Kraftstoffdruck, die Einspritzzeiten und -winkel an den Verbrennungskoordinator. Die geforderte Kraftstoffmasse wird abhängig vom anliegenden Differenzdruck an den Einspritzventilen in eine Einspritzzeit umgerechnet. Die Aufteilung der gesamten Einspritzmasse auf zwei Teileinspritzungen und deren Einspritzlage fordert der Verbrennungskoordinator. Die Ansteuerung von Drosselklappe und Zündspule setzt die Basiseinheit um.

5.2 Realisierte gekapselte Funktionen

Die im vorhergehenden Kapitel dargestellte Aufteilung des Motormanagements in verschiedene Einheiten ermöglicht die Umsetzung mehrerer Strategien der Betriebsführung. Hier werden nur die umgesetzten Betriebsarten weiter beschrieben.

In Kapitel 4.2 wurde bereits die verwendete Entwicklungsumgebung zur Ansteuerung des Einzylindermotors aufgeführt. Die Aufgaben und Schnittstellen der einzelnen Funktionsmodule werden in diesem Abschnitt näher erläutert.

Ladungswechsel

Aufgabe der Ladungswechselsteuerung ist die Analyse und Steuerung des Gaswechsels. Damit verbunden ist die Bereitstellung von Restgas- und Luftmasse, die Steuerung der Gaswechselventile und der Drosselklappe. Eine Ansteuerung von Turbolader und externer Abgasrückführung sowie die gezielte Steuerung von Ladungsbewegung durch das Zusammenspiel von Brennraummaskierung, Einlassventilhub und Einlass-Schließ-Zeitpunkt [103] wurde hier noch nicht realisiert. Die Sollgrößen Luftmasse und Restgasgehalt werden vom Verbrennungskoordinator an die Ladungswechselsteuerung gesendet und definieren den Zustand der Zylinderladung am Ende des Ladungswechsels. Luft- und Restgas sind bei Verwendung des Ventiltriebes am Einzylindermotor - unabhängige Einstellung von Ventilöffnungsdauer/-hub - in Verbindung mit der Drosselklappe/Saugrohrdruck durch verschiedene Steuerstrategien einstellbar [29]. Die zum Ende des Ladungswechsel im Zylinder verbleibende Masse wird durch das effektive Zylindervolumen festgelegt. Jeweils Druck und Temperatur im Zylinder als gleich vorausgesetzt, kann die Zylindermasse durch Verhindern weiteren Einströmens (FES) oder durch Ausschieben überschüssiger Masse (SES) eingestellt werden. Als Steuerstrategie im Einzylindermotor wurde das frühe Schließen der Einlassventile verwendet. Der Druck eines festen Zeitpunktes in der Kompression zwischen „Einlassventil schließt" und dem Start der frühestmöglichen Verbrennung dient der Festlegung eines eindeutigen Zustandes. Das Schließen der Einlassventile führt zu Signalverfälschungen im Druckverlauf und damit zu Ungenauigkeiten in der Zustandserfassung. Der Bezug auf einen Zeitpunkt in der Kompression hat im Vergleich zum Zeitpunkt „Einlassventil schließt" den Vorteil, bei Vorgabe der Führungsgrößen nicht unterscheiden

zu müssen, ob die Einstellung der Zylinderfüllung mit frühem oder spätem Schließen der
Einlassventile realisiert wird.

Die bevorzugt verwendete Steuerungsstrategie zur Einstellung der Restgasmenge ist
die Nutzung des Schließt-Zeitpunktes der Auslassventile [156]. Die Frischluftmasse wird
durch den Schließt-Zeitpunkt der Einlassventile realisiert. Abbildung 5.5 (links) zeigt eine
Restgaserhöhung durch Rücksaugen aus dem Auslasskanal bei 2000 min^{-1} am Einzylindermotor.

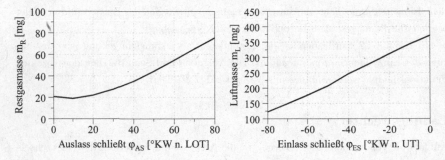

Abbildung 5.5: Steuerstrategie für Restgasgehalt (links) und Luftmasse (rechts),
Einzylindermotor 2000 min^{-1}

Die Verschiebung des Schließt-Zeitpunktes der Auslassventile nach spät führt in diesem
Betriebspunkt zu einer Erhöhung der Restgasmasse um mehr als 50 mg. Das entspricht
einer Erhöhung des Restgasgehaltes bei konstanter Luftmasse von 10 % auf 30 %. Die
Einlasssteuerzeiten sind konstant. Überströmen von Abgas ins Saugrohr wird neben der
Ventilüberschneidung (Lage und Dauer) durch das Druckverhältnis zwischen Saugrohr und
Abgaskrümmer beeinflusst.

Der Saugrohrdruck hat maßgeblichen Einfluss auf die angesaugte Luftmasse und
den rückgeführten Restgasgehalt. Die Kopplung zwischen Steuerung der Luftmasse und
Steuerung des Restgasgehaltes ist bei Verwendung der Strategie des Restgasrücksaugens
aus dem Auslasskanal geringer als bei einer Rückführung über den Einlasskanal.

Die Luftmasse im Zylinder wird durch die Druckverhältnisse im Saugrohr und das
effektive Zylindervolumen zum Zeitpunkt der geschlossenen Einlassventile beeinflusst. Frühes Schließen der Einlassventile verhindert weiteres Ansaugen während spätes Schließen
ein Ausschieben überschüssiger Masse steuert. In Abbildung 5.5 (rechts) wurde die Luftmasse durch frühes Schließen der Einlassventile eingestellt. Der Saugrohrdruck wird nicht
verändert. Die Verschiebung von „Einlassventil schließt" um 60°KW nach früh bewirkt
eine Reduktion der Luftmasse von ca. 200 mg. Bei Verwendung nockenbetätigter Ein- und

Auslassventile sind die Steuerzeiten und damit die Größen des Luftsystems gekoppelt. Eine gleichzeitige Einstellung von Luft- und Restgasmasse ist deutlich eingeschränkt.

Aktuelle Motorsteuergeräte erfassen entweder stationär die Luftmasse direkt durch Messung des Luftmassenstromes in der Ansaugstrecke oder indirekt durch Messung des Saugrohrdruckes [105]. Die Füllung im Zylinder wird anschließend aus dem Signal des ins Saugrohr einströmenden Luftmassenstromes bzw. aus dem gemessenen Saugrohrdruck mit Hilfe eines Modells errechnet. Liebl et al. [105] setzen künstliche neuronale Netze zur Adaption der Füllungserfassung während der Motorlaufzeit ein und erweitern damit die rein kennfeldgestützten Verfahren. Nelles et al. [123] beschreiben die Anwendung lokaler Modellnetze in Festkomma-Arithmetik für den Einsatz der Luftpfadmodellierung in Seriensteuergeräten. Die Rasterkennfelder zur Abbildung der angesaugten Luftmasse in Abhängigkeit der Steuerzeiten werden durch lokale Modellnetze ersetzt. Durch die Verwendung neuronaler Netze anstatt klassischer Interpolationskennfelder kann eine deutliche Verringerung des benötigten Kalibrationsfestspeichers zu Lasten eines moderat höheren Rechenaufwands erreicht werden [123].

Eine flexible und weitgehend allgemeingültige Erfassung des Ladungswechsels ermöglichen nulldimensionale Modelle [52, 125]. Diese Modelle erlauben eine exakte zyklusgetreue Erfassung von Luftmasse und Restgasgehalt. Zur zyklusgetreuen Ladungswechselanalyse des Einzylindermotors werden Einlass- und Auslassdruck indiziert und die Temperaturen im Saugrohr und im Abgaskrümmer zyklusaufgelöst erfasst. Damit ist die Füllungserfassung ohne aufwendiges Applizieren von Modellen möglich. Die Ladungswechselanalyse ist eine genaue, aber rechenintensive Bestimmung von Restgas- und Luftmasse. Die Bestimmung von Luftmasse und Restgasgehalt am Vollmotor erfolgt mit einer Kombination aus Restgas- und Saugrohrmodell, siehe Abbildung 5.6. Das Schluckverhalten des Motors ist als ein adaptives lokales Modellnetz in Abhängigkeit der Steuerzeiten der Ein- und Auslassnockenwelle, der Motordrehzahl und des Saugrohrdruckes abgebildet. Dieses Ladungswechselmodell kann damit durch Einbindung der Ladungswechselanalyse adaptiert werden. Das Ersetzen des Modells des Saugrohrdruckes ist am Vierzylindermotor möglich, da ein Saugrohrdrucksensor verbaut ist. Abgasgegendruck und -temperatur sind nicht als Messgrößen vorgesehen, weshalb ein entsprechendes Modell notwendig ist. Die Definition der Schnittstellen des Motormanagementsystems (siehe Abbildung 5.1) ermöglicht die Einbindung einer Ladungswechselanalyse, vereinfachter zylinderdruckbasierter Modelle [71, 102] oder kennfeldgestützter Modelle zur Bestimmung von Luftmasse und Restgasgehalt bzw. eine Kombination der genannten Modelle als Ladungswechselmodul. Die einzelnen umgesetzten Modelle werden in Kapitel 6.3 näher beschrieben.

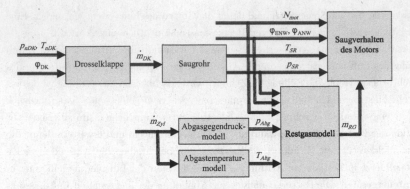

Abbildung 5.6: Ladungswechselmodell für den Vierzylindermotor

Die „klassische" Motorsteuerung berechnet aus einem Wunschmoment direkt eine Soll-
füllung, anschließend einen Saugrohrdruck und darauffolgend die Drosselklappenposition.
Die Nockenwellenpositionen werden bisher nur vorgesteuert und nicht direkt zur Füllungssteuerung verwendet. Die Umrechnung des Sollrestgasgehaltes in entsprechende Stellgrößen
wurde bisher nicht umgesetzt [175]. Stattdessen erfolgt die Berechnung des Restgasgehaltes aus den aktuellen Ventilsteuerzeiten, der anschließend weiteren Berechnungen im
Motorsteuergerät dient.

Zur Steuerung der Luftmasse sind inverse Modelle des gesamten Luftpfadsystems
erforderlich. Die Berechnung des Vorwärts- und Rückwärtspfades (Soll- und Istwerte)
mit verschiedenen Modellen ist nicht notwendig. Stattdessen finden gleiche Modelle bzw.
Teilmodelle für die Erfassung und Steuerung Einsatz, was relativ einfache invertierbare Modellstrukturen erfordert. Ist die Invertierung analytisch nicht möglich, kann der geforderte
Zustand intern eingeregelt werden (numerische Invertierung). Neben den aktuellen Größen
Luftmasse und Restgasgehalt berechnet die Ladungswechselsteuerung die maximal und minimal erreichbaren Zustände. Mit diesen Informationen kann der Verbrennungskoordinator
entsprechende Regelungen und Adaptionen priorisieren und steuern.

Kraftstoffzumessung

Aufgabe der Kraftstoffzumessung ist das Umrechnen der geforderten Kraftstoffmasse in
eine entsprechende Einspritzzeit und die Rückmeldung der Einspritzzeiten an das Motormanagementsystem. Der Verbrennungskoordinator gibt die Einspritzwinkel dafür vor. Der
Raildruck regelt die Einheit Kraftstoffzumessung ein. Auf die Definition einer Einspritztur-

bulenz als Führungsgröße wird zunächst verzichtet. Der Raildruck bleibt innerhalb des Motormanagementsystems eine freie Größe zur Beeinflussung des Verbrennungsprozesses.

Der Kraftstoffdurchfluss durch das Einspritzventil dm_{Krst}/dt wird durch Annahme eines inkompressiblen Mediums der Dichte ρ_{Krst} in die Einspritzzeit mittels der Bernoulli-Gleichung umgerechnet.

$$\frac{dm_{Krst}}{dt} = A_{eff} \sqrt{2 \, \Delta p \, \rho_{Krst}} \tag{5.1}$$

Zur Steuerung der Einspritzung ist (5.1) so umgeformt, dass eine Abbildung mit Kennfeldern möglich ist. Die Bedatung erfolgt durch Vermessung der Einspritzventile im Einspritzlabor mit Hilfe der Durchflussgleichung (5.1) und Messungen am Motor.

Die einzuspritzende Kraftstoffmasse wird mit der Kraftstoffdichte, die in Form der Kraftstofftemperatur modelliert ist, in ein Kraftstoffvolumen umgeformt. Dieser Volumenstrom und der Differenzdruck Δp am Einspritzventil sind Eingänge einer bauteilspezifischen Funktion, die die Einspritzzeit errechnet. Eine Korrektur der Einspritzzeit erfolgt in Abhängigkeit von Raildruck und der Einspritzzeit selbst. Mit dieser Korrektur werden vor allem Raildruckschwankungen ausgeglichen. Das Vorgehen hat im Vergleich zur Ermittlung eines injektorspezifischen Kennwerts [48] den Vorteil, die Nichtlinearitäten bei kleinen Einspritzzeiten abbilden zu können. Die Kraftstofftemperatur ist als Funktion von Saugrohr- und Kühlwassertemperatur abgelegt. Zur Bestimmung der Druckdifferenz wird der gemessene Raildruck und der gemessene bzw. modellierte Zylinderdruck zum Zeitpunkt der Einspritzung verwendet. Wird der modellierte Zylinderdruck für die Steuerung der Kraftstoffmasse nicht bereitgestellt, kann das Modul den Zylinderdruck in erster Näherung aus dem gemessenen Saugrohrdruck bzw. für eine Kompressionseinspritzung mittels einer polytropen Kompression bestimmen. Aus der Druckdifferenz wird weiterhin eine Einspritzzeitkorrektur berechnet, die der Totzeit des Einspritzventils entspricht. Unterhalb der minimalen Einspritzzeit ist eine reproduzierbare Einspritzung nicht mehr gewährleistet. Abbildung 5.7 zeigt das Modell zur Berechnung der Einspritzzeit. Der Winkel φ_{komp} und der Druck p_{komp} bezeichnen den Zustand zum Zeitpunkt der geschlossenen Ventile (nur Kompressionseinspritzung). Die umgesetzte Lambdaregelung ist nur in luftgeführten Betriebsarten aktiv und regelt die Kraftstoffmasse. Die Korrektur der vom Verbrennungskoordinator vorgesteuerten Kraftstoffmasse ist für den Eingriff der Lambdaregelung besser geeignet als die daraus ermittelte Einspritzzeit. Die Nichtlinearitäten des Einspritzventils werden dabei berücksichtigt. Die physikalische Führungsgrößenstruktur bleibt bis zur unmittelbaren Umsetzung am Aktor erhalten.

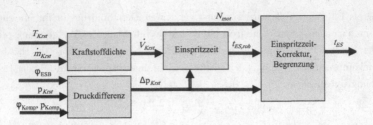

Abbildung 5.7: Kraftstoffzumessung für den Vierzylindermotor

In kraftstoffgeführten Betriebsarten, in denen eine Lambdaregelung aktiv ist, erfolgt der Eingriff durch das Luftsystem. Die Verringerung der Luftmasse verschiebt das Kraftstoff-Luftverhältnis in Richtung einer fetten Verbrennung.

Die Lage der Einspritzungen wird vom Verbrennungskoordinator angefordert und entsprechend durch das Modul Kraftstoffzumessung umgesetzt. Die gesamte Funktion der Kraftstoffzumessung mit Kraftstoffdruckregelung, Bestimmung und Umsetzung der Einspritzzeit und -lage ist in die Basiskontrolleinheit integriert. An den Verbrennungskoordinator werden der Status von Einspritzung und Lambdaregelung, die Einspritzzeit, das Einspritzende, die eingespritzte Kraftstoffmasse und die Ausgänge des Lambdaregelers für die Adaption der Vorsteuerung zurück gesendet.

Verbrennung

Das Modul der Verbrennungssteuerung beinhaltet die in Kapitel 4.3 erläuterte Zylinderdruckerfassung und Signalaufbereitung, die Lasterfassung und die Ermittlung der Lage der Verbrennung aus dem indizierten Zylinderdruck. Die Informationen aus dem Zylinderdruck werden für die Funktion der Verbrennungsregelung aufbereitet.

Zur Erkennung von Zylinderdruckschwingungen, die die Grundlage der Klopferkennung (siehe Kapitel 3.3) bildet, wird aus dem Rohsignal des Zylinderduckes der hochfrequente Anteil extrahiert. Die Merkmalsbestimmung der Verbrennungsregelung verwendet das tiefpassgefilterte Signal. Der indizierte Mitteldruck bildet die Regelgröße für die abgegebene Arbeit des Verbrennungsmotors. Stellgröße in luftgeführten Betriebsarten ist eine Korrektur der Luftmasse, die an das Ladungswechselmodul übergeben wird. In kraftstoffgeführten Betriebsarten ist die Kraftstoffmasse die Stellgröße. Eine Korrektur übergibt die Verbrennungsregelung an das Subsystem Kraftstoffzumessung. Die Parameter der Regler sind abhängig von Betriebsart und Betriebspunkt. Die Struktur des Reglers ist für alle Betriebsarten gleich, nur die Parameter und die Stellgröße werden bei einem Betriebsartenwechsel umgeschaltet.

Der Verbrennungskoordinator definiert die aktive Betriebsart und den Sollwert des indizierten Mitteldruckes. Die vorgesteuerten Werte für Kraftstoff- und Luftmasse werden vom Verbrennungskoordinator an die Kraftstoffzumessung und die Ladungswechselsteuerung gesendet. Das Subsystem Verbrennungssteuerung übermittelt eine Korrektur der Luftmasse an die Ladungswechselsteuerung und der Kraftstoffmasse an die Basiskontrolleinheit. Die Ausgänge der Regler verwendet der Verbrennungskoordinator zur Adaption der Vorsteuerung.

Der Verbrennungslageregler verwendet als Regelgröße den 50%-Umsatzpunkt des Heizverlaufes. Der Zündwinkel ist in fremdgezündeten Betriebsarten, die Voreinspritzmasse in selbstzündenden Betriebsarten die Stellgröße [60]. Die Korrektur des Zündwinkels bzw. der Voreinspritzmasse wird an die Basiskontrolleinheit gesendet, die die Umsetzung von Kraftstoffzumessung und Zündung ausführt.

Abbildung 5.8 zeigt einen geregelten Lastsprung von 2 bar auf 3 bar indizierten Mitteldruck bei einer Drehzahl von 2000 min^{-1} und fremdgezündetem Betrieb. Im linken Teil der Abbildung sind Lage der Verbrennung und der Zündwinkeleingriff durch die Verbrennungsregelung zu sehen. Im rechten Teil sind Mitteldruck, gemessene Luftmasse und der entsprechende Drosselklappeneingriff durch die Verbrennungsregelung dargestellt.

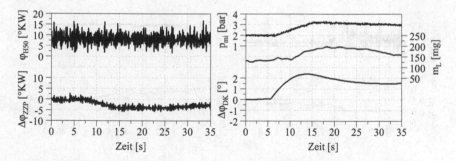

Abbildung 5.8: Verbrennungslage und -lastregelung am Einzylindermotor bei 2000 min^{-1} im fremdgezündeten Betrieb

An diesem Vorgang sind alle vier Systeme beteiligt. Der Verbrennungskoordinator fordert eine Lasterhöhung und steuert entsprechend eine Luftmasse vor. Das Verbrennungsmodul regelt diese Last durch eine Korrektur der Luftmasse. In der Ladungswechselsteuerung wird die Luftmasse in eine Drosselklappenposition umgerechnet und an die

Basiskontrolleinheit gesendet, die die Drosselklappe betätigt. Da die Drosselklappe beim Einzylindermotor vor einem Beruhigungsbehälter sitzt, muss die Regelung entsprechend langsam erfolgen. Die vorgesteuerte Luftmasse des Verbrennungskoordinators wird hier so stark verzögert, dass die Drosselklappenänderung einer reinen Regelung entspricht. Während des Lastsprungs wird die Verbrennungslage durch einen entsprechenden Zündwinkeleingriff konstant gehalten. Der Verbrennungskoordinator fordert die Solllage der Verbrennung in Form des 50%-Umsatzpunktes des Heizverlaufes und steuert einen passenden Zündwinkel vor. Das Verbrennungsmodul regelt die Verbrennungslage durch den Zündwinkeleingriff.

Zur Beeinflussung der Verbrennungslage bei homogener Selbstzündung wird eine Voreinspritzung in die beim Restgasrückhalten entstehende Zwischenkompression genutzt. Die zugeführte Energie während der Ventilunterschneidung ist abhängig von Temperatur und Menge des zurückgehaltenen Abgases. Durch eine Einspritzung von Kraftstoff kann bei Vorhandensein von Restsauerstoff eine Temperaturerhöhung erreicht werden, die die Temperatur in der Kompression um ZOT erhöht.

Abbildung 5.9 zeigt einen Betriebspunkt mit homogener Selbstzündung. Im linken Teil der Abbildung sind Verbrennungslage und die Veränderung der Voreinspritzmasse durch die Verbrennungslageregelung, im rechten Teil der indizierte Mitteldruck und die Korrektur der Haupteinspritzung dargestellt.

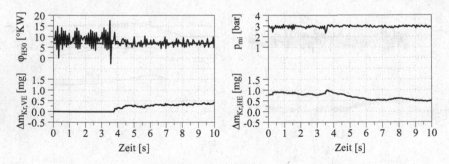

Abbildung 5.9: Verbrennungslage und -lastregelung am Einzylindermotor bei 2000 min^{-1}, 3 bar p$_{mi}$ im selbstzündenden Betrieb

Der indizierte Mitteldruck wird durch die Haupteinspritzmasse auf 3 bar geregelt. Gut zu erkennen ist eine Beruhigung der Verbrennung durch Aktivieren der Verbrennungslageregelung. Die Erhöhung der Voreinspritzmasse führt zu einer Verringerung der Haupteinspritzmasse bei konstantem Mitteldruck.

Abbildung 5.10 zeigt den Einfluss des Restgasgehaltes auf die homogene Selbstzündung. Eine Verringerung des Restgasgehaltes durch späteres Schließen der Auslassventile führt zu

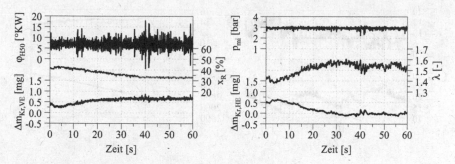

Abbildung 5.10: Verbrennungslage und -lastregelung am Einzylindermotor bei 2000 min^{-1}, 3 bar p$_{mi}$ und verschiedenen Restgasgehalten im selbstzündenden Betrieb

einer geringeren Kompressionsendtemperatur und damit zu einer späteren Verbrennungslage. Durch Erhöhen der Voreinspritzmasse kann dies ausgeglichen werden. Geringe Mengen an Restgas verschlechtern die Bedingungen für die Selbstzündung, was an den höheren Schwankungen des 50%-Umsatzpunktes des Heizverlaufes zu erkennen ist. Im linken Teil der Abbildung sind neben der Verbrennungslage der Stelleingriff der Voreinspritzmasse und der Restgasgehalt dargestellt. Eine Verringerung des Restgasgehaltes führt zu einer Abmagerung der Verbrennung, was der rechte Teil der Abbildung verdeutlicht.

In das Subsystem Verbrennung sind die zylinderdruckbasierte Klopferkennung und -regelung integriert. Die Klopferkennung nutzt Merkmale aus dem hochfrequenten Zylinderdrucksignal (siehe Kapitel 3.3). Die Merkmale dienen der Erkennung und Regelung. Bei Erkennen eines klopfenden Arbeitsspiels wird in Abhängigkeit von der Klopfintensität der Zündwinkel zurück genommen. Der Zündwinkel wird so lang nach spät verschoben bis kein Klopfen mehr auftritt. Tritt nach einer applizierbaren Zeit kein Klopfen mehr auf, folgt Schritt für Schritt eine Frühverstellung des Zündwinkels. Der Ausgang des Verbrennungslagereglers ist in der Zeit, in der die Klopfregelung aktiv ist, eingefroren. Baut die Klopfregelung die Spätverschiebung des Zündwinkels nicht komplett ab, bleibt die Verbrennungslageregelung deaktiviert. Eine alternative Möglichkeit ist den Verbrennungslageregler bei Erkennen eines klopfenden Arbeitsspieles zurück zu setzen. Der Eingriff der Klopfregelung ist nur notwendig, wenn das Zurücksetzen des Verbrennungslagereglers nicht ausreicht, um Klopfen abzubauen. Abbildung 5.11 zeigt eine Beschleunigung mit aktiver Klopfregelung in Kombination mit der Verbrennungslageregelung am Vierzylindermotor.

Ist die Klopfregelung aktiv, wird die Verbrennungsregelung gestoppt (grau markierter Bereich). Das Auftreten klopfender Verbrennungen ist als senkrechter Strich markiert.

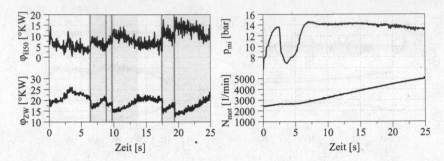

Abbildung 5.11: Verbrennungslage- und Klopfregelung am Vierzylindermotor

Wirken Verbrennungs- und Klopfregelung in die gleiche Richtung ist ein Zurücksetzen der Verbrennungsregelung sinnvoller als ein Einfrieren des Reglerausgangs. Ist der Zündwinkelrückzug des Klopfreglers komplett abgebaut, wird der Verbrennungslageregler wieder aktiv. Eine Alternative zum direkten Eingriff auf den Zündwinkel ist der Rückzug des Sollwertes für die Verbrennungslage. Für die Klopfregelung mit unterlagerter Verbrennungslageregelung müsste auf eine Parametrierung des Verbrennungslagereglers umgeschaltet werden, die schneller reagiert als im klopffreien Betrieb. Ziel dieses Parametrierungswechsels wäre ein schnelles Verlassen des klopfenden Betriebs. Zum Abbau des Verbrennungsrückzuges wird der Verbrennungslageregler genutzt. Vorteil dieses Vorgehens ist die direkte Nutzung der bleibenden Regelabweichung zur Adaption des Zündwinkels im klopfenden Betrieb.

Ist die Klopferkennung in ein separates Steuergerät integriert, übernimmt der Verbrennungskoordinator die Anweisungen an die Verbrennungslageregelung.

Verbrennungskoordinator

Der Verbrennungskoordinator hat die Aufgabe, alle Module zu steuern. Die lastbeschreibende Größe ist die vom Motor abgegebene Arbeit in Form des effektiven Mitteldruckes. Der effektive Mitteldruck wird mit einem Modell der Motorreibung in einen indizierten Mitteldruck umgerechnet.

Abbildung 5.12 zeigt die Struktur des Verbrennungskoordinators, die in einen „realen" und einen „virtuellen" Teilabschnitt aufgeteilt ist. Zusätzlich zum Verbrennungskoordinator sind die Ansteuerung und der Verbrennungsmotor selbst mit abgebildet. Die Steuerung

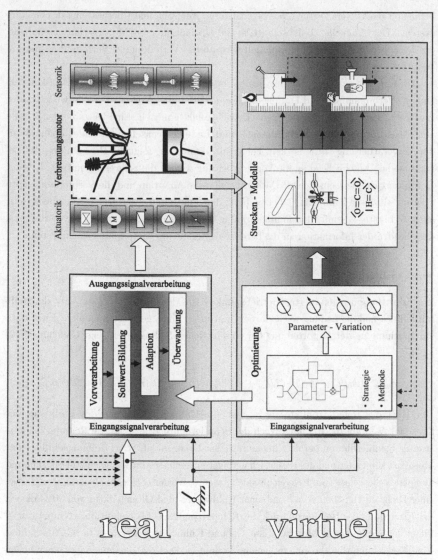

Abbildung 5.12: Verbrennungskoordinator

beinhaltet die Vorverarbeitung, Sollwert-Bildung, Adaption und Überwachung des Gesamt-systems. Der „virtuelle" Teilabschnitt ist die Optimierung des Motorverhaltens anhand des Prozessmodells. Das Prozessmodell wird an das Verhalten des Verbrennungsmotors adaptiert.

Die Eingangssignalverarbeitung beinhaltet die Erfassung der Signale von Basiskontroll-einheit, Verbrennungs- und Ladungswechselmodul. In der Vorverarbeitung wird aus der Lastanforderung der aktuell geforderte Betriebspunkt ermittelt. Eine Diagnose der Signale von Basiskontrolleinheit, Verbrennungs- und Ladungswechselmodul findet ebenfalls in der Vorverarbeitung statt. Ist kein Fehlerfall feststellbar, folgt die Bestimmung des Be-triebsmodus. Anschließend an die Vorverarbeitung werden die Sollwerte ermittelt. In jeder Betriebsart existiert ein eigener Datensatz, den die Adaption und die Verbrennungsopti-mierung anpassen kann. Eine Überwachung der ermittelten Führungsgrößen - bisher nur einfache Limitierung mit Plausibilitätsprüfung - erfolgt vor der Ausgangssignalverarbeitung, dem Senden der Information an die beteiligen Module des Motormanagementsystems.

Vorverarbeitung

Zur Ermittlung des geforderten Betriebspunktes aus der Lastanforderung wird der Reib-mitteldruck und die Ladungswechselarbeit bestimmt. Einen geeigneten empirischen Ansatz zur Bestimmung der Motorreibung bei verschiedenen Bedingungen zeigt Gleichung (5.2) [36]:

$$p_{mr} = p_{mr,ref} \left(A_0(T) + A_1(T) \cdot N_{mot} + A_2(T) \cdot N_{mot}^2 \right) + (B_0(n,T) + B_1(n,T) \cdot p_{me}) \quad (5.2)$$

Der Wert des Referenzpunktes $p_{mr,ref}$ ist ein Maß zur Skalierung des Einflusses der Drehzahl N_{mot} auf die Reibung. Nach der Schmierfilmtheorie steigt die Reibung bei kon-stanter Schmierfilmtemperatur linear mit der Drehzahl an. Der Reibungseinfluss der Motorlast kann aufgrund des wesentlich geringeren Einflusses im Vergleich zu Drehzahl und Temperatur losgelöst vom Referenzpunkt betrachtet werden. Schleppindiziermessungen bei einer Drehzahl von 3000 min^{-1} und einer Kühlwasser- und Öltemperatur von 90°C dienen der Ermittlung des Reibmitteldruck des Referenzpunktes. Als Konditioniertemperatur T findet der arithmetische Mittelwert aus Öl- und Kühlwassertemperatur in °C Anwendung. Eine Abweichung vom theoretisch linearen Verlauf bei Drehzahlzunahme durch einen hohen Anteil an Mischreibung bei niedrigen Drehzahlen und hohen Temperaturen sowie eine Querbeeinflussung aus Temperatur und Drehzahl wird durch die Koeffizienten A_0, A_1, A_2 abgebildet. Die Beeinflussung der Reibung durch veränderte Kräfte am Kolben und den Kolbenringen berücksichtigt der lastabhängigen Term. Ebenfalls Beachtung findet eine

Änderung der Schmierfilmtemperatur an der Zylinderwand. Die gegenseitige Beeinflussung ist abhängig von der Drehzahl [36]:

$$A_0 = 1.0895 - 1.079 \cdot 10^{-2} \, T + 5.525 \cdot 10^{-5} \, T^2$$

$$A_1 = 4.68 \cdot 10^{-4} - 5.904 \cdot 10^{-6} \, T + 1.88 \cdot 10^{-8} \, T^2$$

$$A_2 = -4.35 \cdot 10^{-8} + 1.12 \cdot 10^{-9} \, T - 4.79 \cdot 10^{-12} \, T^2$$

$$B_0 = -2.625 \cdot 10^{-3} + 3.75 \cdot 10^{-7} \, N_{mot} + 1.75 \cdot 10^{-5} \, T + 2.5 \cdot 10^{-9} \, N_{mot} \, T$$

$$B_1 = 8.95 \cdot 10^{-3} + 1.5 \cdot 10^{-7} \, N_{mot} + 7.0 \cdot 10^{-6} \, T - 1.0 \cdot 10^{-9} \, N_{mot} \, T$$

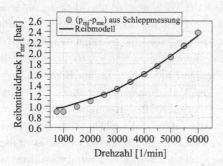

Abbildung 5.13: Reibmitteldruck bei verschiedenen Drehzahlen, Vollmotor

Abbildung 5.13 zeigt einen Vergleich der Ergebnisse des Reibmodells mit Messungen ($p_{mr} = p_{mi} - p_{me}$) vom Vollmotor (siehe Kapitel 4.1). Das Reibmodell kann die Messergebnisse gut wiedergeben. Bei kleinen Drehzahlen sind geringe Abweichungen zu erkennen. Die Verwendung des indizierten Mitteldruckes p_{mi} zur Sollwertbildung benötigt gegenüber Steuerungen auf Basis von Luftmasse oder Saugrohrdruck weniger Korrekturen [48]. Ein weiterer Vorteil ist die Unabhängigkeit von der Betriebsart. Durch die Kenntnis der tatsächlich vorliegenden Last, ergibt sich erst die Möglichkeit diese direkt einzuregeln. Stationäre Vorsteuerungsabweichungen gleicht die Verbrennungsregelung aus. Instationäre Abweichungen verringert die Adaption der Vorsteuerung. Ziel der Adaptionen ist es, die Eingriffe der Verbrennungsregelung auf ein Minimum zu reduzieren. Die Verbrennungsregelung übermittelt dazu Status und bleibende Regelabweichung an den Verbrennungskoordinator.

Neben der Reibung beeinflusst die Ladungswechselarbeit die vom Motor abgegebene Arbeit. Die Erfassung des aktuellen Zustandes des Ladungswechsels ist Aufgabe der Ladungswechselsteuerung. Der Verbrennungskoordinator nutzt zur Ermittlung der Führungsgrößen ein empirisches Modell zur Berechnung der Ladungswechselarbeit. Das Modell bildet den Ladungswechselverlust als Funktion von Drehzahl, Saugrohr- und Abgasgegendruck ab. Eine Korrektur in Abhängigkeit der Steuerzeiten ist bisher nicht realisiert. Mit den Ergebnissen vom Ladungswechselmodul wird dieses Modell adaptiert. Reibmitteldruck und Ladungswechselarbeit dienen der Bestimmung des Betriebspunktes.

Der Modus des Verbrennungskoordinators beinhaltet Steuerungsinformationen für die weiteren Module. Die Ermittlung des Betriebsmodus des Verbrennungskoordinators nutzt den Status dieser Module. In der Vorverarbeitung wird die Betriebsart ausgewählt. Der indizierte Wirkungsgrad η_i - eine empirische Funktion für jede Betriebsart - dient als Entscheidungskriterium, welche Betriebsart zu wählen ist. Drei Betriebsarten sind möglich. Neben dem fremdgezündeten Betrieb mit Drosselsteuerung und frühem Schließen der Einlassventile zur Luftzumessung existiert eine dritte Betriebsart, die homogene Benzinselbstzündung. Zum Einleiten eines Wechsels der Betriebsart von der Fremdzündung mit Drosselklappensteuerung wird neben hysteresebehafteten Grenzen für Last und Drehzahl der erwartete Wirkungsgrad beurteilt. Liegt der Wirkungsgrad über dem der aktuellen Betriebsart, ist der Brennverfahrenswechsel einzuleiten. Ein Brennverfahrenswechsel zurück in den fremdgezündeten Betrieb wird angefordert, wenn die maximal mögliche Arbeit unter der geforderten liegt. Für die homogene Selbstzündung sind weitere Betriebsgrenzen definiert. Neben einer Grenze für den maximalen Druckanstieg, die aus Komfortgründen zu setzen ist, existiert auch eine Grenze für das Verbrennungsluftverhältnis. Ein mageres Verbrennungsluftverhältnis bewirkt einen geringen Kraftstoffverbrauch, geringe Druckanstiege und niedrige Stickoxidemissionen, die aufgrund der fehlenden Funktionsweise des Katalysators bei diesen Bedingungen zu beachten sind. Kann der Druckanstieg nicht ausreichend abgesenkt werden, wird wie bei schlechter werdender Laufruhe ein Brennverfahrenswechsel in den fremdgezündeten Betrieb eingeleitet. Um nach einer Verweildauer nicht erneut von Fremdzündung in Selbstzündung zu schalten, wird der Wirkungsgrad im selbstzündenden Betrieb angepasst, sprich künstlich verschlechtert. Der Wirkungsgrad enthält nicht mehr nur die Information über die Güte der Verbrennung. Die Anpassung speichert eine eigene Funktion, um den unveränderten Wirkungsgrad weiterhin für die Umrechnung von indiziertem Mitteldruck in Luftmasse verwenden zu können.

Der Brennverfahrenswechsel selbst ist durch eine Ablaufsteuerung realisiert. Ausgehend von der aktuellen Betriebsart werden die Regelkreise (Verbrennungslage, -last und -luftverhältnis) abgeschaltet bevor deren Stellgröße wechselt. Weiterhin startet ein Arbeitsspielzähler. Mit dieser Ablaufsteuerung ist es möglich, gezielt Arbeitsspiele während der aktuellen Betriebsart und der Zielbetriebsart zu verändern, um den Wechsel zu realisieren [5].

Sollwertbildung

Sind aus der Vorverarbeitung Betriebsart und Betriebspunkt bekannt, werden die Sollwerte gebildet. Die geforderte Luftmasse errechnet sich nach folgender Gleichung aus dem indizierten Mitteldruck:

$$m_L = \frac{V_h \, p_{mi} \, \lambda \, L_{st}}{H_u \, \eta_i} \tag{5.3}$$

Der indizierte Wirkungsgrad η_i ist eine Funktion von Drehzahl, Last, Restgasgehalt, Verbrennungsluftverhältnis und Verbrennungslage. Die Bestimmung des Istzustandes erfolgt mit den Größen aus Verbrennungssteuerungs- und Ladungswechselmodul. Die Anpassung der empirischen Funktion des indizierten Wirkungsgrades ist nur freigegeben während die Verbrennungsregelung aktiv ist. Die Abbildung mittels eines lokalen Modellnetzes (siehe Kapitel 3.5) statt mehrerer hintereinander geschalteter Rasterkennfelder ermöglicht eine Adaption, in welcher der Einfluss der jeweiligen Eingangsgröße auf den Wirkungsgrad zur Laufzeit betriebspunktindividuell separierbar ist. Die Kraftstoffmasse wird aus der Luftmassenvorgabe und dem gewünschten Verbrennungsluftverhältnis errechnet.

$$m_B = \frac{m_L}{\lambda \, L_{st}} \tag{5.4}$$

Kraftstoffmasse für Vor- und Haupteinspritzung ergibt sich aus der Gesamtmasse entsprechend der gewünschten Aufteilung. Die Aufteilung der Kraftstoffmasse ist als Funktion der Last und Drehzahl abgelegt.

Mögliche Funktionen der Start- und Warmlaufanreicherung greifen auf das Verbrennungsluftverhältnis ein, nicht auf die Kraftstoffmasse. Damit bleibt gewährleistet, dass die Verbrennung innerhalb eines stabilen Bereiches betrieben wird. Das Verbrennungsluftverhältnis ist eine Zustandsgröße zur Emissionsbeeinflussung. Aus diesem Grund ist es von Vorteil, die Größe in allen Betriebsarten gezielt einstellen und regeln zu können. Innerhalb der luftgeführten Betriebsarten wird das Verbrennungsluftverhältnis durch Anpassung der Kraftstoffmasse eingeregelt. Im ungedrosselten Betrieb mit homogener Selbstzündung verdrängt Inertgas Frischluft und senkt damit das Verbrennungsluftverhältnis [60]. Die Kompensation instationärer Effekte, wie der Ausgleich von Wandfilmbildung oder Druckschwingungen im Saugrohr, ist in den jeweiligen Systemen entsprechend der unabhängigen Betreibbarkeit der Einzelsysteme selbst auszugleichen. Eine zentrale Berücksichtigung im Verbrennungskoordinator ist nicht sinnvoll. Durch die Rückmeldung an die Zentraleinheit gelingt die Adaption der Vorsteuerung des Verbrennungsluftverhältnisses.

Der Restgasgehalt wird als Funktion von Last, Drehzahl und Motortemperatur bestimmt. Das Vorgeben eines Restgasgehaltes statt der Ventilsteuerzeiten bietet den Vorteil der gezielten Beeinflussung des Verbrennungsvorganges und der Emissionen. Die Zumessung von Restgas senkt die Verbrennungstemperatur und vor allem die Stickoxidemissionen. Weiterhin wird bei gleicher Luftmasse der Saugrohrdruck angehoben, was die Ladungswechselverluste mindert. Das Vorhandensein von Inertgas verlangsamt die Umsetzung von Luft und Kraftstoff. Eine Grenze der Verbrennungsqualität wird in Stationärpunkten durch die Laufruhe in Form der Standardabweichung des indizierten Mitteldruckes und des Reglereingriffes der Verbrennungslageregelung erkannt. Beide Größen stellt das Verbrennungssteuerungsmodul dem Verbrennungskoordinator bereit. Ist aus Messungen der Restgasgehalt bekannt, bis zu welchem die Verbrennung stabil ohne Aussetzer abläuft, kann der Wert in der Motorsteuerung als betriebspunktabhängige Grenze hinterlegt werden.

In jedem Betriebspunkt ergibt sich eine untere und obere Grenze der Einstellbarkeit. Der maximal einstellbare Restgasgehalt wird erreicht durch größtmögliche Ventilüberschneidung. Reicht dies nicht aus, kann die Saugrohrdruckabsenkung als zusätzliches Stellglied dienen. Die Absenkung des Saugrohrdruckes führt zum vermehrten Rücksaugen von bereits verbranntem Arbeitsgas aus dem Abgastrakt über den Zylinder hinweg ins Saugrohr. Beim anschließenden Ansaugvorgang gelangt das Restgas vermischt mit Frischluft erneut in den Zylinder. Die Ladungswechselarbeit wird vergrößert und die Luftmasse verringert, weshalb zur Restgaserhöhung die Steuerzeitenverschiebung bevorzugt zu verwenden ist. Bei einer Änderung der Füllung durch den Saugrohrdruck müssen die Steuerzeiten für konstante Restgasmasse nachgestellt werden. Ein vollvariabler Ventiltrieb ermöglicht zwar freies Einstellen der Steuerzeiten, eine minimale Masse an verbranntem Gas bleibt jedoch auch bei minimaler Ventilüberschneidung im Zylinder. Diese Masse wird durch Druck und Temperatur im Abgastrakt beeinflusst. Die einzige Möglichkeit, die im Kompressionsvolumen verbleibende Masse auszuspülen, ist die Anhebung des Saugrohrdruckes über den Abgasgegendruck während einer möglichst großen Ventilüberschneidung. Durch Realisierung eines minimalen Restgasgehaltes entstehen füllungsoptimale Steuerzeiten, was in der Optimierung gezielt genutzt werden kann.

Eine weitere Begrenzung des Restgasgehaltes ergibt sich aus der Füllungssteuerung. Bei Füllung des Zylinders mit maximal einstellbarem Saugrohrdruck, größtmöglichem Zylindervolumen und minimaler Temperatur bei „Einlassventil schließt", darf nicht mehr Restgas eingeschlossen werden als an Volumen durch Luft und verdampften Kraftstoff bereits verdrängt ist. Im Falle vollständiger Entdrosselung, begrenzt das effektive Zylindervolumen den Restgasgehalt:

$$m_{RG} = \frac{(p_{SR} + \Delta p_{ES,eff}) \; V_{ES,eff}}{R \, T_{ES}} - m_B - m_L \qquad (5.5)$$

Treten bei hohen Lasten klopfende Verbrennungen auf, wird auf den minimalen Restgasgehalt umgeschaltet. Die Einstellung und Regelung des Restgasgehaltes ist Aufgabe der Ladungswechselsteuerung. Durch Vorsteuern der Steuerzeiten in Kombination mit einer Adaption wird die Restgasregelung unterstützt.

Der Verbrennungskoordinator bildet Zündwinkel und Verbrennungslage als last-, drehzahl- und temperaturabhängige Funktion und übermittelt diese an die Verbrennungslageregelung. Für die Forderung einer gezielte Spätverschiebung der Verbrennung, um den Abgastrakt zu heizen, kann die Verbrennungslage in Abhängigkeit von der gewünschten Wärmeenergie verschoben werden.

Die Lage der beiden Einspritzungen ist als Funktion von Last, Drehzahl und Motortemperatur abgebildet. Für homogene Brennverfahren ist die Einspritzung bei geschlossenen Auslassventilen möglichst früh abzusetzen. Die Absenkung der Temperatur des Arbeitsgases durch die Verdampfung der eingespritzen Kraftstoffmasse kann bei noch offenem Einlassventil vor allem in Betrieb mit homogener Selbstzündung genutzt werden, um die Zylinderfüllung zu erhöhen.

Adaption

Die Stellgrößen der Regelkreise geben Auskunft über die Genauigkeit der Vorsteuerung im jeweiligen Betriebspunkt. Diese Information eignet sich, das Gesamtsystem im Betrieb zu adaptieren.

Ein Adaptionsbeispiel ist die Zündwinkelberechnung im fremdgezündeten Betrieb. Der Basiszündwinkel und die gewünschte Lage der Verbrennung werden innerhalb des Verbrennungskoordinators als Funktion von Drehzahl, Last und Temperatur ermittelt und an das System Verbrennungssteuerung übergeben. Ein additiver Eingriff auf den Zündwinkel erfolgt durch die Verbrennungslageregelung. Abweichungen, hervorgerufen durch unterschiedliche Kühlwassertemperatur, Verbrennungsluftverhältnis, Ladungsbewegung und Restgasgehalt werden ausgeglichen. Die Abweichungen der Vorsteuerung adaptiert die Zentraleinheit in stationären Betriebspunkten. Dazu dient die bleibende Regelabweichung, die das Verbrennungssteuerungsmodul übermittelt. Der Verbrennungslageregler wird entlastet, was die stationäre und instationäre Betriebspunkteinstellung verbessert.

Abbildung 5.14 zeigt die Adaption der Vorsteuerung des Zündwinkels in einem Betriebspunktwechsel. Im linken Teil der Abbildung sind Verbrennungslage, Zündwinkeleingriff und bleibende Regelabweichung, im rechten Teil Mitteldruck (Soll- und Istwert), Luftmasse und der resultierende Drosselklappeneingriff durch die Verbrennungsregelung dargestellt. Zu Beginn der dargestellten Messung läuft die Zündwinkeladaption bereits. Am Betriebspunktwechsel bei t = 95 s ist nur noch ein geringer Eingriff der Verbrennungslageregelung

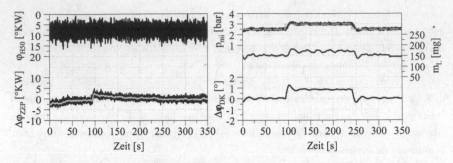

Abbildung 5.14: Verbrennungslage und -lastregelung am Einzylindermotor mit Adaption

notwendig. Der Betriebspunkt wird bei t = 240 s erneut gewechselt. Nach Einstellung des ursprünglichen Betriebspunktes ist kein Eingriff der Verbrennungslageregelung notwendig. Die Vorsteuerung genügt, um die geforderte Verbrennungslage einzustellen. Die Adaption ist hier bewusst langsam ausgeführt, um bleibende Abweichungen zu lernen. Die Lastregelung durch die Drosselklappe ist, wie bereits im Abschnitt der Verbrennungsregelung beschrieben, ebenfalls langsam ausgeführt.

Überwachung

Nach der Adaption erfolgt die Überwachung der Führungsgrößen auf Plausibilität. Neben der Überprüfung von Minimal- und Maximalwerten muss hier die Einstellbarkeit der Führungsgrößen durch Vergleich von Soll- und Istgrößen sowie anhand der von den Subsystemen gesendeten Stellbereiche geprüft werden.

Optimierung

Die Regelung der indizierten Arbeit und der Verbrennungslage durch das Verbrennungssteuerungsmodul und die Regelung des Verbrennungsluftverhältnisses ermöglichen eine Änderung von freien Einfluss- und Stellgrößen. Die Optimierung erfolgt online direkt am Motor ohne die Verwendung eines Prozessmodells. Bei aktiver Verbrennungsregelung ergibt sich die Möglichkeit, die Ventilsteuerzeiten und damit Restgasgehalt und Ladungsbewegung einzustellen, ohne das vom Motor abgegebene Moment zu beeinflussen. Ähnliche Möglichkeiten ergeben sich für den Einspritzzeitpunkt. Unter der Voraussetzung eines konstanten Betriebspunktes kann mit Hilfe der Messgrößen festgestellt werden, ob die Variation auf ein definiertes Optimierungsziel eine positive Wirkung hat. Ist dies der Fall, wird das Ergebnis der Variation als neue Ansteuerung übernommen. Eine funktionierende Lastregelung, die den Betriebspunkt hält, ist Bedingung für das Gelingen dieses Prozesses. Kann die Verbrennungsregelung die Last nicht halten, wird durch den Verbrennungskoordinator die Variation der freien Größen beschränkt oder gestoppt. Die Festlegung von Grenzen für die Stellgrößen und für weitere Zustandsgrößen entscheidet darüber, wie groß der Verstellbereich der Ansteuergrößen ist. Die Variationssprünge dürfen nicht zu groß gewählt werden, um den Betrieb der aktiven Regelungen nicht zu stören. Durch das Zusammenspiel von Variation und Adaption im Betrieb wird eine Möglichkeit geschaffen, die zeitaufwendige Applikation des Motorsteuerungssystems zu beschleunigen.

Der physikalische Bezug aller Zustandsgrößen erlaubt es, den Motor im Betrieb den aktuellen Betriebsbedingungen anzupassen und die Vorsteuerung in vielen Bereichen zur Laufzeit zu adaptieren. Weiteres Potenzial wird durch Modellierung und gezielte Einstellung von Verbrauch und Emissionen ausgeschöpft. Eine gute Genauigkeit der Modelle vorausgesetzt, ergibt sich die Möglichkeit eine Optimierungsstrategie zu formulieren, die unter Beachtung verschiedener Randbedingungen, bspw. der Schadstoffemissionen, den Kraftstoffverbrauch minimiert (siehe Kapitel 7). Das Erreichen von Grenzwerten, wie bspw. eines kritischen Klopfniveaus oder einer maximalen Abgastemperatur wird erkannt und entsprechend darauf reagiert.

Die Optimierung heutiger Motorsteuergeräte erfolgt während der Applikation durch entsprechende Bedatung des Motormanagementsystems. Die modellbasierte Verbrennungsoptimierung ist die Weiterführung der Online-Adaption bzw. deren Erweiterung auf mehr als eine Zustandsgröße, die die gleiche Zielgröße beeinflusst. Im Unterschied zur oben beschriebenen Variation freier Stellgrößen werden statt des realen Motors Verbrennungs- und Emissionsmodelle verwendet. Eine Veränderung der Motorzustandsgrößen ist während der Optimierung nicht notwendig. Die Durchführung aller Variationen am Modell ermöglicht einen größeren Stellbereich. Bei Verlassen des aktuellen Betriebspunktes am realen Motor, kann die Optimierung am virtuellen Motor weitergeführt und das Ergebnis gespeichert werden. Nach Einstellung des ursprünglichen Betriebspunktes am realen Motor unter Verwendung der Optimierungsergebnisse und entsprechender als zutreffend beurteilter Validierung, folgt die Übernahme der ermittelten Führungsgrößen in die Ansteuerung.

Ein modellbasiertes Optimierungsverfahren innerhalb des Motormanagementsystems schließt die Lücke zwischen Sollwerten, Stellgrößen und den teilweise nicht messbaren Zielgrößen während der Betriebszeit des Motors. Ein ständiger Abgleich von gespeicherten Ziel- und Grenzwerten der Verbrennung mit den aktuellen Größen der Modellberechnung liefert die Basis einer der herkömmlichen Motorsteuerung überlagerten Regelung der Sollgrößen. Die Berücksichtigung von Grenzwerten, wie den Abgasemissonen, verlangt eine betriebspunktindividuelle Definition, welcher Zustand noch zulässig ist. Die Ermittlung der Grenzwerte des jeweiligen Betriebspunktes erfolgt vor der Optimierung. Die Bedatung dieser Grenzwerte muss an den entsprechenden Abgaszyklus angepasst sein. Eine Optimierung und Berücksichtigung der Grenzwerte der Abgasgesetzgebung ist nur möglich, wenn mehrere Betriebspunkte in die Optimierung einbezogen werden. Diese Art der Optimierung wird hier noch nicht angestrebt.

Der Ansatz der Anwendung einer Optimierungsroutine innerhalb der Motorsteuerung hängt neben der Güte und Robustheit des Optimierungsverfahrens von der Qualität der verwendeten Modelle ab. Durch die Benutzung des Zylinderdruckes als Basis der Modellierung von Verbrennung und Emissionen inklusive der Modelladaption wird diese Güte erreicht (siehe Kapitel 6). Die steuergerätetaugliche, modellbasierte Verbrennungsoptimierung erlaubt eine Koordination der Subsysteme, sodass die Momentenanforderung mit minimalem Verbrauch und niedrigen Emissionen umgesetzt wird. Die Modelladaption ermöglicht ein Angleichen der Modellausgänge an den realen Verbrennungsprozess. Eine Entscheidung, welche Betriebsstrategie zu wählen ist, kann in jeder Betriebssituation unter Nutzung von Verbrauchs- und Emissionsbeeinflussung erfolgen.

6

Modellbasierte Beschreibung des Arbeitsprozesses

6.1 Verbrennungsmodelle

Die Verbrennungsmodelle lassen sich in drei Arten aufteilen: Empirische Modelle, phänomenologische Modelle und CRFD (Computional Reactiv Fluid Dynamics) 3-D-Rechnungen. Eine Übersicht dazu geben [108, 135, 7, 86]. In empirischen Modellen wird die reale Verbrennung durch eine mathematische Funktion, den sogenannten Ersatzbrennverlauf, nachgebildet. Der Zusammenhang zwischen den Kenngrößen des Betriebspunktes und den Parametern des Ersatzbrennverlaufes kann durch empirische Gleichungen in Abhängigkeit eines Referenzpunktes beschrieben werden. Phänomenologische Modelle versuchen die wesentlichen physikalischen und chemischen Zusammenhänge der Verbrennung zu identifizieren und mit Gleichungen zu beschreiben. Hierdurch ist in vielen Bereichen keine weitere Anpassung nötig. In einer CRFD-Rechnung wird der Brennraum in eine große Anzahl von Zellen unterteilt, für die die physikalischen und chemischen Grundgleichungen zu lösen sind. Da diese Berechnungsmethodik äußerst rechenaufwendig ist, scheiden diese Modelle für die Online-Anwendung aus. Die phänomenologischen Modelle sind trotz der steigenden Rechenleistung meist der Offline-Anwendung vorbehalten. Allerdings führen steigende Rechenleistungen auch zum Einsatz von phänomenologischen Modellen in der Echtzeitanwendung [172]. Falls es nicht gelingt, die Gleichungen weiter zu vereinfachen ohne die Genauigkeit maßgeblich zu beeinflussen, ist die Anwendung in einer Optimierungsstrategie, die eine mehrfache Auswertung des Modells verlangt, ausgeschlossen. Die empirischen Funktionen eignen sich als einzige Art der drei hier genannten Verbrennungsmodellarten für die steuergerätetaugliche Anwendung [161].

6.1.1 Phänomenologische Modellierung der ottomotorischen Verbrennung

Um in die steuergerätetaugliche Beschreibung der Verbrennung Vorwissen in Form von Messdaten einfließen lassen zu können, wurde für die ottomotorische, fremdgezündete Verbrennung ein quasidimensionales Verbrennungsmodell in Anlehnung an [52, 128, 61, 135, 170] implementiert. Während der Verbrennung erfolgt eine Unterteilung des Brennraumes in drei Bereiche. Die Flammenfront trennt die Zone des Unverbrannten mit einem homogenen Luft-, Kraftstoff-, Restgasgemisch von der Zone mit verbranntem Abgas. Im Sinne thermodynamischer Systeme finden nur die Zonen „Unverbrannt" und „Verbrannt" Berücksichtigung, während die „Flammenzone" thermodynamisch nicht als dritte Zone betrachtet wird. Damit entspricht das quasidimensionale Verbrennungsmodell einer zweizonigen Arbeitsprozessrechnung. Die Wärmefreisetzung und Flammenausbreitung werden in zwei Teilschritte zerlegt [108]. Der erste Schritt beschreibt das Eindringen der Flamme ins unverbrannte Gemisch ohne Wärmefreisetzung. In einem zweiten Teilschritt wird die Wärmefreisetzung durch die Verbrennung beschrieben. Die Turbulenz, in der die ottomotorische Verbrennung abläuft, bewirkt ein Vermischen der Gemischballen mit Abgas im Bereich der Flammenfront, während die fortschreitende Flammenfront ständig neue Gemischballen erfasst. Die Geschwindigkeit mit der die Flamme in die unverbrannte Zone eindringt - die Eindringgeschwindigkeit u_E (6.1) - wird nach Grill [52] als Summe von laminarer Brenngeschwindigkeit und einer isotropen Turbulenzgeschwindigkeit beschrieben:

$$u_E = s_L + u_T \tag{6.1}$$

Der durch die Flammenoberfläche A_F eingedrungene Massenstrom ergibt sich unter der Annahme, dass Eindringgeschwindigkeit normal zur mittleren Flammenfront steht, zu:

$$\frac{dm_E}{dt} = \rho_{uv}\, A_F\, u_E \tag{6.2}$$

Um den Eindringmassenstrom dm_E/dt berechnen zu können, wird die Flammenoberfläche A_F in Abhängigkeit vom Volumen der verbrannten Zone benötigt. Ausgangspunkt und Zentrum der als hemisphärisch angenommenen Flammenausbreitung ist die Zündkerze. Ist die Zündkerze auf der Zylinderbohrungsachse angeordnet, besteht die Möglichkeit die Flammenoberfläche analytisch aus dem Volumen der angenommenen Kugel zu berechnen. Für außermittige Zündkerzenpositionen muss der Zusammenhang iterativ gelöst werden [52].

Die Berechnung des Kraftstoffmassenumsatzes erfolgt mit der Masse der Flammenzone und der charakteristischen Brennzeit τ_l, der Zeit, die für den vollständigen Umsatz eines Gemischballens vergeht. Damit ergibt sich der thermodynamische Zonenübergang vom Unverbrannten ins Verbrannte zu:

$$\frac{dm_v}{dt} = -\frac{dm_{uv}}{dt} = \frac{dm_B}{d\varphi}\frac{d\varphi}{dt} = \frac{m_F}{\tau_l} \qquad (6.3)$$

Die Masse in der Flammenzone wird mit m_F bezeichnet und aus der Differenz von zugeführtem und abgeführtem Massenstrom berechnet:

$$\frac{dm_F}{dt} = \frac{dm_E}{dt} - \frac{dm_v}{dt} \qquad (6.4)$$

Für die Umsetzung eines Gemischballens der Größe l_T wird die charakteristische Brennzeit τ_T benötigt:

$$\tau_L = \frac{l_T}{s_L} \qquad (6.5)$$

Die Taylor-Mikrolänge l_T wird mit der turbulenten Schwankungsgeschwindigkeit u_T, dem integralen Längenmaß l (siehe Kapitel 3.1) und der turbulenten kinematischen Viskosität ν_T modelliert:

$$l_T = \sqrt{15\,\frac{\nu_T\,l}{u_T}} \qquad (6.6)$$

Für die laminare Brenngeschwindigkeit wurde folgende Gleichung verwendet [52], wobei der Index 0 den Normzustand (298 K, 1.013 bar) kennzeichnet:

$$s_L = s_{L,0}\left(\frac{T}{T_0}\right)^{\alpha}\left(\frac{p}{p_0}\right)^{\beta}\left(1 - 2.06\,x_{R,st}^{\xi}\right) \qquad (6.7)$$

mit dem Restgasexponenten ξ und:

$$s_{L,0} = 0.305 - 0.549\left(\frac{1}{\lambda} - 1.21\right)^2$$

$$\alpha = 2.18 - 0.8\left(\frac{1}{\lambda} - 1\right)$$

$$\beta = -0.16 + 0.22\left(\frac{1}{\lambda} - 1\right)$$

Zur Berücksichtigung des Restgaseinflusses ist bei Berechnung der laminaren Brenngeschwindigkeit nur das stöchiometrisch verbrannte Restgas zu verwenden. Dies berücksichtigt die Tatsache, dass bei überstöchiometrischer Verbrennung das rückgeführte Restgas aus dem vorigen Arbeitsspiel noch unverbrannte Luftanteile enthält [87]. Für den Restgasexponenten wurde der Wert von Grill [52] von 0.973 übernommen, dessen Verwendung die besten Ergebnisse an beiden untersuchten Motoren aufweist.

Die Abstimmung aller Koeffizienten des Entrainment-Verbrennungsmodells erfolgte mit Hilfe der zweizonigen Druckverlaufsanalyse und Arbeitsprozessrechnung. Zur Beurteilung wurden neben den Brennverläufen die Druckverläufe verwendet. Abbildung 6.1 (rechts) zeigt für einen Lastschnitt des Einzylindermotors bei einer Drehzahl von 2000 min^{-1} drei simulierte Brennverläufe im Vergleich zu denen einer zweizonigen Druckverlaufsanalyse (Messung) und den sich bei Nutzung des Entrainment-Modells (Simulation) ergebenden Fehler im Hochdruckmitteldruck (links).

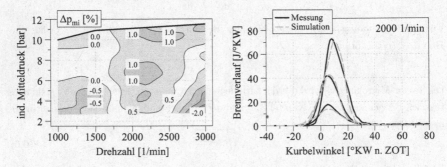

Abbildung 6.1: Abweichung im Hochdruckmitteldruck (links) und Brennverläufe bei drei Laststufen und 2000 min^{-1} (rechts) bei Verwendung des mit konstanten Parametern abgestimmten Entrainment-Modells gegenüber der Messung/Druckverlaufsanalyse des Einzylindermotors

Zur Validierung und Übertragung des am Einzylindermotor abgestimmten Verbrennungsmodells wurden Fahrzeugmessungen durchgeführt. In Abbildung 6.2 ist der Vergleich der Brennverläufe in einem Lastschnitt bei 2000 min^{-1} und die Abweichungen im Hochdruckmitteldruck dargestellt. Bei beiden Motoren ist der Fehler in einem weiten Bereich kleiner als 2 %. Auffällig ist, dass die Anpassung der Brennverläufe beim Vollmotor bessere Ergebnisse liefert als beim Einzylindermotor. Dies liegt an der besonderen Kolbenform des Einzylindermotors, die einen Brennraum schafft, der von einer scheibenförmigen Gestalt abweicht und damit eine komplexere Flammenfrontberechnung erfordert, um eine bessere Abbildung zu erreichen.

Abbildung 6.3 zeigt eine Messung der für den Einzylindermotor gewählten Steuerzeitenstrategie (siehe Kapitel 5.2) zur Einstellung von Luftmasse und Restgasgehalt. In dieser Messung mit einem indizierten Mitteldruck von 3 bar ist die Entdrosselung durch

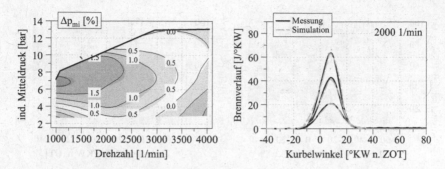

Abbildung 6.2: Abweichung im Hochdruckmitteldruck (links) und Brennverläufe bei drei Laststufen und 2000 min^{-1} (rechts) bei Verwendung des mit konstanten Parametern abgestimmten Entrainment-Modells gegenüber der Messung/Druckverlaufsanalyse des Vollmotors

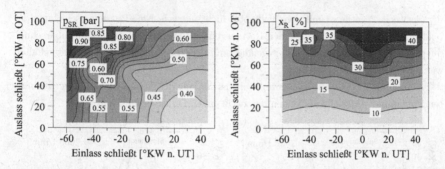

Abbildung 6.3: Saugrohrdruck (links) und Restgasgehalt (rechts) am Einzylindermotor bei 2000 min^{-1} und 3 bar p_{mi}

frühes Schließen der Einlassventile und spätes Schließen der Auslassventile - Erhöhung des Restgasanteils - gut am steigenden Saugrohrdruck zu erkennen.

Die Abweichung im Hochdruckmitteldruck im Vergleich zur Messung bei Verwendung des Entrainment-Modells sind in Abbildung 6.4 zu sehen. Im linken Teil der Abbildung sind der indizierte Verbrauch der Hochdruckschleife bezogen auf den Zustand bei „Einlassventil öffnet" 25°KW nach UT und „Auslassventil schließt" 25°KW nach OT bei Verwendung des Brennverlaufes der Druckverlaufsanalyse (Graustufen) und bei Nutzung des Entrainment-Modells (Isolinien) dargestellt. Die Verbrauchsreduzierung wird sehr gut wiedergegeben. Die Fehler des Modells nehmen in Richtung früher Einlasssteuerzeiten zu, bleiben aber insgesamt unter 4 %. Eine unabhängige Verstellung von Öffnungs- und Schließ-Zeitpunkt

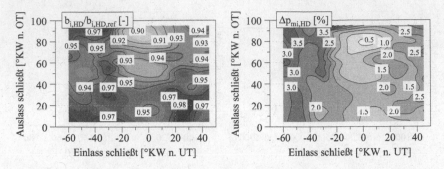

Abbildung 6.4: Indizierter Verbrauch der Hochdruckschleife und Abweichung im Hochdruckmitteldruck bei Verwendung des mit konstanten Parametern abgestimmten Entrainment-Modells gegenüber der Messung am Einzylindermotor bei 2000 min^{-1} und 3 bar p_{mi}

der Gaswechselventile ist mit dem Vollmotor nicht möglich. Eine Phasenverschiebung der beiden Nockenwellen beeinflusst den Restgasgehalt durch zunehmende Ventilüberschneidung. Bei aktiver Verbrennungslageregelung kann der 50%-Umsatzpunkt konstant gehalten werden.

Abbildung 6.5 zeigt die sehr gute Übereinstimmung der Brennverläufe des abgestimmten Entrainment-Modells mit denen der zweizonigen Druckverlaufsanalyse.

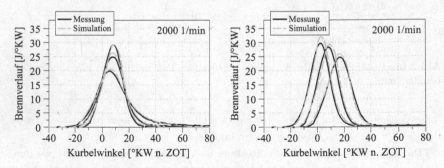

Abbildung 6.5: Brennverläufe des mit konstanten Parametern abgestimmten Entrainment-Modells bei drei Restgasgehalten (links) und drei Verbrennungslagen (rechts) im Vergleich zur zweizonigen Druckverlaufsanalyse des Vollmotors

Während der Erhöhung des Restgasgehaltes von 12 % auf 25 % und 35 % wurde der 50%-Umsatzpunkt auf 8°KW nach ZOT geregelt (links). Der zunehmende Ausbrand wird durch das Entrainment-Modell sehr gut wiedergegeben. Die Verschiebung der Verbrennungslage von 8°KW nach ZOT auf 2°KW nach ZOT und 17°KW nach ZOT bei konstanter Ventilüberschneidung (rechts) kann durch das Modell ebenfalls gut nachgebildet werden. Das Entrainment-Modell eignet sich sehr gut zur Beschreibung des Brennverlaufes beider Motoren.

Der 50%-Umsatzpunkt ist eine Modelleingangsgröße zur Charakterisierung der Verbrennungslage [53]. Der Zündzeitpunkt wird iterativ berechnet, was den Einfluss von Korrekturtermen zur Kompensation von Modellfehlern in der ersten Verbrennungsphase auf diese frühe Phase der Verbrennung beschränkt [135]. Wirkungsgrad und Mitteldruck werden nur gering beeinflusst.

Die Iteration bewirkt aber eine drastische Zunahme der Rechenzeit des Gesamtmodells und eine Abhängigkeit vom Betriebspunkt. Je besser der modellierte Zündzeitpunkt zur Messung passt, desto weniger Iterationsschritte sind nötig. Die Rechenzeitzunahme durch Nutzung des Entrainment-Modells ohne Zündzeitpunktiteration im Vergleich zu einer zweizonigen Arbeitsprozessrechnung ohne Verbrennungsmodell entspricht auf dem verwendeten RCP-System ca. 22 ms (siehe Kapitel 4.2). Damit ist eine direkte Nutzung dieses Modells zur Verbrennungsoptimierung nicht zielführend.

6.1.2 Empirische Modellierung der ottomotorischen Verbrennung

Da das phänomenologische Entrainment-Verbrennungsmodell für die steuergerätetaugliche Anwendung in dieser Arbeit zu rechenaufwendig ist, muss auf einfachere Brennverlaufsmodelle zurückgegriffen werden.

Fremdzündung

Von Vibe stammt das am weitesten verbreitete Modell zur Beschreibung der Verbrennung [177]. Zur Parametrierung der mathematischen Funktion müssen der Verbrennungsbeginn φ_{VB}, die Brenndauer φ_{VD}, der Formfaktor m und die umgesetzte Wärmemenge $Q_{B,um}$ angegeben werden. Der Brennverlauf ergibt sich zu:

$$\frac{dQ_B}{d\varphi} = \frac{Q_{B,um}}{\varphi_{VD}} \, \bar{a} \, (m+1) \, y^m \, e^{\left(-a \, y^{(m+1)}\right)} \tag{6.8}$$

mit

$$y = \frac{\varphi - \varphi_{VB}}{\varphi_{VD}} \qquad \varphi_{VB} \leq \varphi \leq (\varphi_{VB} + \varphi_{VD}) \tag{6.9}$$

Dabei ist die gesamte freigesetzte Wärmemenge aus dem Produkt der im Brennraum umgesetzten Kraftstoffmasse und dem unteren Heizwert H_u zu berechnen.

$$Q_{B,um} = m_{B,um}\, H_u \qquad\qquad (6.10)$$

Der Faktor a ergibt sich aus der Forderung, dass zum Ende der Verbrennung ein bestimmter Prozentsatz der zugeführten Energie umgesetzt ist. Für einen Umsatz von 99.9 % ist $a = 6.908$.

Bei der Anpassung des Ersatzbrennverlaufes an den Brennverlauf aus der Druckverlaufsanalyse sollte darauf geachtet werden, dass Druck- und Temperaturverlauf der Arbeitsprozessrechnung und der Druckverlaufsanalyse möglichst wenig voneinander abweichen. Durch die einfache Form des Ersatzbrennverlaufes mit nur drei Parametern ist es nicht möglich, die zeitliche Energiefreisetzung in allen Bereichen exakt wiederzugeben. Die steigende Flanke nach dem Einsetzen der Verbrennung ist steiler. Es wird in dieser Phase mehr Energie im Vergleich zur Messung/Druckverlaufsanalyse umgesetzt. Vor dem Brennverlaufsmaximum drehen sich die Verhältnisse um. Das Maximum des Ersatzbrennverlaufes ist niedriger als das Ergebnis der Druckverlaufsanalyse. Vor allem bei sehr niedrigen Lasten fällt auf, dass der Ausbrand im Modell zu hohe Werte aufweist. Da die exakte Nachbildung nicht möglich ist, muss vielmehr der Verlauf der Energieumsetzung so angepasst werden, dass Lage und Höhe des Druck- und Temperaturmaximums übereinstimmen. Eine wichtige Größe neben Spitzendruck und -temperatur zur Beurteilung des Anpassungsergebnisses ist die Temperatur am Ende der Hochdruckphase. Diese Größe kann als Ausgangsbasis zur Modellierung der Temperatur im Abgasstrang verwendet werden, die innerhalb der Motorsteuerung zum Schutz des Abgasturboladers und des Katalysators benutzt wird. Ein weiteres wichtiges Kriterium ist die Abweichung des indizierten Hochdruckmitteldruckes der Arbeitsprozessrechnung von der Indizierung.

Eine analytische Bestimmung der Vibe-Parameter, ausgehend von charakteristischen Umsatzpunkten des Brennverlaufes (10%-, 50%-, 90%-Umsatzpunkt) [52], eignet sich besser für die Online-Anwendung als die Anpassung im Bereich zwischen 10%- und 90%-Umsatzpunkt mit linearen Optimierungsverfahren (Methode der kleinsten Fehlerquadrate). Die Ergebnisse der analytischen und der geometrischen Parametrisierung sind vergleichbar, während ein Gleichsetzen von gemessenem Brennbeginn und -ende nicht sinnvoll ist. Die Möglichkeit, die Parameter im laufenden Betrieb zu bestimmen, ermöglicht das Adaptieren des Modellbrennverlaufes an die Messung.

Die Bestimmung der Parameter der Vibe-Ersatzbrennverläufe erfolgt analytisch aufgrund der Adaptionsmöglichkeit und der anschaulichen Nutzung von Umsatzpunkten des

Brennverlaufes. Der folgende Vergleich von drei Ersatzbrennverläufen zeigt, welche Ersatz-
brennverlaufsform für die Online-Anwendung auf dem RCP-System am besten geeignet ist.
Neben dem Vibe-Ersatzbrennverlauf finden ein modifizierter Vibe-Ersatzbrennverlauf und
ein Vibe-Hyperbel-Ersatzbrennverlauf Anwendung.

Abbildung 6.6 (links) zeigt den Vergleich von Messung und Vibe-Ersatzbrennverlauf
mit analytischer Bestimmung der Parameter. Eine Absenkung des Maximums des Ersatzbrennverlaufes und Verschiebung der Lage nach vorn führt zu einer veränderten zeitlichen
Energieumsetzung (siehe Abbildung 6.6 (Mitte)).

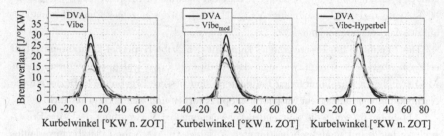

Abbildung 6.6: Vergleich Brennverlauf der Druckverlaufsanalyse mit Vibe-,
modifiziertem Vibe- und Vibe-Hyperbel-Ersatzbrennverlauf bei verschiedenen
Restgasgehalten am Einzylindermotor

Der Bereich des steilen Anstiegs bis zum Maximum wird besser, während der erste
Anstieg nach Verbrennungsbeginn schlechter wiedergegeben wird. Die Lage des 50%-
Umsatzpunktes des modifizierten Vibe-Ersatzbrennverlaufes stimmt mit der Druckverlaufsanalyse überein. Um den zunehmend verschleppten Brennverlauf bei hohen Restgasgehalten
besser abbilden zu können, wird ein Vibe-Hyperbel-Ersatzbrennverlauf (6.11) in Anlehnung an Barba [7] mit dem Vibe-Ersatzbrennverlauf verglichen. Abbildung 6.6 (rechts)
zeigt deutlich, dass durch den Vibe-Hyperbel-Ersatzbrennverlauf der Brennverlauf der
Druckverlaufsanalyse besser nachgebildet wird als mit einer einfachen Vibe-Funktion.

Der erste Teil der Verbrennung des ursprünglich für Dieselmotoren entwickelten Modells
wird durch den Vibe-Brennverlauf beschrieben, der Ausbrand durch eine Hyperbel angenähert. Als Übergangsbedingung wird gefordert, dass der Funktionswert beider Funktionen
im Übergangspunkt - 1.3 mal Lage maximaler Brennverlauf - gleich ist.

$$\frac{dQ_{B,VH}}{d\varphi} = Q_V \ a \ (m+1) \ y^m \ e^{\left(-a \ y^{(m+1)}\right)} \tag{6.11}$$

$$= h_3 + h_1 \ (\varphi - \varphi_{VB})^{h_2}$$

Da der Vibe-Verlauf nur bis zum Übergangspunkt verwendet wird, sind dessen Verbrennungsdauer $\Delta\varphi_{VD,V}$ und die umgesetzte Menge Q_V nur fiktive Größen ohne direkten Bezug zu realer Verbrennungsdauer und Kraftstoffmenge. Barba [7] verwendet zur Bestimmung der neun Parameter ein nichtlineares Gleichungssystem, das numerisch gelöst werden muss. Die meisten Parameter sind abstrakte Größen ohne direkten anschaulichen Bezug. Daher werden die Parameter des Ersatzbrennverlaufes so bestimmt, dass Verbrennungskenngrößen des Ersatzbrennverlaufes mit denen der Messung ubereinstimmen. Das Verbrennungsmodell beschreibt genau diese Verbrennungskenngrößen - Verbrennungsbeginn φ_{VB}, maximale Brennrate $dQ_{B,max}$, Lage der maximalen Brennrate $\Delta\varphi_{dQB,max}$, Lage 50%- $\Delta\varphi_{B50}$ und 90%-Umsatzpunkt $\Delta\varphi_{B90}$ [7]. Die Lage der einzelnen Punkte bezieht sich auf den Verbrennungsbeginn.

Das Maximum des Brennverlaufes kann mit dem Vibe-Hyperbel-Ersatzbrennverlauf sehr gut abgebildet werden, wie auch der Ausbrand bei verschleppten Verbrennungen. Mit der höheren Anzahl an freien Parametern sind bessere Ergebnisse in Bezug auf die Nachbildung von indiziertem Mitteldruck, Spitzendruck und -temperatur möglich.

Abbildung 6.7 zeigt die Spitzendruckabweichung bei Verwendung des Vibe-Ersatzbrennverlaufes mit analytisch bestimmten Parametern, des Vibe-Ersatzbrennverlaufes mit modifizierten Parametern (Absenkung des Maximums, Verschiebung der Lage des Maximums) und des Vibe-Hyperbel-Ersatzbrennverlaufes bei der gewählten Steuerzeitenstrategie zur Einstellung von Luftmasse und Restgasgehalt (vgl. Abbildung 6.3).

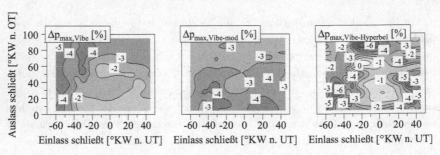

Abbildung 6.7: Abweichung im Spitzendruck bei Verwendung des Vibe-Ersatzbrennverlaufes (links/Mitte) bzw. des Vibe-Hyperbel-Ersatzbrennverlaufes (rechts) bei verschiedenen Restgasgehalten gegenüber der Messung am Einzylindermotor bei 2000 min^{-1} und 3 bar p$_{mi}$

Mit Verwendung des Vibe-Ersatzbrennverlaufes sowohl mit analytischen als auch angepassten Parametern wird der Spitzendruck sehr gut wiedergegeben. Über den ganzen Bereich der Steuerzeitenverstellung sind die Ergebnisse des Vibe-Hyperbel-Ersatzbrennverlaufes in Bezug auf den Spitzendruck kaum besser. Der mittlere Teil dieser Abbildung zeigt, dass mit der Anpassung der Parameter des Vibe-Ersatzbrennverlaufes Abstimmungs-ergebnisse möglich sind, die den Spitzendruck besser wiedergeben. Insgesamt werden bereits mit der Einfach-Vibe-Funktion gute Ergebnisse erreicht. In Abbildung 6.8 ist der Spitzendruckvergleich im Last-Drehzahl-Kennfeld dargestellt.

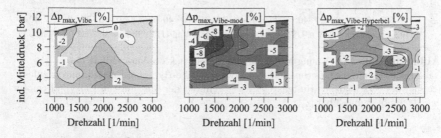

Abbildung 6.8: Abweichung im Spitzendruck bei Verwendung des Vibe-Ersatzbrennverlaufes (links/Mitte) bzw. des Vibe-Hyperbel-Ersatzbrennverlaufes (rechts) am Einzylindermotor

Bei Verwendung des Vibe-Brennverlaufes wird die Messung sehr gut nachgebildet. Die Nutzung des angepassten Vibe-Ersatzbrennverlaufes führt zu einer Abweichung von mehr als 3 %. Im oberen Kennfeldbereich ergeben sich schlechtere Ergebnisse. Wird anstelle der Vibe-Funktion die zusammengesetzte Vibe-Hyperbel-Funktion genutzt, ergeben sich Spitzendruckabweichungen bis zu 5 % im gesamten Kennfeld.

Abbildung 6.9 zeigt den Fehler im Hochdruckmitteldruck bei Verwendung des Vibe-(links), des angepassten Vibe- (Mitte) und des Vibe-Hyperbel-Ersatzbrennverlaufes (rechts) im Vergleich zur Messung. Bei Verwendung des Vibe-Brennverlaufes liegt die Differenz unter 2.5 %. Die Ergebnisse des Vibe-Brennverlaufes mit angepassten Parametern sind geringfügig besser. Lediglich der Bereich Frühen-Einlass-Schließens und Späten-Auslass-Schließens liefert höhere Abweichungen. Die Mitteldruckabweichungen bei Nutzung der Vibe-Hyperbel-Funktion sind in einem weiten Kennfeldbereich ähnlich gut wie bei Verwendung der Vibe-Funktion. In Abbildung 6.10 ist der Fehler im Mitteldruck durch Nutzung des Vibe-Ersatzbrennverlaufes (links), des Vibe-Ersatzbrennverlaufes mit angepassten Parametern (Mitte) und des Vibe-Hyperbel-Ersatzbrennverlaufes im Last-Drehzahl-Kennfeld dargestellt. Beide Vibe-Funktionen führen zu sehr guten Ergebnissen von unter 1 % Abweichung. Die Vibe-Hyperbel-Funktion liefert geringfügig schlechtere Ergebnisse.

Abbildung 6.11 zeigt die Nachbildung der Temperatur beim Öffnen der Auslassventile (Isolinien). Die Temperatur aus der Druckverlaufsanalyse ist als farbliche Fläche darunter

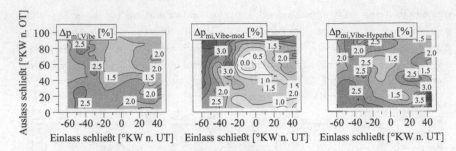

Abbildung 6.9: Abweichung im Hochdruckmitteldruck bei Verwendung des Vibe-Ersatzbrennverlaufes (links/Mitte) bzw. des Vibe-Hyperbel-Ersatzbrennverlaufes (rechts) bei verschiedenen Restgasgehalten gegenüber der Messung am Einzylindermotor bei 2000 min^{-1} und 3 bar p_{mi}

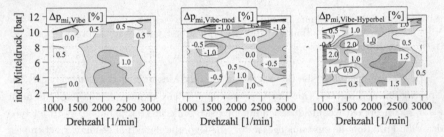

Abbildung 6.10: Abweichung im Hochdruckmitteldruck bei Verwendung des Vibe-Ersatzbrennverlauf (links/Mitte) bzw. Vibe-Hyperbel-Ersatzbrennverlauf (rechts) am Einzylindermotor

abgebildet. Die Nachbildung der Temperatur beim Öffnen der Auslassventile zeigt, dass mit allen drei Ersatzbrennverläufen gute Ergebnisse erreicht werden. Die Tendenzen werden richtig wiedergegeben. Eine maximale Abweichung im gesamten Verstellbereich kleiner 50 K wird auch mit der komplexeren Vibe-Hyperbel-Funktion nicht erreicht. Im Last-Drehzahl-Kennfeld ergeben sich ähnliche Verhältnisse. Die Temperatur wird bei Nutzung aller drei Modelle gut wiedergegeben, wie Abbildung 6.12 verdeutlicht.

Insgesamt zeigt sich, dass mit der Vibe-Funktion sehr gute Ergebnisse im gesamten Kennfeldbereich als auch mit hoher interner Abgasrückführung erreicht werden. Die Anpassung der Vibe-Parameter führt zu einer Verbesserung der Abbildung des indizierten Mitteldruckes bei geänderten Steuerzeiten und niedriger Last. Obwohl der Brennverlauf durch die Vibe-Hyperbel-Funktion besser wiedergegeben wird, ist keine durchgängige

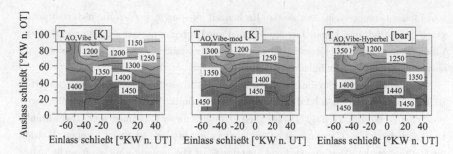

Abbildung 6.11: Temperatur bei „Auslass öffnet" bei Verwendung des Vibe-Ersatzbrennverlauf (links/Mitte) bzw. Vibe-Hyperbel-Ersatzbrennverlauf (rechts) bei verschiedenen Restgasgehalten am Einzylindermotor bei 2000 min^{-1} und 3 bar p_{mi}

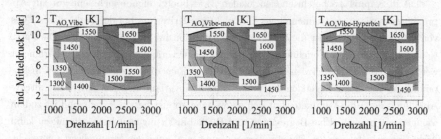

Abbildung 6.12: Temperatur bei „Auslass öffnet" bei Verwendung des Vibe-Ersatzbrennverlaufes (links/Mitte) bzw. des Vibe-Hyperbel-Ersatzbrennverlaufes (rechts) am Einzylindermotor

Verbesserung in den Kennwerten zu erkennen. Ein weiterer Vorteil der Vibe-Funktion besteht in der Möglichkeit, die Parameter analytisch bestimmen zu können. Die Ermittlung der neun Parameter des Vibe-Hyperbel-Ersatzbrennverlaufes wie auch die Anpassung der Vibe-Parameter an eine geänderte Lage und Betrag des maximalen Brennverlaufes führen zu einem nichtlinearen Gleichungssystem, das numerisch gelöst werden muss. Damit ist es nicht mehr möglich, die Parameter innerhalb des Motormanagementsystems zu bestimmen, um das Modell für die Änderung der Parameter bei geänderten Randbedingungen online zu adaptieren.

Für die weiteren Betrachtungen zum Brennverlaufsmodell wird der Vibe-Ersatzbrennverlauf verwendet. Eingangsgrößen sind die charakteristischen Umsatzpunkte des Brennverlaufes (10%-, 50%-, 90%-Umsatzpunkt). Die Umsatzpunkte werden zu jedem Modellaufruf online in die passenden Vibe-Parameter umgerechnet. Diese Vorgehensweise hat sich als sehr robust herausgestellt. Um weitere Rechenzeit zu sparen, werden die rechenaufwendigen Exponential- und Logarithmenfunktionen zur Umrechnung der Umsatzpunkte in die Vibe-Parameter und die folgende Berechnung des Ersatzbrennverlaufes durch Interpolationskennfelder bzw. -kennlinien angenähert.

Als Modell zur Beschreibung der Parameter des Ersatzbrennverlaufes bei geänderten Randbedingungen werden häufig auf einen Referenzpunkt bezogene Einflussgleichungen verwendet [7, 65, 185, 27, 62, 171, 124]. Die Flexibilität dieser Gleichungen ist eingeschränkt. Die Möglichkeit, die Gleichungen online lokal zu adaptieren, ist nicht gegeben. Werden die Parameter der Gleichungen lokal angepasst, ist die globale Gültigkeit nicht weiter gewährleistet. Lediglich eine Anpassung des Referenzpunktes vor der Optimierung ist möglich. Die Gültigkeit dieser Vorgehensweise, vor allem die Gültigkeit der Gleichungen bei geänderten Referenzpunkten, muss zuvor geprüft werden.

Die in Kapitel 3.5 beschriebenen lokalen Modellnetze eignen sich sehr gut zur Approximation dieser Zusammenhänge. Ein wichtiges Kriterium bei der Wahl dieses Typs von neuronalen Netzen ist die Fähigkeit zur Adaption im laufenden Betrieb. Die Partitionierung des lokalen Modellnetzes wird online nicht verändert, lediglich die Parameter werden angepasst. Die lokalen Modellnetze beschreiben die charakteristischen Umsatzpunkte aus denen im Folgenden der Vibe-Ersatzbrennverlauf berechnet wird. Die direkte Abbildung der Vibe-Parameter hat sich als weniger robust herausgestellt und ist zudem weniger anschaulich. Eine Begrenzung und Plausibilisierung von Umsatzpunkten kann leicht eingearbeitet werden. Der 10%-Umsatzpunkt wird auf einen Minimalwert überwacht, während der Maximalwert eine applizierbare Differenz vom aktuellen 50%-Umsatzpunkt entfernt sein muss. In gleicher Weise wird der 90%-Umsatzpunkt plausibilisiert.

Im Verbrennungsmodell zur Beschreibung der Betriebspunktabhängigkeit der Umsatzpunkte werden folgende Eingangsgrößen berücksichtigt:

- Luftmasse

- Verbrennungsluftverhältnis

- Restgasgehalt

- Drehzahl

- Zündzeitpunkt bzw. 50%-Umsatzpunkt

- Zylinderdruck 60°KW vor ZOT

Als lastbeschreibende Größe dient die innerhalb dieser Motorsteuerung verfügbare Luftmasse. Die vom Verbrennungskoordinator gebildeten Führungsgrößen Luftmasse und

Restgasgehalt stellt die Ladungswechselsteuerung ein und erfasst die aktuellen Istzustände. Das gemessene Verbrennungsluftverhältnis liefert die Basiseinheit (siehe Abbildung 5.1). Der Zylinderdruck 60°KW vor ZOT berücksichtigt veränderte Bedingungen, hervorgerufen durch Saugrohrdruck und geänderte „Einlassventil schließt" Steuerzeiten.

Die Verbrennungslageregelung regelt in fremdgezündeten Betriebsarten den 50%-Umsatzpunkt des Heizverlaufes durch Verstellen des Zündzeitpunktes. Bei aktiver Regelung ist der Zündzeitpunkt kein freier Parameter, der durch die Betriebspunkt-Optimierung festzulegen ist. Je nach Anforderung von Verbrauch bzw. Wirkungsgrad und Klopfen ist die Verbrennungslage (50%-Umsatzpunkt) die freie zu optimierende Stellgröße. Der Zündzeitpunkt wird anschließend berechnet bzw. ist eine Eingangsgröße des Modells zur Beschreibung des 50%-Umsatzpunktes. Dieses Modell findet nur Anwendung, wenn die Verbrennungslageregelung zur Umsetzung der Ergebnisse der Optimierung nicht aktiviert werden kann und der Zündzeitpunkt eine Stellgröße darstellt.

Zur Berücksichtigung der Verbrennungslage in den Modellen des 10%- und 90%-Umsatzpunktes dient der 50%-Umsatzpunkt als Eingangsgröße. Dies hat den Vorteil, dass zur Optimierung die Verbrennungslage direkt anwendbar ist und nicht der Zündzeitpunkt als Stellgröße optimiert wird. Soll der Verbrennungslageregler in einem Betriebspunkt keinen Einsatz finden, ist der Zündzeitpunkt eine Größe der Optimierung. Das Modell des 50%-Umsatzpunktes dient in diesem Fall als Eingangsgröße der nachfolgenden Modelle. Die Verbrennungslage als direkte Eingangsgröße des Brennverlaufsmodells zu nutzen, ist vorteilhaft für die Modellierung des Brennverlaufes und vereinfacht diese. Weiterhin können die Modelle von 10%- und 90%-Umsatzpunkt mit und ohne aktive Verbrennungsregelung genutzt werden. Nachteilig ist, dass Ungenauigkeiten bei Nutzung des Modells des 50%-Umsatzpunktes die nachfolgenden Modelle beeinflussen. Aus diesem Grund findet für die Hauptanwendung der Optimierung mit aktiver Verbrennungslageregelung dieses Modell keine Anwendung. Stattdessen steht der Zündzeitpunkt als Modellausgangsgröße zur Verfügung, der der Anpassung der Vorsteuerung der Verbrennungslageregelung dient. Das entsprechende Modell beschleunigt lediglich die Umsetzung der Optimierungsergebnisse.

Wird die Verbrennungslage nach den zu definierenden Kriterien der Optimierung angepasst, ohne den passenden Zündzeitpunkt zu berechnen, und anschließend an die Verbrennungsregelung übergeben, vergehen mehr Arbeitsspiele zum Einregeln der Solllage, als würde der vorgesteuerte Zündzeitpunkt entsprechend mit übergeben. Im Idealfall passen 50%-Umsatzpunkt und Zündzeitpunkt exakt zusammen, was ein Eingreifen des Reglers nicht notwendig macht. Muss der Zündzeitpunkt während der Optimierung nicht überwacht und plausibilisiert werden, ist dessen Ermittlung nur einmal zum Ende der

Optimierungsphase notwendig. Das „Einsparen" eines Modells verkürzt entsprechend die Rechenzeit der Verbrennungsoptimierung.

Lokale Modellnetze ermöglichen das Einbringen von Vorwissen. Das abgestimmte Entrainment-Modell dient der Erzeugung von Trainingsdaten. Der aus der zweizonigen Arbeitsprozessrechnung errechnete Druckverlauf wird anschließend mit der Druckverlaufs-analyse in einen einzonigen Brennverlauf umgewandelt und die entsprechenden Verbren-nungskenngrößen ermittelt. Das Entrainment-Verbrennungsmodell ermöglicht ein syste-matisches Erzeugen von Trainingsdaten. Werden im letzten Schritt des Modelltrainings Messdaten anstelle von Simulationsergebnissen verwendet und die weitere Partitionierung gestoppt, erfolgt damit eine Anpassung an den realen Motor. Dieses Vorgehen beseitigt die Abweichungen vom phänomenologischen Entrainment-Modell zur Messung. Alternativ sind die erzeugten lokalen Modellnetze mit Messdaten zu adaptieren.

Dieses Vorgehen mag zunächst umständlich erscheinen. Die Tatsache, dass mit der hohen Anzahl an Trainingsdaten sehr robuste Verbrennungsmodelle entstehen, ohne eine komplette Rastervermessung des Motors zu benötigen, rechtfertigt den Aufwand. Für die folgenden Vergleiche finden zwei lokale Modellnetze mit je 85 lokal linearen Mo-dellen Anwendung. Eine zu hohe Anzahl Neuronen führt zu hohen Rechenzeiten und schlechten Ergebnissen in der Adaption. Es werden gewissermaßen die Trainingsdaten „auswendig gelernt". Diese scheinbare Verbesserung des Modells ist nicht erwünscht und konnte mit Hilfe der Adaption sehr zuverlässig entdeckt und beseitigt werden. Für die Modellierung der Verbrennung des Voll- und des Einzylindermotors dient ein mit dem Entrainment-Verbrennungsmodell erzeugter Trainingsdatensatz, der den Verstellbereich der Nockenwellen-Phasensteller des Vollmotors abdeckt. Luftmasse und Verbrennungsluft-verhältnis spiegeln die Extremwerte beider Motoren wider.

Abbildung 6.13 zeigt die Ergebnisse in Form der Abweichung im indizierten Mitteldruck und Spitzendruck bei 2000 min^{-1} und 3 bar p_{mi} am Einzylindermotor. Frühere Einlass-und spätere Auslasssteuerzeiten als hier dargestellt, kann das Modell nicht abbilden. Das dem Modelltraining anschließende Einsetzen von gemessenen Daten führt im Vergleich zum Entrainment-Modell zu besseren Ergebnisse (vgl. Abbildung 6.4). Der Fehler im Spitzendruck liegt im darstellbaren Bereich unter 3 %, der des Mitteldruckes unter 0.5 %.

Abbildung 6.14 stellt die Abweichungen des indizierten Verbrauches, der Spitzentem-peratur und die Abweichung der Temperatur bei beim Öffnen der Ausassventile dar. Die Abweichung im indizierten Verbrauch unterhalb von 0.5 % zeigt, dass das Modell für eine Verbrauchsoptimierung sehr gut geeignet ist. Die Zylindertemperatur wird ebenfalls gut abgebildet, was an der geringen Abweichung von Spitzentemperatur und Temperatur bei „Auslassventil öffnet" von unter 30 K erkennbar ist.

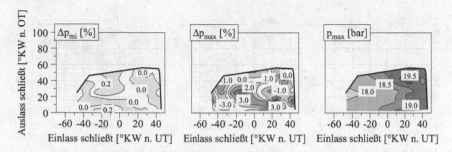

Abbildung 6.13: Abweichung im Hochdruckmitteldruck (links), Spitzendruck (Mitte) bei Verwendung des Vibe-Ersatzbrennverlaufsmodells am Einzylindermotor bei 2000 min^{-1} und 3 bar p_{mi} und Spitzendruck der Messung (rechts)

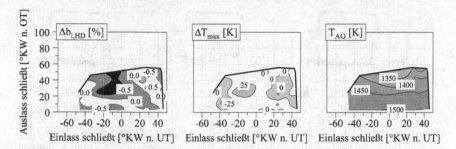

Abbildung 6.14: Abweichung im indizierten Verbrauch (links), Spitzentemperatur (Mitte) und Temperatur bei „Auslassventil öffnet" (rechts) bei Verwendung des Vibe-Ersatzbrennverlaufsmodells am Einzylindermotor bei 2000 min^{-1} und 3 bar p_{mi}

Abbildung 6.15 zeigt die Abweichung im Mitteldruck, der im gesamten Kennfeld unter 0.5 % liegt, und den Spitzendruck, den das Modell mit einer Genauigkeit von 5 % abbildet. Wie bereits an den Brennverläufen in Abbildung 6.1 und Abbildung 6.2 zu erkennen, kann das mit konstantem Parametersatz abgestimmte Entrainment-Verbrennungsmodell die zweizonige Druckverlaufsanalyse des Vollmotors besser wiedergeben als die des Einzylindermotors. Die steigende Flanke des Brennverlaufes des Vollmotors ist im Vergleich zum Einzylinder flacher, was das Entrainment-Modell besser nachbilden kann. Die Verhältnisse bezüglich Mitteldruck, Spitzendruck und -temperatur sind bei Nutzung des Vibe-Ersatzbrennverlaufsmodells bei beiden Motoren ähnlich, weshalb an dieser Stelle auf eine Darstellung der Ergebnisse des Vollmotors verzichtet wird.

Abbildung 6.16 zeigt anhand einer Beschleunigungsmessung im Fahrzeug drei Möglichkeiten der Adaption der lokalen Modellnetze des Brennverlaufsmodells (siehe Kapitel 3.5).

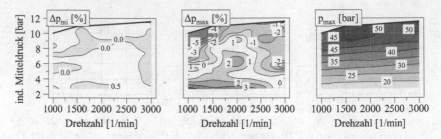

Abbildung 6.15: Abweichung im Hochdruckmitteldruck und Spitzendruck bei Verwendung des Vibe-Ersatzbrennverlaufsmodells am Einzylindermotor

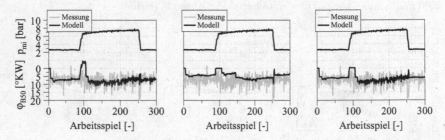

Abbildung 6.16: Adaption des Brennverlaufsmodells (alle LLM adaptieren - links, aktivsten LLM adaptieren - Mitte, alle LLM $\Phi_i > \Phi_{thr}$ adaptieren - rechts) am Vollmotor

Bei Erreichen eines stationären Zustandes startet die Adaption, was durch das Aufhalten der Messabweichung in einem applizierbaren Band erkannt wird. Während eines Betriebspunktwechsels, in diesem Fall der Last, stoppt die Adaption. Um das Potenzial der Adaption lokaler Modellnetze zu unterstreichen, erfolgte eine Bedatung der Parameter aller lokal linearen Modelle zu Null. Damit bleibt nur die Partitionierung des lokalen Modellnetzes. Das hier dargestellte Modell des 50%-Umsatzpunktes liefert als Ergebnis ohne Adaption in jedem Zustand Null. Die bleibende Abweichung zwischen Modell und Messung nimmt nach dem Start der Adaption schrittweise ab. Die Adaption startet, wenn ein stationärer Zustand erreicht und dieser für eine definierte Anzahl von Arbeitsspielen gehalten wird. Nach einem Adaptionsschritt müssen erneut diese Arbeitsspiele verstreichen, um den nächsten Schritt zu starten. Damit soll ein Einschwingen des Systems abgewartet werden. Eine weitere Eingriffsmöglichkeit zur Beeinflussung der Geschwindigkeit der Adaption ist die Wahl des zu adaptierenden Anteils der bleibenden Abweichung. Dieser ist hier mit 85 % relativ hoch gewählt, um eine schnelle Adaption zu erreichen.

Die aktive Verbrennungslageregelung regelt in dieser Messung den 50%-Umsatzpunkt auf 8°KW nach ZOT. Die Kovarianz-Matritx $\underline{P}_i(0)$ ist mit dem Startwert eins und der Vergessensfaktor λ_i zu 0.99 initialisiert (siehe Kapitel 3.5). Im linken Teil von Abbildung 6.16 erfolgt zu jedem Schritt eine Adaption aller lokal linearen Modelle. Der Mittelwert der Messung wird sehr schnell erreicht. Nach dem Lastwechsel ist der Ausgang nicht Null, wie im Ausgangszustand, sondern negativ. Die Adaption des niedrigen Lastpunktes führt zu einer Beeinflussung von lokal gültigen Teilmodellen, die im hohen Lastpunkt einen starken Einfluss auf dessen Ergebnis haben. Nach der Adaption des hohen Lastpunktes und Wegnahme der Last ist keine erneute Adaption notwendig. Eine schnelle Konvergenz wird erreicht mit dem Risiko eines instabilen Verhaltens. Im mittleren Teil des Bildes werden nur die „aktivsten" Teilmodelle, d.h. die Modelle deren Zugehörigkeitsfunktion den größten Wert hat, adaptiert. Eine Instabilität und das „Lernen in die falsche Richtung" unterbleibt. Allerdings läuft die Adaption sehr langsam ab. Beim erneuten Erreichen des niedrigen Lastpunktes nach dem Lastsprung ist eine weitere Adaption notwendig. Den Kompromiss, die Mischung beider Varianten, zeigt der rechte Bildteil. Es werden nur die Teilmodelle in der Nähe des aktuellen Eingangs adaptiert deren Gültigkeitswert größer als ein Schwellwert ($\Phi_i > \Phi_{thr}$) ist. Bereits die Nutzung eines Schwellwertes $\Phi_{thr} \geq 0.05$ verhindert in diesem Fall die Beeinflussung des hohen Lastpunktes. Für die Anwendung im Fahrzeug findet die in Kapitel 3.5 beschriebene Mischung aus Variante zwei und drei Verwendung: Überschreitet keine Zugehörigkeitsfunktion den Schwellwert Φ_{thr}, wird nur das „aktivste" Teilmodell adaptiert.

Das Modell des 50%-Umsatzpunktes verwendet die oben beschriebenen sechs Eingangsgrößen (siehe S. 88) bei 100 lokal linearen Modellen. Die Partitionierung des mehrdimensionalen Modells in einem Schnitt von jeweils zwei Eingängen ist in Abbildung 6.17 dargestellt. Die markierten Kreise repräsentieren die Messpunkte der Beschleunigung (siehe Abbildung 6.16).

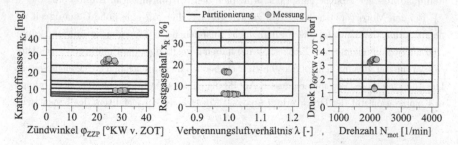

Abbildung 6.17: Partitionierung des lokalen Modellnetzes des 50%-Umsatzpunktes

Auffällig ist, dass in Richtung des Zündzeitpunktes keine Unterteilung notwendig ist. Das „Kippen" - unterschiedliche Steigung - der einzelnen Teilmodelle reicht aus, um die Zusammenhänge darzustellen. Bei kleiner Kraftstoffmasse und bei hohen Restgasgehalten werden relativ viele Teilmodelle verwendet.

Eine weitere zu untersuchende Möglichkeit zur Darstellung des Brennverlaufes ist dessen diskrete Abbildung mit Hilfe lokaler Modellnetze. Vorteilhaft ist diese Abbildung des Brennverlaufes, wenn eine einfache Ersatzbrennverlaufsfunktion nicht ausreicht. Weymann [182] verwendet zur Verringerung der Datenmenge das Hauptkomponentenverfahren. Reulein et al. [143, 108] beschreiben ein Verfahren, welches die gemessenen Brennverläufe auf eins normiert und auf ihren Schwerpunkt zentriert. Das Modell zur Abbildung der Verbrennungslage ist bereits vorhanden. Ein weiteres lokales Modellnetz wird benötigt, um den kurbelwinkelabhängigen Verlauf abzubilden. Neben den bereits beschriebenen Eingangsgrößen dient der Kurbelwinkel als quadratischer Eingang. Das Modell zur Abbildung des kurbelwinkelabhängigen Verlaufes von 25°KW vor ZOT bis 55°KW nach ZOT benötigt 100 lokal lineare Modelle, um den Brennverlauf ausreichend gut abzubilden. Zur Berechnung dieses Modells auf dem RCP-System sind ca. 35 ms erforderlich. Damit ist das Modell rechenaufwendiger als das Entrainment-Verbrennungsmodell und scheidet für diese Anwendung aus.

Das für die weiteren Untersuchungen gewählte Vibe-Ersatzbrennverlaufsmodell (10%-, 90%-Umsatzpunkt) hat 85 lokal lineare Modelle. Die Ausführung auf dem RCP-System benötigt weniger als 1 ms. Die zusätzliche Nutzung des Modells des Verbrennungsschwerpunktes oder des Zündzeitpunktes, die jeweils 100 lokal lineare Modelle beinhalten, führt zu einer Steigerung der Rechenzeit auf etwas mehr als 1 ms. Die hohe Abbildungsgenauigkeit bei geringer Rechenzeit beweist die Eignung des Vibe-Ersatzbrennverlaufsmodells für die Anwendung innerhalb der folgenden Optimierung. Auf die Verwendung lokal quadratischer Modelle statt lokal linearer wird hier verzichtet. Die Ergebnisse des Vergleichs lokal linearer und quadratischer Modelle entspricht prinzipiell den Ausführungen in Kapitel 6.2.

Bei den Motorversuchen hat sich zudem gezeigt, dass für eine hohe Genauigkeit eine Adaption der Umsatzpunkte allein nicht ausreichend ist. Vergleiche mit und ohne „100%-Iteration" (konstantes Luftverhältnis) haben gezeigt, dass die Einführung eines Umsatzwirkungsgrades für den kompletten Betriebsbereich die Abweichungen elegant beseitigt. Die Adaption dieses Parameters, dessen Abbildung ein lokalen Modellnetz realisiert, erfolgt in Kombination mit der Druckverlaufsanalyse. Abweichend zur Definition des Umsatzwirkungsgrades in Grill [52] und Vogt [178] wird hier nicht allein die unvollständige, sondern auch die unvollkommene Verbrennung berücksichtigt.

$$Q_{B,um} = m_{B,um} \, H_u \, \eta_u \qquad (6.12)$$

Zusätzlich könnten durch eine Erweiterung des Umsatzwirkungsgradmodells weitere Modellierungsvereinfachungen, die sich positiv auf die Rechengeschwindigkeit auswirken, ausgeglichen werden.

Selbstzündung

Die homogene Selbstzündung ist ein Brennverfahren, welches im Bereich kleiner bis mittlerer Lasten nutzbar ist [43]. Ein stark verdünntes Luft-Kraftstoff-Restgas-Gemisch wird bis zur Selbstzündung verdichtet. Zur Aufheizung der Zylinderladung dient heißes rückgeführtes Abgas. Bei Erreichen der Selbstzündungstemperatur, entflammt das Gemisch an vielen Orten gleichzeitig, was das Ausbilden einer Flammenfront und damit die Bildung von thermischem Stickoxid weitgehend verhindert. Im weiteren Kennfeldbereich ergänzt der stöchiometrisch fremdgezündete Betrieb die homogene Selbstzündung, da eine ausreichend hohe Ladungsverdünnung zu hohen Lasten nicht möglich ist.

Strategien zur Regelung der homogenen Selbstzündung wurden von Herrmann et al. [60], Kulzer et al. [97], Jelitto et al. [70], Grebe et al. [50], Fuerhapter et al. [45] bereits dargestellt. Die Herausforderungen in der Steuerbarkeit des Brennverfahrens liegen im fehlenden direkten Zugriff auf den Verbrennungsbeginn. Abhängig vom Verdichtungsverhältnis und der Abgastemperatur wird eine bestimmte Menge an Restgas benötigt, um die Selbstzündung einzuleiten. Je mehr heißes Restgas im Brennraum durch frühes Schließen der Auslassventile - Restgasrückhaltung - bzw. durch langes Öffnen der Auslassventile während des Ansaugvorgangs - Restgasrücksaugen - eingeschlossen ist, desto früher startet die Verbrennung. Andererseits sinkt durch die Erhöhung der Restgasmasse die mögliche Frischluftmasse und damit das Verbrennungsluftverhältnis. Ein Verbrennungsluftverhältnis größer eins ist für einen niedrigen Kraftstoffverbrauch anzustreben. Neben der benötigten Restgasmasse schränkt der Saugrohrdruck die Frischluftmasse ein. Während eine volumetrische Verknappung der Frischluft bei unabhängiger Einstellung von Öffnungs- und Schließ-Zeitpunkt der Einlassventile ohne Kompromisse umsetzbar ist, ist der Einsatz der Drosselklappe auch bei einfacheren Systemen möglich. Eine damit verbundene Erhöhung der Ladungswechselarbeit und folglich des Kraftstoffverbrauches fordert einen entdrosselten Betrieb. Der Einsatz der Direkteinspritzung kann zur Verbrennungssteuerung genutzt werden [60]. Die Lage

der Haupteinspritzung beeinflusst durch die Verdampfung des Kraftstoffs, und damit die
Absenkung der Gastemperatur, die Luftmasse. Das Einspritzen von Kraftstoff in die beim
Restgasrückhalten erzeugte Zwischenkompression beeinflusst die Gaszusammensetzung
und die -temperatur im Brennraum. Bei magerer Betriebsführung kommt es durch die
Voreinspritzung in die Zwischenkompression zu einer Temperaturerhöhung, was die Lage
der Hauptverbrennung beeinflusst [5, 60, 147]. Die Menge der Voreinspritzung dient, wie
in Kapitel 5.2 dargestellt, zur Regelung der Verbrennungslage. Die Kraftstoffumsetzung in
der Zwischenkompression beeinflusst durch die Erhöhung der Gastemperatur beim Öffnen
der Einlassventile die angesaugte Luftmasse und damit das Verbrennungsluftverhältnis.

Zur Verdeutlichung des Einflusses des Einspritzzeitpunktes ist in Abbildung 6.18 (links)
der Verlauf der Gastemperatur bei früher und später Haupteinspritzung dargestellt.

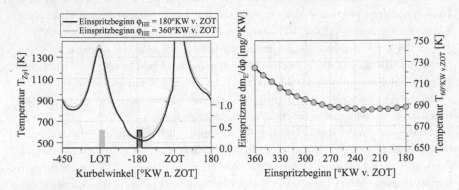

Abbildung 6.18: Einfluss des Einspritzzeitpunktes, Simulation am Einzylindermotor bei
2000 min^{-1} und 3 bar p$_{mi}$

Grundlage dieser Darstellung ist ein Einzonen-Modell. Die Eingangsgrößen des Modells entstammen der experimentellen Ermittlung am Einzylindermotor. Im Gegensatz zu
Sauer [147] wurde hier auf die Modellierung der Reaktionskinetik verzichtet. Die Druckverlaufsanalyse liefert den Brennverlauf, der für die Variation im rechten Teil der Abbildung
beibehalten wird. Der Einspritzvorgang und die damit verbundene Absenkung der Temperatur durch Verdampfung ist im Temperaturverlauf zu erkennen. Eine frühe Einspritzung
in die Zwischenkompression führt zu einer Temperaturerhöhung und damit verbunden
zu einem frühen Brennbeginn. Die Ursache dieser Temperaturerhöhung ist die Änderung
des Polytropenexponenten durch den eingespritzten Kraftstoff [147, 79]. Je früher einge-
spritzt wird, desto deutlicher ist der Einfluss des veränderten Polytropenexponenten und
dementsprechend höher die Temperatur am Ende der Kompression. Eine Einspritzung

bei geöffneten Einlassventilen („Einlassventil öffnet" 270°KW vor ZOT) beeinflusst die
Kompressionstemperatur nur noch gering. Beim Absetzen der Einspritzung vor dem oberen
Totpunkt, ist die Gastemperatur im LOT zunächst geringer. Die hohen Temperaturen
bewirken bei ausreichend vorhandenem Sauerstoff eine Umsetzung, was die Temperatur an-
hebt und zu einer früheren Verbrennungslage führt. Zur Verbrennungslageregelung kommt
ein zweigeteilter Einspritzvorgang zur Anwendung. Die Lage der Voreinspritzung beeinflusst
die Umsetzung in der Zwischenkompression und damit die Lage der Hauptverbrennung.

Abbildung 6.19 zeigt den Einfluss des Verbrennungsluftverhältnisses, der Ventilsteu-
erzeit „Auslassventil schließt", der Lage der Voreinspritzung in die Zwischenkompression
und der Massenaufteilung auf Vor- und Haupteinspritzung bei 2000 min^{-1} und 3 bar
indiziertem Mitteldruck anhand von Messdaten des Einzylindermotors.

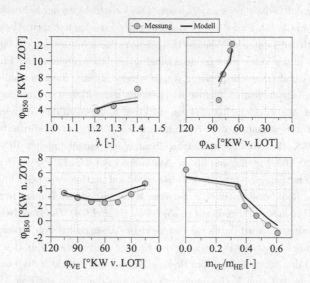

Abbildung 6.19: Einflussgrößen auf die Lage der Verbrennung im CAI-Modus am
Einzylindermotor bei 2000 min^{-1} und 3 bar p$_{mi}$

Diese Abbildung zeigt, dass die Lage der Voreinspritzung die Verbrennungslage beeinflusst. Je früher die Voreinspritzung bei konstantem Aufteilungsfaktor stattfindet, desto
besser ist dessen Aufbereitung und damit die entsprechende Umsetzung. Gegenläufigen
Effekt hat die Verringerung des Polytropenexponenten und damit der Kompressionstemperatur am Ende der Zwischenkompression. Während einerseits eine Frühverschiebung der
Einspritzung zu früheren Umsatzlagen der Verbrennung im Hochdruckteil führt, kehren sich

die Verhältnisse bei Einspritzbeginn 60°KW vor LOT um. Das Verbrennungsluftverhältnis und damit der Restsauerstoff nehmen mit früher Einspritzung ab, was die Vorreaktionen abschwächt und zu einer geringeren Wärmefreisetzung im Ladungswechseltakt führt. Durch die Wahl des Zeitpunktes der Voreinspritzung kann die Verbrennungslage sowohl nach vorn als auch nach hinten verschoben werden. Die Variation des Aufteilungsfaktors bei einer Voreinspritzlage von 40°KW vor LOT zeigt eine Frühverschiebung der Verbrennungslage durch Erhöhung des Anteils der Voreinspritzung. Im Vergleich zu einer Einfacheinspritzung kann der 50%-Umsatzpunkt bei gleicher Einspritzmenge durch eine Doppeleinspritzung mit 60 % Voreinspritzanteil um ca. 8°KW nach vorn verschoben werden. Eine höhere Luftmasse führt durch zunehmende Verdünnung der Füllung zur Absenkung der Brenngeschwindigkeit. Die verzögerte Verbrennung ist an der zunehmenden Verbrennungslage mit Erhöhung des Verbrennungsluftverhältnisses zu erkennen. Die Verschiebung des Schließt-Zeitpunktes der Auslassventile führt zu einer Verringerung der zurückgehaltenen Abgasmenge. Der Restgasgehalt wird durch die Verschiebung des Auslassschlusses um ca. 20 % reduziert, was deutlich in der Verbrennungslage erkennbar ist. Die Aufteilung der Einspritzmenge auf eine Vor- und Haupteinspritzung wurde bereits als eine Steuerungsmöglichkeit der Verbrennungslage dargestellt. Neben der rückgehaltenen Menge an Restgas durch frühes Schließen der Auslassventile hat dies den stärksten Einfluss auf die Verbrennungslage.

Zur Vorausberechnung der Verbrennungslage dient ein modifiziertes Klopfintegral [169, 159, 129, 130]. Modellierungsansätze mit eingebundener Reaktionskinetik [147, 132, 190, 165, 148, 39] sind für die Anwendung auf dem RCP-System zu rechenaufwendig. Untersuchungen eines Modells basierend auf mathematischen Funktionen ohne Nutzung der Reaktionskinetik [112] lieferten keine zufriedenstellenden Ergebnisse. Das verwendete Zündintegral basiert auf (6.55) (siehe Kapitel 6.4). Die Berechnungsgleichung der Zündverzugszeit wird durch ein Kennfeld in Abhängigkeit von Druck und Temperatur angenähert statt der Berechnung der Exponentialfunktion. Zur Beschreibung der Abhängigkeit der Selbstzündung vom Restgasgehalt, des Zeitpunktes der Funkenentladung der Zündkerze und vom Verbrennungsluftverhältnis dient ein weiterer Vorfaktor. Die Abhängigkeit von den genannten Größen beschreibt ein lokales Modellnetz. Erreicht das Zündintegral den Wert eins, erfolgt die Selbstentzündung der Zylinderladung. Aufbauend auf diesem Winkel folgt die Berechnung der Lage des 50%-Umsatzpunktes. Die Partitionierung des Modells wird von dem der Fremdzündung übernommen und entsprechend der höheren Restgasgehalte angepasst. Die Parameteroptimierung erfolgt mit Messdaten der Selbstzündung. Die Ergebnisse der Kombination beider Modelle sind in Abbildung 6.19 als schwarze Linien im Vergleich zu den Messdaten dargestellt. Die Abweichung von den Messergebnissen ist kleiner als 2°KW.

Abbildung 6.20 zeigt die Abweichung des indizierten Mitteldruckes zwischen Modell und Messung nach der Adaption des Verbrennungsmodells.

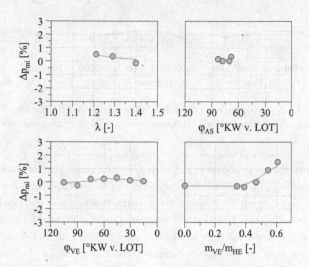

Abbildung 6.20: Abweichung im Hochdruckmitteldruck im CAI-Modus am Einzylindermotor bei 2000 min^{-1} und 3 bar p$_{mi}$

Beide Modellnetze (10%-, 90%-Umsatzpunkt) sind jeweils als adaptives Modell ausgeführt. Sind alle drei Umsatzpunkte (10%, 50%, 90%) aus der Messung bekannt, kann mittels der Vibe-Funktion der modellierte Verbrennungsbeginn bestimmt werden. Dieser Winkel dient der Adaption des Zündintegrals. Die Partitionierung des lokalen Modellnetzes des 10%- und 90%-Umsatzpunktes wurde vom Modell der Fremdzündung übernommen und auf den höheren Restgasgehalt und das größere Verbrennungsluftverhältnis angepasst. Der Fehler im Hochdruckmitteldruck ist bei nahezu allen Messungen kleiner als 1.5 %. Lediglich bei großen Voreinspritzanteilen ist die Abweichung geringfügig höher. Dies ist auf die fehlende Berücksichtigung der Umsetzung in der Zwischenkomression zurückzuführen.

In Abbildung 6.21 ist der Fehler im Hochdruckmitteldruck (links), im Spitzendruck (Mitte) und der Spitzendruck (rechts) dargestellt. Der Spitzendruck der Messung ist im rechten Teil der Abbildung als Fläche dargestellt, während die Modellierungsergebnisse den dunklen Linien entsprechen. Durch die Adaption konnte die Abweichung im Hochdruckmitteldruck unter 1 %, die des Spitzendruckes unter 3 % gesenkt werden.

Fischer et al. [38] nutzen zur Erfassung von Brennrauminformationen einen Brennraumdrucksensor. Die zylinderindividuelle Regelung von Verbrennungslage und abgegebener

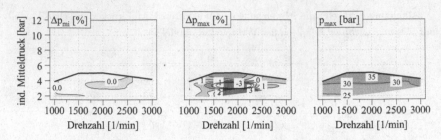

Abbildung 6.21: Abweichung im Hochdruckmitteldruck und Spitzendruck bei Verwendung des Vibe-Ersatzbrennverlaufsmodells in CAI am Einzylindermotor

Arbeit ergänzt eine modellbasierte prädiktive Vorsteuerung. Mittels des ersten Hauptsatzes der Thermodynamik wird die Gastemperatur in der Expansion des vergangenen Arbeitsspiels als Funktion der Position der Ventiltriebsaktuatoren und der Lage der Verbrennung des vergangenen Arbeitsspiels berechnet. Darauf aufbauend folgt die Berechnung der Temperatur in der Zwischenkompression unter Nutzung der Soll-Ventilsteuerzeiten. Die Prädiktion der Lage der Verbrennung schließt sich daran an. Auf diese Form der Modellierung von definierten Punkten während des Ladungswechsels wurde hier verzichtet. Für höhere Anteile der Voreinspritzung sollte die Umsetzung in der Kompression Berücksichtigung finden. In Bezug auf Rechenzeit, vor allem für die Nutzung zur Optimierung, ist diese Form der Modellierung von repräsentativen Zeitpunkten im Gegensatz zur vollständigen nulldimensionalen Modellierung des Ladungswechsels (Füll- und Entleermethode) vorzuziehen.

Wie bereits beschrieben, regelt die Voreinspritzmenge den 50%-Umsatzpunkt und dient als Stellgröße der Optimierung. Das Verbrennungsmodell, welches in der Optimierung eingesetzt werden soll, nutzt den 50%-Umsatzpunkt als Eingang. Für die homogene Selbstzündung ist ein weiteres Kriterium innerhalb der Optimierung notwendig. Anhand dieses Kriteriums muss eine Aussage möglich sein, ob die Bedingungen für eine Selbstzündung ausreichen. Aus dem 50%-Umsatzpunkt - in diesem Fall dem Sollwert - wird der Verbrennungsbeginn berechnet. Dieser Sollverbrennungsbeginn ist mit dem Ausgang des Klopfintegrals zu vergleichen. Passen beide Werte nicht zusammen, ist ein weitere Anpassung der Stellgrößen erforderlich. Dieser modulare Modellaufbau bietet der Optimierungsstrategie die größten Freiheiten. Auf diese Weise kann bspw. der frühest und spätest stellbare Verbrennungsbeginn durch Stellgrößenkombination am Anfang des Optimierungsablaufes ermittelt werden. Es besteht sowohl die Möglichkeit eine Stellgrößenoptimierung als auch in diesem Fall den 50%-Umsatzpunkt als Zustandsgröße direkt zu verändern. Die

Kontrolle, ob die Verbrennungslage einstellbar ist, und die entsprechende Reaktion darauf ist zu jedem Optimierungsschritt frei wählbar. Eine direkte Bewertung und entsprechende Reaktion einer nicht einstellbaren Verbrennungslage kann wie der Einsatz des Zündintegrals in jedem Schritt definiert werden.

Die Anwendung des Verbrennungsmodells der homogenen Selbstzündung innerhalb der Optimierung bleibt offen. Für den Einsatz am Versuchsträger müsste das Ladungswechsel-modul erweitert werden.

Fazit: Das physikalisch basierte Verbrennungsmodell eignet sich sehr gut zur Abbildung des Brennverlaufes und damit des indizierten Druckverlaufes. Das quasidimensionale Entrainment-Modell ist während der Modellentwicklung hervorragend geeignet, Daten für die empirische Modellgenerierung zu erzeugen. Dieses Einbringen von Simulationsdaten verbessert die Einsatzmöglichkeiten und das Interpolationsverhalten des empirischen Modells. Das empirische Verbrennungsmodell kann durch den Einsatz lokaler Modellnetze leicht auch während des Einsatzes auf dem RCP-System an Messdaten angepasst werden. Auf dem RCP-System benötigt die Ausführung aller drei Modelle (10%-, 50%-, 90%-Umsatzpunkt) insgesamt ca. 1.0 ms. Eine Berücksichtigung von Einflüssen innerhalb der Verbrennungsoptimierung, die zu einer veränderten Verbrennung führen, ist mit diesem Modell sehr gut möglich.

Weiterhin gelungen ist die Übertragung des entwickelten empirischen Verbrennungs-modells von der ottomotorischen Fremdzündung auf die homogene Selbstzündung.

6.2   Modellierung der Schadstoffentstehung

Wie bereits in Kapitel 6.1 beschrieben, kann zur empirischen Modellierung Vorwissen eingesetzt werden. Die Ermittlung der Abgasrohemissionen mit Hilfe der Gleichgewichts-rechnung und Reaktionskinetik dient der Erzeugung von Simulationsdaten, die in die empirische Modellerstellung einfließen. Die Partitionierung und Vorbedatung der empiri-schen Emissionsmodelle entstammt den Simulationsdaten.

6.2.1   Gleichgewichtsrechnung

Die Gleichgewichtsbetrachtung der verbrannten Zone bildet die Grundlage der Model-lierung von Schadstoffemissionen. Die betrachteten chemischen Reaktionen liefern die Ausgangsstoffe (O, O_2, H, N_2, OH, N_2O) für die Bildung von Sticksoffmonoxid (NO) und Kohlenmonoxid (CO). Es wird angenommen, dass sich das chemische Gleichgewicht oberhalb des „eingefrorenen" Zustandes sofort einstellt [52, 83]. Die exponentielle Abnahme der chemischen Reaktionsgeschwindigkeiten mit der Temperatur und die Begrenzung der verfügbaren Reaktionszeit bei innermotorischen Prozessen führen zum Verlangsamen der Reaktionen. Ab einem bestimmten Temperaturniveau ist nahezu keine Änderung der Konzentrationen durch eine weitere Temperaturabnahme zu erkennen. Dieser Zustand definiert die Wahl einer „Einfriertemperatur". Oberhalb dieser Temperatur stellt sich sofort das Gleichgewicht ein, unterhalb verharrt die Konzentrationen auf dem Zustand bei Grenztemperatur. Um einen kontinuierlichen Übergang zu modellieren, müsste mit Reaktionskinetik gerechnet werden. Der Unterschied zwischen der Rechnung mit Reaktionskinetik zur Gleichgewichtsrechnung ist gering [64, 52]. Damit kann die Konzentrationsänderung der an den Reaktionen beteiligten Stoffe mit den Gleichgewichtskonstanten bestimmt werden.

Für die Gleichgewichtsrechnung finden die Konzentrationen der Komponenten H_2O, O_2, H_2, CO_2, CO, N_2, OH, O, H des OHC-Systems Berücksichtigung [59, 133, 87]. Die Rechnung beruht auf den folgenden fünf Reaktionsgleichungen:

$$CO + \frac{1}{2}O_2 \ \rightleftarrows \ CO_2 \tag{6.13}$$

$$H_2 + \frac{1}{2}O_2 \ \rightleftarrows \ H_2O \tag{6.14}$$

$$OH + \frac{1}{2}H_2 \ \rightleftarrows \ H_2O \tag{6.15}$$

$$\frac{1}{2}H_2 \ \rightleftarrows \ H \tag{6.16}$$

$$\frac{1}{2}O_2 \ \rightleftarrows \ O \tag{6.17}$$

unter Berücksichtigung der Dissoziation, der Atomdruckverhältnisse,

$$\frac{p_O}{p_N}, \frac{p_H}{p_C}, \frac{p_O}{p_C} \tag{6.18}$$

und der Gesamtdruckbilanz (Dalton'sches Gesetz).

$$p = \sum_i p_i \tag{6.19}$$

Zur Berechnung der Gleichgewichtskonstanten werden die Gleichungen nach Pattas und Häfner [133] verwendet. Ein numerisches Newton-Verfahren mit Jakobi-Matrix dient der Lösung des nichtlinearen Gleichungssystems [4].

Für die Betrachtungen der Stickoxidbildung über das Zwischenprodukt Lachgas N_2O folgt eine Erweiterung des Gleichgewichtsschemas um folgende Gleichungen:

$$\frac{1}{2}O_2 + \frac{1}{2}N_2 \; \rightleftarrows \; NO \tag{6.20}$$

$$N_2 + \frac{1}{2}O_2 \; \rightleftarrows \; N_2O \tag{6.21}$$

$$\frac{1}{2}N_2 \; \rightleftarrows \; N \tag{6.22}$$

Bei Vernachlässigung der Distickstoffoxid-Reaktionen können die Gleichungen von Grill [52], die auf aktuellerem Datenmaterial basieren, verwendet werden.

6.2.2 Stickoxid

Ausgehend von den Gleichgewichtskonzentrationen der Ausgangsstoffe O, O_2, H, N_2, OH wird mittels der Reaktionskinetik die aktuelle Konzentration von NO und N berechnet [133, 87]. Der erweiterte Zeldovich-Mechanismus, der die chemischen Reaktionen der thermischen Stickoxidbildung und des -abbaus beschreibt, bildet die Grundlage dieser Rechnung:

$$O + N_2 \; \rightleftarrows \; NO + N \tag{6.23}$$

$$N + O_2 \; \rightleftarrows \; NO + O \tag{6.24}$$

$$N + OH \; \rightleftarrows \; NO + H \tag{6.25}$$

Die erste Reaktion läuft wegen der hohen Aktivierungsenergie zur Aufspaltung der sehr stabilen Dreifachbindung des Stickstoff-Moleküls erst bei hohen Temperaturen ausreichend schnell ab. Damit ist diese Reaktion die geschwindigkeitsbestimmende. Wegen der relativ kurzen Verweildauer für die innermotorische Verbrennung kann sich das chemische Gleichgewicht nicht einstellen [109]. Mit den Gleichgewichtskonstanten ist eine quantitative Beschreibung der einzelnen Hin- und Rückreaktionen des Zeldovich-Mechanismus möglich. Hierfür dient eine Arrhenius-Beziehung mit den Konstanten nach Pattas und Häfner [133]. Die Berechnung der Reaktionsgeschwindigkeit bzw. Reaktionsrate K_i erfolgt aus dem Produkt der Konzentrationen der Ausgangsstoffe mit der Geschwindigkeitskonstante getrennt für Hin- und Rückreaktion. Zusammengesetzt aus den jeweiligen Reaktionsgeschwindigkeiten ergibt sich die NO-Bildungsrate zu:

$$\frac{d\,[NO]}{d\varphi} = K_{1v} - K_{1r} + K_{2v} - K_{2r} + K_{3v} - K_{3r} \tag{6.26}$$

Da die Hinreaktionen (6.24) und (6.25) sehr schnell ablaufen, kann mit guter Näherung angenommen werden, dass sich die Komponente N innerhalb eines Rechenschritts nicht ändert [109, 108, 135, 133]. Damit ergibt sich aus $dN/dt = 0$:

$$[N] = \frac{k_{1v} \ [N_2] \ [O] + k_{2r} \ [NO] \ [O] + k_{3r} \ [NO] \ [H]}{k_{1r} \ [NO] \ [O_2] + k_{3v} \ [OH]} \tag{6.27}$$

Diese Annahme vermeidet eine weitere Differenzialgleichung. Mit den Konzentrationen der beteiligten Stoffe aus der Gleichgewichtsrechnung kann die Bildungsrate von NO bestimmt werden zu:

$$\begin{aligned}
\frac{d\,[NO]}{d\varphi} = (&k_{1v} \ [N_2] \ [O] - k_{1r} \ [NO] \ [N] \\
+ &k_{2v} \ [O_2] \ [N] - k_{2r} \ [NO] \ [O] \\
+ &k_{3v} \ [OH] \ [N] - k_{3r} \ [NO] \ [H]) \ \frac{dt}{d\varphi} \frac{1}{V_v}
\end{aligned} \tag{6.28}$$

Die Bildung des NO-Verlaufes erfolgt mit dem Druck-, Volumen- und Temperaturverlauf in der Reaktionszone durch Integration der NO-Bildungsrate.

Zur Abschätzung des Einflusses der Stickoxidentstehung über die Lachgas-Reaktion vor allem für Brennverfahren, die durch niedrige Temperaturen gekennzeichnet sind, müssen zusätzlich die folgenden Gleichungen gelöst werden:

$$N_2O + O \quad \rightleftarrows \quad 2NO \tag{6.29}$$

$$O_2 + N_2 \quad \rightleftarrows \quad N_2O + O \tag{6.30}$$

$$OH + N_2 \quad \rightleftarrows \quad N_2O + H \tag{6.31}$$

Gleichung (6.28) ist um diese Reaktionen zu erweitern. Es wird von einer Quasi-Stationarität von N_2O ausgegangen. Damit ist während eines betrachteten Zeitabschnitts die Änderung dN_2O gleich Null. Für nähere Ausführungen sei an dieser Stelle auf Pattas und Häfner [133] verwiesen.

Abbildung 6.22 (links) zeigt die NO-Bildung nach dem Zeldovich-Mechanismus und den Anteil des N_2O-Mechanismus an einem Betriebspunkt (2000 min^{-1}, 5 bar p_{mi}) des Einzylindermotors. Rechnung und Messung (Kreuz) stimmen gut überein. Die Anhebung des Verbrennungsluftverhältnisses inklusive der damit verbundenen Verbrennungstemperaturabsenkung senkt die NO-Bildung. Der Anteil des N_2O-Mechanismus steigt mit dem Verbrennungsluftverhältnis. In Abbildung 6.22 (rechts) ist die relative Differenz mit (NO_{N_2O}) und ohne (NO) Berücksichtigung des N_2O-Bildungsmechanismus für verschiedene

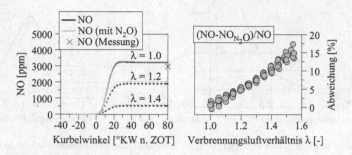

Abbildung 6.22: Einfluss der NO-Bildung über Distickstoffoxid N_2O

Betriebspunkte dargestellt. Absolut betrachtet bleibt der Einfluss auf einem geringen Niveau. Deshalb folgt die Berechnung der NO-Bildung im Folgenden ausschließlich mit den Gleichungen des erweiterten Zeldovich-Mechanismus.

Einfachere Ansätze, die die Stickoxidrückbildung gegen Ende der Verbrennung vernachlässigen [109, 108, 61] wurden nicht weiter untersucht. Auf die Berücksichtigung des mit dem Restgas rückgeführten und damit im Zylinder bereits vorhandenen Stickstoffmonoxids [87] wird hier verzichtet.

Die Bildung und Rückbildung von NO ist stark von der Temperatur abhängig. Für deren rechnerische Ermittlung ist eine Unterteilung des Brennraumes in mehrere Reaktionszonen notwendig, um die inhomogene Temperaturverteilung abzubilden. Mehr als fünf Zonen bewirken allerdings keine weitere Verbesserung der Ergebnisse [133], wobei das tendenzielle Verhalten bereits mit einem Zweizonenmodell richtig abgebildet werden kann [126].

Für die steuergerätetaugliche Anwendung ist diese Verwendung mehrerer Zonen zu rechenintensiv. Eine empirische Modellierung mit lokalen Modellnetzen ist nur weniger rechenaufwendig, wenn die Anzahl der lokal linearen Modelle nicht zu groß gewählt wird.

Lokale Modellnetze approximieren nichtlineare Zusammenhänge stückweise durch mehrere lineare Teilmodelle. Eine Aktivierungsfunktion bestimmt die Gültigkeit der einzelnen Teilmodelle. Das bedeutet, um eine starke Nichtlinearität abzubilden, sind entsprechend mehr lokal lineare Teilmodelle notwendig. Ein Ansatz zur Reduktion der Anzahl der Teilmodelle besteht darin, die lineare Funktion der Teilmodelle durch eine quadratische Funktion zu ersetzen.

Zur Veranschaulichung der Vorgehensweise dient hier die NO-Bildung nach dem Zeldovich-Mechanismus unter Nutzung des phänomenologischen Verbrennungsmodells. Abbildung 6.23 zeigt den Einfluss der Verbrennungstemperatur, der Drehzahl und des Verbrennungsluftverhältnisses auf die NO-Bildung. Die maximale Verbrennungstemperatur

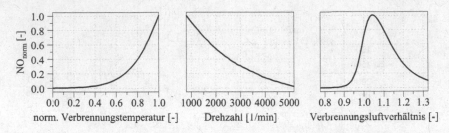

Abbildung 6.23: Einfluss von Temperatur, Drehzahl und Verbrennungsluftverhältnis auf die NO-Bildung

der verbrannten Zone und NO sind nach folgender Gleichung (6.32) normiert:

$$x_{norm} = \frac{x - x_{min}}{x_{max} - x_{min}} \tag{6.32}$$

Gut zu erkennen, ist die nichtlineare Zunahme von Stickstoffmonoxid mit der Verbrennungstemperatur und die stark nichtlineare Beeinflussung durch das Verbrennungsluftverhältnis. Um Aufwand und Nutzen lokal quadratischer Modelle im Vergleich zu lokal linearen Modellen zu bewerten, wird nacheinander jeweils ein lokales Modellnetz trainiert. Nacheinander wird eine Eingangsgröße zunächst als linearer und dann als linearer und quadratischer Eingang verwendet. Die linearen Eingangsgrößen aller Modelle sind gleich. Dem lokal quadratischen Modellnetz stehen entsprechend mehr Eingangsgrößen zur Verfügung. Als Bewertungskriterium dient der Modellfehler (NRMSE Normalized Root Mean Square Error - (6.33)), wobei N die Anzahl der Messdaten und q die Anzahl der Ausgänge darstellt:

$$J = \sqrt{\frac{\sum_{k=1}^{N} \sum_{j=1}^{q} \left(y_j \left(k \right) - \widehat{y_j} \left(k \right) \right)^2}{\sum_{j=1}^{q} \sum_{j=1}^{q} \left(y_j \left(k \right) - \overline{y_j} \left(k \right) \right)^2}} \tag{6.33}$$

$$mit \ \ \overline{y} = \frac{1}{N} \sum_{k=1}^{N} y \left(k \right)$$

Die Bewertung des Fehlers zwischen Messdaten und Modell erfolgt nach jeder Modellverfeinerung (siehe Kapitel 3.5). Für den Vergleich wird hier jeweils das lokale Modellnetz gewählt, dessen Modellfehler kleiner als eine definierte Schwelle ist. Die Anzahl der Modellparameter, die proportional der notwendigen Rechenoperationen zur Berechnung des Modellausgangs ist, dient der Abschätzung des Rechenaufwandes. Die Steigung in jede

Raumrichtung und der Versatz des Modellausgangs jedes linearen Teilmodells sind die Modellparameter.

Konkret auf das Beispiel in Abbildung 6.23 bezogen bedeutet das, dass jeweils zur Abbildung des Zusammenhanges Verbrennungstemperatur, Drehzahl, Verbrennungsluftverhältnis und NO-Bildung mit einem maximalen Fehler von 5 % vier, drei bzw. neun lokal lineare Modelle notwendig sind. Bei Schätzung linearer und quadratischer Parameter sind entsprechend gleichem Maximalfehler nur zwei, eins bzw. sechs Teilmodelle nötig. Dementsprechend werden 8, 6, 18 ausschließlich lineare bzw. 6, 3, 18 lineare und quadratische Parameter verwendet. Der Rechenaufwand zur Modellierung des Zusammenhanges zwischen Verbrennungsluftverhältnis und Stickstoffmonoxid ist mit beiden Ansätzen gleich - jeweils 18 Parameter. Die Abhängigkeit von Drehzahl und Verbrennungstemperatur lässt sich durch Hinzunahme quadratischer Parameter mit geringerem Aufwand abbilden. Vernachlässigt wird an dieser Stelle der zusätzliche Rechenaufwand zur Erzeugung der quadratischen Eingänge. Dieses Beispiel verdeutlicht die Vorgehensweise in dieser Arbeit zur Bewertung lokal quadratischer Modelle.

Die Verwendung eines jeweiligen Einganges linear und quadratisch lässt eine gezielte Bewertung des Nutzens der quadratischen Modellierung bei mehrdimensionalen Zusammenhängen zu. Die Verringerung des Modellfehlers bzw. die notwendige Anzahl an Neuronen durch die höherdimensionale Berücksichtigung eines oder mehrerer Eingänge wird bewertet. Diese Vorgehensweise ermöglicht eine gezielte Abschätzung des nichtlinearen Einflusses einer Eingangsgröße.

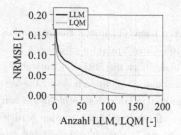

Abbildung 6.24: NRMSE lokal linearer und lokal quadratischer Modelle

Abbildung 6.24 zeigt den NRMSE zwischen Messdaten und jeweils einem lokalen Modellnetz. Eingangsgrößen sind 10%-, 50%-, 90%-Umsatzpunkt, maximale Verbrennungstemperatur, Restgasgehalt, Drehzahl, indizierter Mitteldruck, Verbrennungsluftverhältnis und die gemessene Abgastemperatur. Für einen Fehler von 5 % ist der Einsatz von 70 lokal linearen Modellen bzw. 35 lokal höherdimensionalen Modellen notwendig, was 700 bzw. 665 Parametern entspricht. Aufgrund der verhältnismäßig kleinen Differenz der Modellparameter wird auf den Einsatz lokal höherdimensionaler Modelle verzichtet.

Lokale Modellnetze ermöglichen das Einbringen von Expertenwissen. Mit dem phänomenologischen Verbrennungsmodell (Kapitel 6.1) und den Reaktionsgleichungen des Zeldovich-Mechanismus wird die NO-Entstehung vorausberechnet. Systematisch erzeugte

Daten dienen der Erzeugung eines lokalen Modellnetzes (Kapitel 3.5). Die Struktur des Modellnetzes bestimmen diese Daten. Die Parameter werden nach der Modellgenerierung an Messdaten angepasst, während die Modellstruktur erhalten bleibt. Dieses Vorgehen ermöglicht die Erstellung eines Emissionsmodells für die Online-Anwendung auf dem RCP-System ohne eine große Anzahl an Prüfstandsmessungen. Die Generierung der Modellstruktur basiert auf weniger Messungen, die zur Abstimmung der phänomenologischen Modelle notwendig sind. Mit der einzonigen Druckverlaufsanalyse erfolgt die Erzeugung des Brenn- und Temperaturverlaufes, aus welchen die Eingangsdaten für die Emissionsschätzung generiert werden. Nur für die Anpassung der Modellparametrierung sind Emissionsmessungen vom Motorprüfstand notwendig.

Im empirischen Emissionsmodell werden folgende Eingangsgrößen berücksichtigt:

- 50%-Umsatzpunkt

- 90%-Umsatzpunkt

- Spitzendruck

- Zylindermasse

- stöchiometrischer Restgasgehalt

- Drehzahl

- Verbrennungsluftverhältnis

Den Einfluss der Dauer der Verbrennung und deren Lage bilden zwei Umsatzpunkte (50%, 90%) des Brennverlaufes ab. Der Einfluss des 10%-Umsatzpunktes wird vernachlässigt. Die Wirkung der Verbrennungstemperatur, die maßgeblich die Stickoxid-Entstehung bestimmt, berücksichtigen der modellierte Spitzendruck und die Zylindermasse. Eine Verringerung der NO-Emissionen mit steigendem Inertgasanteil in Form des stöchiometrischen Restgasanteils [87] und die Abhängigkeit vom Verbrennungsluftverhältnis werden berücksichtigt. Durch Zunahme der Drehzahl verkürzt sich die zur Verfügung stehende Zeit zur Bildung und Rückbildung von Stickstoffmonoxid. Weiterhin nimmt die Temperatur im Zylinder durch reduzierte Wandwärmeverluste zu.

In Abbildung 6.25 ist ein Vergleich der gemessenen und modellierten Stickoxidkonzentration bei Variation des Verbrennungsluftverhältnisses, der Luftmasse und des Restgasgehaltes bei jeweils konstantem Luftverhältnis dargestellt. Das lokale Modellnetz besitzt 70 lokal lineare Teilmodelle und wurde nach dem Modelltraining an die Messung des Einzylindermotors adaptiert. Die Eingangsgrößen entstammen der einzonigen Prozessrechnung. Als

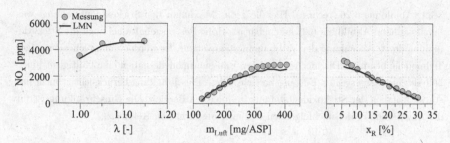

Abbildung 6.25: Vergleich der berechneten und gemessenen Stickoxidkonzentration bei Variation von Verbrennungsluftverhältnis, Luftmasse, Restgasgehalt am Einzylindermotor bei 2000 min^{-1}

Verbrennungsmodell kam das in Kapitel 6.1 beschriebene lokale Modellnetz in Verbindung mit einem Vibe-Ersatzbrennverlauf zum Einsatz. Verbrennungs- und Emissionsmodell sind durch die Adaption aneinander angepasst. Das Modell gibt die Messung der Stickoxidkonzentration sehr gut wieder. Lediglich bei hohen Lasten und kleinen Restgasgehalten ergeben sich größere Abweichungen.

Abbildung 6.26 zeigt die Partitionierung des mehrdimensionalen physikalisch basierten Emissionsmodells der Stickoxidkonzentration in einem Schnitt von jeweils zwei Eingängen.

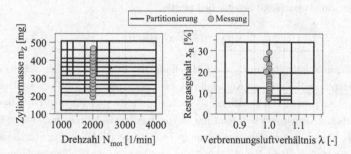

Abbildung 6.26: Partitionierung des lokalen Modellnetzes der Stickoxidkonzentration und Eingangsgrößen einer Lastvariation am Einzylindermotor bei 2000 min^{-1}

Die Messpunkte entsprechen der Lastvariation aus Abbildung 6.25 (Mitte). Gut erkennbar ist die zunehmende Modellverfeinerung in Richtung niedriger Drehzahlen und hoher Zylindermassen. Es müssen mehr lokal lineare Modelle verwendet werden, um die Nichtlinearität in beiden Richtungen abzubilden. Im Bereich zwischen Lambda 1.0 und 1.2 befindet sich eine starke Nichtlinearität, was die Teilmodellhäufung deutlich zeigt (Abbildung 6.26 (rechts)). Hier liegt das Maximum der Stickoxidentstehung, was bereits anhand Abbildung 6.23 erkennbar ist. Hohe Restgasgehalte hemmen die Stickoxidbildung durch Absenkung der Verbrennungstemperatur. Es werden entsprechend weniger Teilmodelle benötigt. Die hier verwendeten Emissionsmodelle haben eine Gültigkeit innerhalb des hier dargestellten Eingangsbereichs. Diese Einschränkung berücksichtigt nicht das starke Abfallen der Stickoxidentstehung im mageren Bereich. Die Einschränkung ist für die Anwendung in der nachfolgenden Optimierung nicht von Relevanz.

6.2.3   Kohlenmonoxid

Bei lokalem Luftmangel entsteht grundsätzlich Kohlenmonoxid (CO) als ein Produkt der unvollständigen Verbrennung. Die Oxidation von CO läuft im Bereich $\lambda < 1$ aufgrund des Sauerstoffmangels in Konkurrenz zur Oxidation von H_2 ab. Der atomare Wasserstoff H und das Hydroxylradikal wirken als Kettenträger [84].

$$CO + OH \;\rightleftarrows\; CO_2 + H \tag{6.34}$$

$$H_2O + H \;\rightleftarrows\; H_2 + OH \tag{6.35}$$

Beide Reaktionen (6.34) und (6.35) können in guter Näherung als Bruttovorgang durch die Wassergasreaktion (6.36) beschrieben werden.

$$CO + H_2O \rightleftarrows CO_2 + H_2 \tag{6.36}$$

Der Zerfall von Wasser H_2O in H_2 und OH befindet sich praktisch im chemischen Gleichgewicht während die Bildung von Kohlendioxid aus Kohlenmonoxid kinetisch kontrolliert ist [84]. Diese Reaktion ist geschwindigkeitsbestimmend für die CO-Bildung. Die Abweichung zum chemischen Gleichgewicht nimmt mit steigendem Luftverhältnis und steigender Temperatur ab. Eine vermehrte Umsetzung von CO zu CO_2 ist die Folge. Für stöchiometrische Bedingungen läuft die Reaktion (6.34) in Gleichgewichtsnähe ab. Bei überstöchiometrischen Verbrennungen bremst das Fehlen von OH-Radikalen die Kohlenmonoxid-Oxidation (6.34), die entsprechend (6.37) gebildet werden:

$$O_2 + H \rightleftarrows OH + O \tag{6.37}$$

Die Bruttogleichung (6.36) besitzt keine Gültigkeit mehr. Auf eine reaktionskinetische Berechnung der Kohlenmonoxidemissionen im Abgas entsprechend [84, 107] wird an dieser Stelle verzichtet. Eine weniger aufwendige CO-Berechnung über das Gleichgewicht durch die Wahl einer „Einfriertemperatur" [89, 52], ab der praktisch keine Änderung der Konzentrationen festzustellen ist, wird ebenfalls nicht weiter verwendet. Die Wahl der „Einfriertemperatur" ist vor allem bei veränderlichem Verbrennungsluftverhältnis inklusive des stöchiometrischen Bereiches schwierig.

Für die Schätzung der CO-Rohemissionen wird die Partitionierung des bereits vorhandenen lokalen Modellnetzes der Stickoxidkonzentration (siehe Abbildung 6.26) verwendet und mit den gemessenen Kohlenmonoxidemissionen des Einzylindermotors adaptiert. Das Erzeugen von Trainingsdaten zur Parametrierung eines weiteren lokalen Modellnetzes ist zwar durch die CO-Berechnung über das Gleichgewicht inklusive der konstanten „Einfriertemperatur" möglich, ein besseres Ergebnis ist jedoch nicht zu erwarten.

In Abbildung 6.27 sind die gemessene und modellierte Kohlenmonoxidkonzentration bei einer Variation des Luftverhältnisses, der Luftmasse und des Restgasgehaltes gegenüber gestellt.

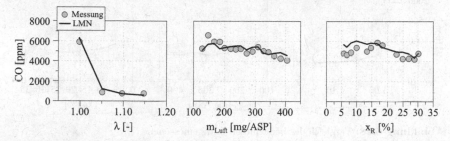

Abbildung 6.27: Vergleich der berechneten und gemessenen Kohlenmonoxidkonzentration bei Variation von Verbrennungsluftverhältnis, Luftmasse, Restgasgehalt am Einzylindermotor bei 2000 min^{-1}

Die kontinuierliche Abnahme der Kohlenmonoxidemissionen mit höherem Verbrennungsluftverhältnis bildet das Modell richtig ab. Bei geringen Lasten und niedrigen Restgasgehalten ergeben sich größere Abweichungen. Das stark nichtlineare Verhalten um $\lambda = 1$ führt bei einer arithmetischen Mittelung der Messwerte über mehrere Arbeitsspiele, die zwangsläufig mit Schwankungen behaftet sind bzw. durch die Lambda-Regelung bewusst erzeugt werden, zu verfälschten Messwerten in diesem Bereich. Die steigenden Temperaturen und die Verkürzung der Brenndauer innerhalb der Luftmassen- bzw. Lasterhöhung bewirkt eine Abnahme der Kohlenmonoxidkonzentration. Die kontinuierliche Spätverschiebung der Verbrennungslage ab einer Luftmasse von 300 mg ist an den berechneten und gemessenen Emissionen zu erkennen.

6.2.4   Kohlenwasserstoffe

Die Mechanismen der Entstehung unverbrannter Kohlenwasserstoffe sind sehr komplex. Aus diesem Grund ist eine quantitative Berechnung der HC-Emissionen von Ottomotoren noch nicht möglich [108]. Die Oxidationsgeschwindigkeit der im Zylinder entstandenen HC-Menge kann mit globalen empirischen Beziehungen abgeschätzt werden. Über eine qualitative Beschreibung geht dies allerdings nicht hinaus. Für die empirische Schätzung der Kohlenwasserstoffemissionen eignet sich die Partitionierung des Stickoxidmodells (siehe Abbildung 6.26). Die Anpassung der Parameter erfolgt mit Messdaten.

Abbildung 6.28 stellt die gemessene und modellierte Kohlenwasserstoffkonzentration einander gegenüber. Variiert wurden, wie bei den NO- und CO-Emissionen bereits dargestellt, das Luftverhältnis, die Luftmasse und der Restgasgehalt.

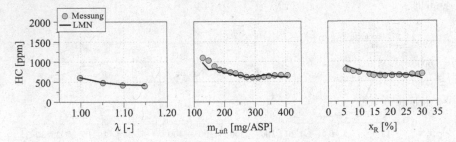

Abbildung 6.28: Vergleich der berechneten und gemessenen Kohlenwasserstoffkonzentration bei Variation von Verbrennungsluftverhältnis, Luftmasse, Restgasgehalt am Einzylindermotor bei 2000 min^{-1}

Die Abnahme der HC-Emissionen durch Abmagerung der Verbrennung, sowie die relativ schwache Beeinflussung durch die Restgaserhöhung, gibt das Modell sehr gut wieder. Die Lasterhöhung führt zu einer Verringerung der unverbrannten Anteile, was die Modellergebnisse deutlich zeigen.

Abschließend zeigt Abbildung 6.29 die Differenz der Emissionen NO, CO und HC von Modell und Messung am Einzylindermotor. Die Abweichungen zur Messung sind insgesamt gering. Oberhalb des hier dargestellten Kennfeldes waren keine zuverlässig adaptierbaren Messungen vorhanden. Aus diesem Grund ist die Verwendbarkeit der Emissionsmodelle auf den hier dargestellten Bereich begrenzt. Die NO-Emissionen werden mit einer Genauigkeit von ± 2 g/kWh im gesamten Kennfeld abgebildet. Das entspricht einer mittleren Differenz von 0.9 g/kWh. Im Bereich niedriger Drehzahlen und hoher Mitteldrücke nimmt die Abweichung des Stickoxid-Modells zu. Die modellierten NO-Emissionen liegen um

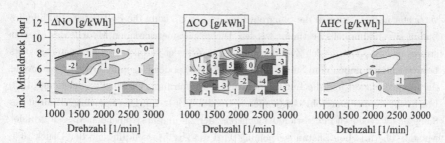

Abbildung 6.29: Vergleich der berechneten und gemessenen Emissionen am Einzylindermotor

mehr als 1.5 g/kWh unter der Messung. Die Abweichung des Kohlenmonoxid-Modells ist mit ± 6 g/kWh insgesamt höher als die der *NO*- und *HC*-Emissionsmodelle (2.7 g/kWh mittlere Abweichung). Die Abbildung der *HC*-Rohemissionen ist mit dem lokalen Modellnetz ebenfalls gut möglich. Die Abweichung zur Messung ist kleiner als ± 1.2 g/kWh (0.5 g/kWh mittlere Abweichung).

Fazit: Die physikalisch basierten Emissionsmodelle bilden die Messungen gut ab. Durch Einbringen von Ergebnissen physikalischer Vorbetrachtungen bleibt das empirische Modell interpretierbar. Es kann durch die Eigenschaft adaptierbar zu sein, leicht an neue Messdaten angepasst werden. Die Struktur des lokalen Modellnetzes ermöglicht auch, durch gezielte Anpassung einzelner Parameter, die Ergebnisse weiter zu verbessern. An keinem der hier dargestellten Ergebnisse wurde diese Möglichkeit der Veränderung der Partitionierung genutzt. Die guten Ergebnisse beweisen vielmehr die Leistungsfähigkeit der Adaption. Die Rechenzeit aller drei Modelle auf dem RCP-System beträgt insgesamt ca. 1.1 ms. Damit ist eine Anwendung in der Verbrennungsoptimierung möglich.

6.3 Ladungswechsel

Dieses Kapitel schildert den Gasaustausch zwischen Zylinder und den angrenzenden Behältern (Saugrohr und Abgasrohr). Der Ladungswechsel beschreibt die in den Zylinder ein- und ausströmenden Massen. Die Luftmasse im Zylinder bei „Einlassventil schließt" als ein Ergebnis ist für die exakte Kraftstoffzumessung notwendig. Zur Bestimmung der Frischluftmasse im Zylinder werden im Motorsteuergerät relativ einfache, applizierbare Ladungswechselmodelle eingesetzt [175, 105, 71, 102, 90, 48, 123]. Stationär besteht die Möglichkeit, den Luftmassenstrom direkt zu messen. Wird auf einen derartigen Sensor verzichtet und stattdessen der Saugrohrdruck gemessen, kann die Luftmasse mit Hilfe des Ladungswechselmodells bestimmt werden. Die zu parametrierenden Modelle des Massenstroms vom Saugrohr in den Zylinder und des im Zylinder verbliebenen internen Restgases berücksichtigen neben dem Saugrohrdruck die Position der Ein- und Auslassnockenwelle, die Motordrehzahl und die Lufttemperatur im Brennraum. Die Drosselgleichung (3.19) beschreibt die ins Saugrohr einströmende Gasmasse [61, 15]. Das Speicherverhalten des Saugrohrs wird durch Integration der Differenz der zu- und abströmenden Massen gebildet. Mit der Thermischen Zustandsgleichung wird aus der Massendifferenz der Druck (3.5) errechnet.

Das Speicherverhalten des Saugrohrs wird durch Integration der Differenz der zu- und abströmenden Massen gebildet. Mit der Gasgleichung wird aus der Massendifferenz der Druck (3.5) errechnet.

Im Steuerungsverbund (siehe Kapitel 5) hat das Ladungswechselmodul die Aufgabe Restgas- und Luftmasse zu ermitteln (Füllungserfassung) und die Gaswechselorgane zu steuern (Füllungssteuerung). Für die unabhängige Entwicklung des Verbrennungskoordinators von der Ladungswechselsteuerung wurde ein vereinfachtes Ladungswechselmodell entwickelt. Damit konnte der Verbrennungskoordinator am Fahrzeug weiterentwickelt werden. Das Ladungswechselmodell ist speziell an den Vollmotor mit Einlass- und Auslassphasensteller angepasst und kann die gesamten Variabilitäten des Einzylinderventiltriebs nicht wiedergeben. Ein Vorteil dieses Modells im Vergleich zur steuergerätefähigen Echtzeit-Ladungswechselanalyse [125] ist der geringe Rechenzeitbedarf. Dieses Potenzial wird für die Erweiterung der Online-Optimierung auf den Ladungswechsel genutzt. Zur Entwicklung und Abstimmung des Ladungswechselmodells dient die nulldimensionale Ladungswechselrechnung (Füll- und Entleermethode) mit konstanten Niederdrücken. Das ermöglicht, wie bereits beim Verbrennungs- und Emissionsmodell eingesetzt, das Einbringen von Vorwissen für die Entwicklung empirischer Modellteile.

6.3.1   Ladungswechselrechnung und Ladungswechselanalyse

Die Ladungswechselrechnung dient unter anderem der Berechnung der Ladungswechselverluste, des Restgasgehalts und der angesaugten Luftmasse. Die Drücke im Zylinder, im Saugrohr und im Abgaskrümmer sind errechnete Größen. Ein Modell des Motors in Form von Rohren, Blenden, Behältern, etc. bildet dessen Verhalten nach. Die Ladungswechselanalyse ist hingegen eine an die Messung am Motorprüfstand oder im Fahrzeug anschließende Berechnung [14]. Randbedingung der Berechnung sind die indizierten Niederdruckverläufe. Der Druck im Zylinder stellt wie in der Simulation eine Rechengröße dar und dient mit den gemessenen Niederdrücken der Berechnung der Massenströme zwischen

Zylinder, Saugrohr und Abgaskrümmer. Mit der Ladungswechselanalyse ist eine iterative Rechnung möglich und sinnvoll. Eine Möglichkeit zur Iteration ist die gemessene Luftmasse vorzugeben und beispielsweise die Gastemperatur vor den Einlassventilen anzupassen. Die Berechnung wird so lang ausgeführt bis ein Abbruchkriterium erreicht ist [14].

In Abbildung 6.30 ist ein Beispiel der Ladungswechselanalyse für den Einzylindermotor bei 2000 min^{-1} und 3 bar p_{mi} dargestellt.

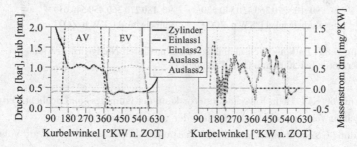

Abbildung 6.30: Ladungswechselanalyse mit indizierten Niederdrücken am Einzylindermotor bei 2000 min^{-1} und 3 bar p_{mi}

Im linken Teil der Abbildung sind die gemessenen Drücke im Zylinder, Einlass- und Auslasskanal, im rechten Teil die Massenströme durch die beiden Einlass- und Auslassventile zu sehen. In diesem Betriebspunkt sind die gasdynamischen Effekte gering. Das ins Saugrohr strömende Restgas wird anschließend wieder angesaugt, bevor Frischluft nachströmt (Pfropfenmodell) [52, 185]. Durch eine späte Lage der Ventilüberschneidung kann der Restgasgehalt erhöht werden bei gleichzeitig geringen Mengen an ins Saugrohr rückströmenden Abgases (Auslasskanalrückführung).

In Abbildung 6.31 wurden in der Ladungswechselanalyse die indizierten Niederdrücke durch Mittelwerte ersetzt. Der Massenstrom durch die Gaswechselventile ist bei beiden Varianten sehr ähnlich. Der Restgasgehalt unterscheidet sich um ca. 14 % bzw. 1.6%-Punkte (indizierte Niederdrücken 11.5%, mittlere Niederdrücken 13.1%), die angesaugte Luftmasse um 5 % (indizierte Niederdrücken 166.2 mg/ASP, mittlere Niederdrücken 158.3 mg/ASP).

Der Einfluss von veränderten Steuerzeiten auf Restgasgehalt, Luftmasse und Ladungswechselmitteldruck bei Saugrohrdrücken von 200 mbar bis 1400 mbar wird in den folgenden Abbildungen dargestellt. Die Verstellung von Öffnungs- und Schließ-Zeitpunkt der einzelnen Ventile ist entsprechend der Gegebenheiten des Einzylindermotors unabhängig voneinander möglich. Die Drücke im Saug- und Abgasrohr entsprechen Mittelwerten.

Die Verstellung des Öffnungszeitpunkts der Auslassventile ist am Vollmotor mit dem Schließ-Zeitpunkt gekoppelt. Der Phasensteller ermöglicht das Verschieben der Auslassno-

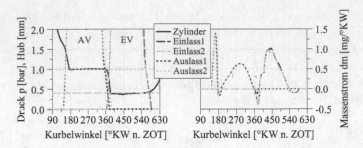

Abbildung 6.31: Ladungswechselanalyse mit konstanten Niederdrücken am Einzylindermotor bei 2000 min^{-1} und 3 bar p$_{mi}$

ckenwelle um 60°KW. Beim Einzylindermotor kann der Öffnungs- und Schließt-Zeitpunkt jedes einzelnen Ventils unabhängig voneinander verstellt werden.

Abbildung 6.32 zeigt eine Variation des Zeitpunkts „Auslassventil öffnet" am Vollmotor bei 2000 min^{-1}. Der Einfluss auf die Luftmasse ist sehr gering. Lediglich bei sehr späten Öffnungszeitpunkten und hohen Saugrohrdrücken sind größere Abweichungen vom jeweiligen Maximalwert erkennbar.

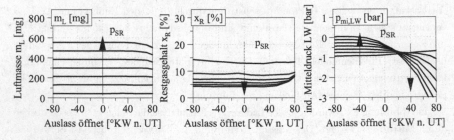

Abbildung 6.32: Beeinflussung von Luftmasse, Restgasgehalt, Mitteldruck Ladungswechsel bei Variation von „Auslassventil öffnet", Ladungswechselrechnung am Einzylindermotor bei 2000 min^{-1}

Das Ausschieben von Abgas wird derart behindert, dass beim anschließenden Ansaugvorgang nicht genügend Frischluft einströmen kann. Der Restgasgehalt verhält sich gegenläufig zur Luftmasse. Die Restgasmasse wird - ausgenommen sehr späte Schließt-Zeitpunkte - nur gering beeinflusst. Rückströmen von Restgas ins Saugrohr wurde durch entsprechende Steuerzeiten ausgeschlossen. Im rechten Teil der Abbildung 6.32 ist die Beeinflussung des Ladungswechselmitteldruckes (UT-UT) dargestellt. Durch ein

Verschieben des Öffnungszeitpunkts der Auslassventile in Richtung des unteren Totpunktes
wird die Ausschiebearbeit vergrößert. Eine weitere Spätverschiebung führt zum Abfallen
des Zylinderdruckes unter den Abgasgegendruck mit entsprechend hoher Ladungswechselarbeit. Der Verlust an Expansionsarbeit durch das frühe Öffnen der Auslassventile ist hier
nicht dargestellt. Für weitere Ausführungen zur Beeinflussung von Expansionsverlust und
Ausschiebearbeit siehe [93, 92].

Am Einzylindermotor kann „Auslassventil öffnet" lastabhängig entsprechend minimaler
Verluste - Expansionsverlust und Ausschiebearbeit - eingestellt werden. Am Vollmotor ist
die gegenseitige Beeinflussung von „Auslassventil öffnet" und „Auslassventil schließt" bei
der Restgaseinstellung zu berücksichtigen.

Abbildung 6.33 zeigt die Änderung von Luftmasse, Restgasgehalt und Mitteldruck des
Ladungswechsels (Ladungswechselrechnung) am Vollmotor bei 2000 min^{-1} und 0.6 bar
Saugrohrdruck. Die Größen sind jeweils auf den Zustand bei einer Ventilüberschneidung
von 0 °KW im LOT bezogen. Die Steuerzeiten „Auslassventil öffnet" und „Einlassventil
schließt" bezeichnen jeweils eine Ventilhub von 0 mm.

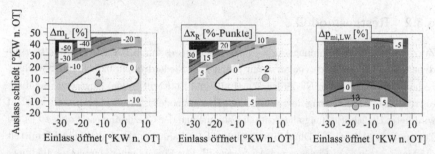

Abbildung 6.33: relative Änderung von Luftmasse, Restgasgehalt, Mitteldruck
Ladungswechsel bei Variation der Phasenlage von Auslass- und Einlassventil,
Ladungswechselrechnung am Vollmotor bei 2000 min^{-1} und 0.6 bar Saugrohrdruck

Im rechten Teil der Abbildung ist die Abnahme der Ladungswechselarbeit durch frühe
Auslasssteuerzeiten deutlich zu erkennen. Die Beeinflussung durch Verschieben der Einlassnockenwelle ist gering. Eine maximale Verschlechterung des Ladungswechselmitteldruckes
ergibt sich bei früher Lage der Auslasssteuerzeit (markierter Punkt). Im mittleren Teil
der Abbildung ist die Änderung des Restgasgehaltes dargestellt. Durch Spätverschieben
der Auslassnockenwelle wird mehr Abgas aus dem Auslasskanal zurück in den Brennraum
gesogen. Auslassschließt-Zeitpunkte vor dem LOT behindern das Ausschieben von verbranntem Arbeitsgas. Die Verschiebung der Einlassnockenwelle nach früh vergrößert die
Ventilüberschneidung und führt zum Rückströmen von Restgas ins Saugrohr. Eine Abnah-

me des Restgasgehaltes um 2%-Punkte ist durch Verschieben der Auslassnockenwelle um ca. 10°KW und der Einlassnockenwelle um ca. 5°KW nach spät ausgehend vom Referenzzustand möglich (markierter Punkt). Die Beeinflussung der Luftmasse durch die Verstellung der Ein- und Auslassnockenwelle ist im linken Teil der Abbildung zu sehen. Zum einen wird die Luftmasse durch die steigende Restgasmasse bei Erhöhung der Ventilüberschneidung und konstantem Saugrohrdruck reduziert. Zum anderen sind „Einlass öffnet" und „Einlass schließt" gekoppelt. Der Zeitpunkt, an dem das Einlassventil geschlossen ist, beeinflusst die in den Zylinder angesaugte Gasmasse. Im Bereich kleiner Ventilhübe ist die Beeinflussung der durchströmenden Masse durch das bereits drosselnde Ventil erheblich. Die Verschiebung der Punkte minimalen Restgasgehaltes und maximaler Luftmasse zum Referenzzustand zeigt dies. Maximale Luftmasse und minimaler Restgasgehalt fallen durch das gleichzeitige Verschieben von „Einlass schließt" nicht zusammen. „Einlass schließt" liegt im gesamten dargestellten Bereich nach UT.

6.3.2   Restgasmodell

Zur Analyse des Verbrennungs- und Emissionseinflusses durch Restgas wird die thermodynamische Ladungswechselanalyse mit indizierten Niederdrücken bzw. Ladungswechselrechnung mit konstanten Niederdrücken (Füll- und Entleermethode) eingesetzt. Sie dient als Referenz zur Bewertung des verwendeten Restgasmodells. Der Brennraumdruckverlauf wird unter Berücksichtigung aller Enthalpieströme und der Gaszusammensetzung zu jedem Zeitpunkt errechnet. Die Durchflussgleichung nach Saint-Venant und Wantzel ermittelt die Massenströme am Einlass- und Auslassventil. Der Einsatz einer kompletten Ladungswechselanalyse ist für die Echtzeitanwendung im Fahrzeug nur sinnvoll, wenn die nötige Rechenleistung und die Niederdruckverläufe zur Verfügung stehen.

Zur Berechnung der Restgasmasse dient ein Restgasmodell [14, 66, 157], das lediglich zeitlich aufgelöste Eingangsparameter benötigt. Variable Ventilsteuerzeiten werden berücksichtigt. Für positive Ventilüberschneidung startet der Berechnungsablauf bei „Einlassventil öffnet"($\varphi_{E\ddot{O}}$) und endet bei „Auslassventil schließt" (φ_{AS}). Ist keine Ventilüberschneidung vorhanden startet die Berechnung bei „Auslassventil schließt" (φ_{AS}). Die Zylinderfüllung bei Rechenbeginn und damit die Ausgangsmasse des Restgases ergibt sich unter der Annahme von Druck- und Temperaturgleichheit zwischen Auslasskanal und Zylinder mit der thermischen Zustandsgleichung [14]:

$$m_{RG,0} = \frac{p_{Abg}}{R\,T_{Abg}}\,V_Z\,(\min\,(\varphi_{E\ddot{O}}, \varphi_{AS})) \tag{6.38}$$

Weicht der Abgasdruck vom Zylinderdruck ab, ist eine Korrektur des Ausgangszustands notwendig [66]. Die Temperatur des Abgases im Auslasskanal T_{Abg} ist nicht als Messgröße verfügbar und muss für den Einsatz des Restgasmodells im Steuergerät modelliert werden.

Während der Ventilüberschneidung ändert sich die Restgasmasse durch ein gemeinsames Ansaugen aus beiden Ladungswechselorganen. Für die weitere Berechnung dient nur die Betrachtung des Auslassmassenstromes, da ein Massenstrom über die Einlassventile während der Ansaugphase wieder in den Zylinder zurückströmt. Wird der Zylinder während der Überschneidung vereinfacht als ein adiabat, isothermes System betrachtet und $h_a = h_e = h_z = u - R\,T$ angenommen, ergibt sich durch Einsetzen der Massenbilanz (3.18) in den 1. Hauptsatz der Thermodynamik (3.1) folgende Gleichung [14]:

$$\frac{p_Z}{R\,T_Z}\frac{dV_Z}{d\varphi} = \frac{dm_a}{d\varphi} + \frac{dm_e}{d\varphi} \tag{6.39}$$

Unter der Annahme einer inkompressiblen Zylinderladung und reibungsfreien Strömung ergeben sich die Ein- und Auslassmassenströme mit der Bernoulli-Gleichung und $\rho = \rho_Z = \rho_{Abg}$ zu [14]:

$$\frac{dm_a}{d\varphi} = sgn(p_{Abg} - p_Z)\,A_{eff,a}\,\sqrt{2\,\rho\,|\,(p_{Abg} - p_Z)\,|}\,\frac{dt}{d\varphi} \tag{6.40}$$

$$\frac{dm_e}{d\varphi} = sgn(p_{SR} - p_Z)\,A_{eff,e}\,\sqrt{2\,\rho\,|\,(p_Z - p_{SR})\,|}\,\frac{dt}{d\varphi} \tag{6.41}$$

Infolge der weiteren Annahme, dass der Zylinderdruck während der Ventilüberschneidung größer als der Ansaugdruck ($p_Z > p_{SR}$) und kleiner als der Abgasgegendruck ($p_Z < p_{Abg}$) ist, ergibt sich nach einigen Umformungen aus (6.39), (6.41) und (6.40) folgende Gleichung für den Massenstrom durch das Auslassventil während der Ventilüberschneidung [14]:

$$\begin{aligned}
\frac{dm_a}{d\varphi} = {}& \rho\,\frac{dV_Z}{d\varphi}\,\frac{A_{eff,a}^2}{A_{eff,a}^2 + A_{eff,e}^2} \\
& + sgn(p_{Abg} - p_{SR})\,A_{eff,a}\,\sqrt{2\,\rho|\,(p_{Abg} - p_{SR})\,|}\,\frac{dt}{d\varphi}\,\frac{A_{eff,e}}{\sqrt{A_{eff,a}^2 + A_{eff,e}^2}}
\end{aligned} \tag{6.42}$$

Die Berechnung der Massenänderung kann in zwei Terme aufgeteilt werden. Der erste Term repräsentiert den Massenstrom durch die Kolbenbewegung. Der zweite Term des Auslassmassenstroms verursacht die Druckdifferenz zwischen Auslass- und Einlasskanal, wodurch ein Überströmen entsteht. Die Änderung des Zylinderdruckes während der Ventil-überschneidung beschreibt das Verhältnis der effektiven Flächen. Beide Anteile lassen sich von „Einlassventil öffnet" bis „Auslassventil schließt" integrieren. Mit $A_{eff} = \alpha_K\, A_K$ und $dt/d\varphi = 1/(6\ N_{mot})$ ergibt sich für beide Anteile [14]:

$$\Delta m_{RG,V} = \rho \sum_{\varphi=\varphi_{E\ddot{O}}}^{\varphi=\varphi_{AS}} \left(\frac{dV_Z}{d\varphi} \frac{\alpha_{K,a}^2}{\alpha_{K,a}^2 + \alpha_{K,e}^2} \, \Delta\varphi \right) \tag{6.43}$$

$$\Delta m_{RG,P,B} = \frac{sgn(p_{Abg} - p_{SR})}{N_{mot}} \frac{A_K}{6} \sqrt{2} \sum_{\varphi=\varphi_{E\ddot{O}}}^{\varphi=\varphi_{AS}} \left(\frac{\alpha_{K,e}\,\alpha_{K,a}}{\sqrt{\alpha_{K,e}^2 + \alpha_{K,a}^2}} \, \Delta\varphi \right)$$
$$\sqrt{\rho\,|\,(p_{Abg} - p_{SR})\,|} \tag{6.44}$$

Abweichungen zur Ladungswechselanalyse entstehen in der Teillast durch die fehlende Berücksichtigung der Kompressibilität des Verbrennungsgases [66]. Diese Ungenauigkeiten können durch die Verwendung der Durchflussgleichung von Saint-Venant und Wantzel für die Strömung kompressibler Medien (3.19) beseitigt werden. Damit ergibt sich der druckabhängige Anteil des Massenstroms durch das Auslassventil zu:

$$\Delta m_{RG,P,SV} = \frac{sgn(p_{Abg} - p_{SR})}{N_{mot}} \frac{A_K}{6} \sqrt{2} \sum_{\varphi=\varphi_{E\ddot{O}}}^{\varphi=\varphi_{AS}} \left(\frac{\alpha_{K,e}\,\alpha_{K,a}}{\sqrt{\alpha_{K,e}^2 + \alpha_{K,a}^2}} \, \Delta\varphi \right)$$
$$p_1 \sqrt{\frac{1}{R_{Abg}\,T_{Abg}}} \sqrt{\frac{\kappa}{\kappa - 1} \left(\left(\frac{p_2}{p_1}\right)^{\frac{2}{\kappa}} - \left(\frac{p_2}{p_1}\right)^{\frac{\kappa+1}{\kappa}} \right)} \tag{6.45}$$

Bei negativem Spülgefälle ist $p_1 = p_{Abg}$ und $p_2 = p_{SR}$ zu setzen. Der Zylinderdruck fällt vom Abgasdruckniveau auf das Saugrohrdruckniveau und Abgas strömt vom Auslasskanal zurück in den Zylinder. Bei positivem Spülgefälle ist entsprechend der Umkehrung der Strömungsrichtung $p_1 = p_{SR}$ und $p_2 = p_{Abg}$. Anstelle der Abgastemperatur tritt eine Mischungstemperatur aus Abgas und Frischgemisch. Aus der reinen Verdrängungsspülung entsteht eine Mischungsspülung [66]. Positive und negative Ventilüberschneidung mit früher und später Lage bezogen auf den LOT führen zu einer Zwischenkompression und -expansion. Die Druck- und Dichteänderung bei Rechenbeginn beeinflusst die Ausgangsmasse für die Restgasberechnung und wird dementsprechend empirisch korrigiert. Sind Abgasdruck und Saugrohrdruck gleich, entfällt der druckabhängige Anteil und es bleibt lediglich $m_{RG,0} + \Delta m_{RG,V}$. Die gesamte interne Restgasmasse errechnet sich entsprechend der beschriebenen Terme allgemein mit:

$$m_{RG} = m_{RG,0} + \Delta m_{RG,V} + \Delta m_{RG,P} \tag{6.46}$$

Das Modell kann eingeschränkt auch am Einzylindermotor verwendet werden. Abbildung 6.34 zeigt die Abweichung des Restgasgehaltes des Restgasmodells von der Ladungswechselanalyse am Einzylindermotor im fremdgezündeten (SI) und selbstzündenden Betrieb (CAI).

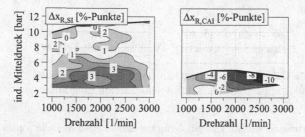

Abbildung 6.34: Differenz des Restgasgehaltes von Restgasmodell und Ladungswechselanalyse im SI und CAI Betrieb am Einzylindermotor

Der Fehler im Restgasgehalt bleibt in einem weiten Kennfeldbereich unter 3%-Punkten. Im selbstzündenden Betrieb fallen durch die negative Ventilüberschneidung die beiden Terme $\Delta m_{RG,V}$ und $\Delta m_{RG,P}$ weg. Den Restgasgehalt bestimmt der Zustand bei „Auslassventil schließt". Hier ergeben sich bei mittleren Drehzahlen und mittleren Lasten größere Abweichungen.

Wie bereits in Kapitel 5 beschrieben, wird am Einzylinder zur Restgassteuerung die Auslasskanalrückführung und zur Frischluftsteuerung ein frühes Schließen der Einlassventile eingesetzt. Abbildung 6.35 (links) zeigt die Abweichung des Restgasmodells zur Ladungswechselanalyse bei Variation von „Auslass schließt" und „Einlass schließt" am Einzylindermotor. Die Abweichung ist gering und nimmt mit Annäherung der Auslasssteuerzeit an den LOT zu. Im rechten Teil der Abbildung ist die relative Differenz von Restgasmodell und Ladungswechselanalyse über der Ventilüberschneidung dargestellt. Gut zu erkennen ist, dass der Fehler durch negative Ventilüberschneidung zunimmt. Bei negativer Ventilüberschneidung ist der Restgasgehalt ausschließlich vom Zustand bei „Auslassventil schließt" abhängig. Insgesamt ist eine gute Übereinstimmung des Restgasmodells mit der Ladungswechselanalyse auch bei hoher Variabilität im Ventiltrieb zu erkennen.

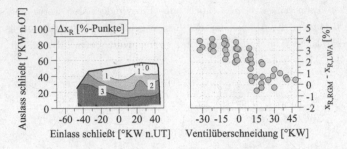

Abbildung 6.35: Differenz des Restgasgehaltes von Restgasmodell und Ladungswechselanalyse bei variablen Ventilsteuerzeiten am Einzylindermotor

Für die Übertragung der am Einzylindermotor entwickelten Modelle wurden im Fahrzeug Validierungsmessungen durchgeführt. Abbildung 6.36 (links) zeigt die Abweichung des Restgasmodells im Last-Drehzahl-Kennfeld.

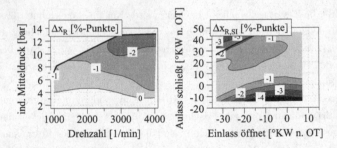

Abbildung 6.36: Differenz des Restgasgehaltes von Restgasmodell und Ladungswechselanalyse bei Variation von Drehzahl und Mitteldruck (links) und Abweichung des Restgasgehaltes von der Ladungswechselrechnung bei variablen Ventilsteuerzeiten am Vollmotor bei 2000 min^{-1}, 0.6 bar Saugrohrdruck (rechts)

Vergleichsbasis ist die Ladungswechselanalyse mit konstanten Niederdrücken. Saugrohrdruck, Abgasgegendruck und Abgastemperatur sind arbeitsspielaufgelöste Messwerte. Das Restgasmodell kann die Ergebnisse der Analyse sehr gut wiedergeben. Die Abweichungen im Last-Drehzahl-Kennfeld sind kleiner als 3%-Punkte. Tendenziell errechnet das Modell zu höheren Mitteldrücken geringere Restgasgehalte. Der Vollmotor besitzt zwei Nockenwellenphasensteller, die in jedem Betriebspunkt eine Variation der Einlass- und Auslasssteuerzeiten ermöglicht haben.

Abbildung 6.36 (rechts) zeigt die Abweichung des Restgasmodells von der Ladungs-wechselrechnung bei einem konstanten Saugrohrdruck von 0.6 bar und einem Abgasge-gendruck von 1.05 bar. In einem weiten Bereich der Nockenwellenverstellung kann das Restgasmodell die Referenz sehr gut wiedergeben. Lediglich im Bereich der frühen Schließt-Zeitpunkte der Auslassventile in Kombination mit späten Einlasssteuerzeiten kommt es zu größeren Abweichungen. Der Einfluss der beiden Terme $\Delta m_{RG,V}$ und $\Delta m_{RG,P}$ auf die gesamte Restgasmasse nimmt durch die abnehmende Ventilüberschneidung ebenfalls ab. Die Startrestgasmasse bestimmt zunehmend die Gesamtrestgasmasse. Dieses Verhalten wurde bereits am Einzylindermotor festgestellt.

Eine Korrektur der Startrestgasmasse bspw. durch Anhebung des wirksamen Druckes wäre allein nur in einem sehr kleinen Bereich wirksam. Zur Erhöhung des Restgasgehaltes wird die Rückführung über den Auslasskanal genutzt. Der Zeitpunkt „Auslass schließt" liegt entsprechend nach dem LOT. Eine Reduktion der Abweichung von Modell und Ladungswechselanalyse im Bereich „Auslass öffnet" vor LOT ist nicht notwendig. Dieser Bereich wird nicht verwendet. Eine große Ventilüberschneidung führt zu höheren Abwei-chungen von Restgasmodell und Ladungswechselrechnung als im mittleren Stellbereich. Der Restgasgehalt steigt hier über 30 % (dicke Linie). Im Motorbetrieb würde dies zu einer inakzeptablen Laufruhe führen. Oberhalb dieser Grenze ist kein Motorbetrieb mehr gewünscht, was eine Korrektur des Restgasmodells nicht erforderlich macht. Die Begren-zung des Restgasgehaltes in der Betriebspunktoptimierung anhand des Modells ist sehr gut möglich.

In Abbildung 6.37 ist ein Vergleich von Restgasmodell und Ladungswechselanalyse bei zwei verschiedenen Drehzahlen und Lasten über einen Verstellbereich der Ein- und Aus-lassventile am Vollmotor dargestellt. Das Restgasmodell gibt die Ergebnisse der Ladungs-wechselanalyse im relevanten Stellbereich sehr gut wieder. Die Abweichungen bei frühen Auslasssteuerzeiten nehmen mit steigender Drehzahl zu. Es bildet sich eine Zwischenkom-pression. Für die Berechnung der Restgasmasse sind neben dem Saugrohrdruck der Druck im Abgaskrümmer und die Temperatur des Abgases nötig. Für den Abgasgegendruck wird eine halbempirische Formel (6.47) auf Basis der Bernoulli-Gleichung verwendet [14]. Den Ausgangspunkt stellt der Umgebungsdruck p_{atm} dar. Die Dichte beschreibt ein Polynom in Abhängigkeit des Luftmassenstromes, wobei die in den Krümmer eintretende Masse aus Luft und Kraftstoff mit m_{Fr} bezeichnet ist. Motordrehzahl N_{mot} und Frischgasmasse m_{Fr}

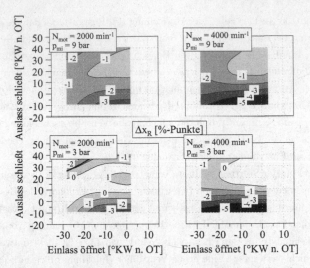

Abbildung 6.37: Differenz des Restgasgehaltes von Restgasmodell und Ladungswechselanalyse bei variablen Ventilsteuerzeiten und verschiedenen Drehzahl-Last-Kombinationen am Vollmotor

sind zu einem Term MzN zusammengefasst. Die drei Konstanten sind für den Vollmotor entsprechend angepasst ($C_0 = 5.8967 \cdot 10^{-2}$, $C_1 = 1.2518 \cdot 10^{-2}$, $C_2 = -8.6299 \cdot 10^{-5}$).

$$p_{Abg} = p_{atm} + p_{norm} \left(C_0 + C_1 \frac{MzN}{MzN_{norm}} + C_2 \left(\frac{MzN}{MzN_{norm}} \right)^2 \right) \qquad (6.47)$$

mit

$$MzN = (m_{Fr} \, N_{mot})^2$$
$$m_{Fr} = m_L + m_B$$

Die mit dem Index *norm* gekennzeichneten Größen beschreiben den Normzustand ($m_{Fr,norm} = 1g$, $N_{mot,norm} = 1000min^{-1}$, $p_{norm} = 1000mbar$). Abbildung 6.38 zeigt die gute Übereinstimmung von weniger als ± 5 % von Abgasdruckmodell und Messung anhand von vier Betriebspunkten und verschiedenen Steuerzeitenkombinationen. Bei 2000 min^{-1} und 3 bar Mitteldruck ist der Fehler kleiner als ± 1 %. Abbildung 6.39 zeigt passend dazu die Abweichung des im folgenden kurz beschriebenen Abgastemperaturmodells zur Messung.

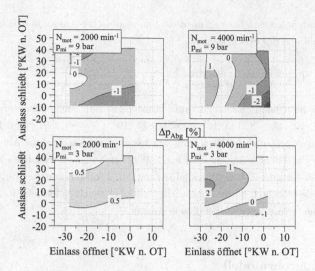

Abbildung 6.38: Differenz des modellierten Abgasdruckes zur Messung bei variablen Ventilsteuerzeiten und verschiedenen Drehzahl-Last-Kombinationen am Vollmotor

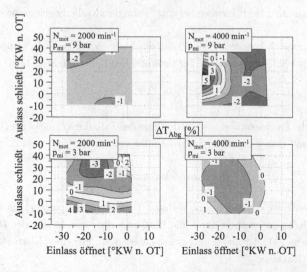

Abbildung 6.39: Differenz der modellierten Abgastemperatur zur Messung bei variablen Ventilsteuerzeiten und verschiedenen Drehzahl-Last-Kombinationen am Vollmotor

Zur Abgastemperaturschätzung dient ein rein empirischer Ansatz in Abhängigkeit der Motordrehzahl und der Frischgasmasse [14].

$$T_{Abg} = C_0 + C_1 \frac{N_{mot}}{N_{mot,norm}} + \left(C_2 + C_3 \frac{N_{mot}}{N_{mot,norm}} \right) \frac{m_{Fr}}{m_{Fr,norm}} \qquad (6.48)$$

Die Koeffizienten sind basierend auf Messungen an den Vollmotor angepasst ($C_0 = 3.2617 \cdot 10^2$, $C_1 = 8.2783 \cdot 10^1$, $C_2 = 1.2877 \cdot 10^2$, $C_3 = -1.2891 \cdot 10^1$). Die Validierungsmessungen zeigen eine Abweichung von weniger als $\pm$ 6 %, siehe Abbildung 6.39. Ähnlich gute Ergebnisse zeigte ein am Einzylindermotor eingesetztes lokales Modellnetze in Kombination mit der Zylinderdruckindizierung [102]. Auf die weitere Ausführung wird an dieser Stelle verzichtet, da die Rechenzeiten aller untersuchten lokalen Modellnetze auf einem höheren Niveau lagen als bei diesem Ansatz.

6.3.3   Saugrohrmodell

Aufbauend auf dem zuvor beschriebenen Restgasmodell ist es möglich, die Luftmasse im Zylinder zu errechnen. Die nach dem Ladungswechsel im Zylinder verbleibende Gasmasse setzt sich aus der Frischladung m_{Fr} und der verbleibenden Restgasmasse m_R zusammen. Sind Gesamtgas- und Restgasmasse bekannt, kann daraus die Frischgasmasse errechnet werden.

Der Liefergrad λ_l beschreibt den Erfolg des Ladungswechsels als Verhältnis der im Zylinder verbleibenden Frischladung zur theoretischen Ladungsmasse [135].

$$\lambda_l = \frac{m_{Fr}}{m_{th}} \qquad (6.49)$$

Die theoretische Ladungsmasse wird als Füllung des Zylindervolumens bei „Einlassventil schließt" V_{ES} mit dem Zustand im Saugrohr interpretiert.

$$m_{th} = \rho_{SR} \, V_{ES} = \frac{p_{SR}}{T_{SR} \, R} \, V_{ES} \qquad (6.50)$$

Damit ist diese Größe ein Maß für die Verluste (Druck und Temperatur) am Einlassventil.

Der Frischgasmassenstrom durch die Einlassventile entsteht aus der Differenz aus Ladungsmasse im Zylinder und dem Restgasmassenstrom. Für einen Viertaktmotor ergibt sich folgende Gleichung:

$$\dot{m}_{Fr} = \lambda_l \frac{p_{SR}}{T_{SR} \, R} \, V_{ES} \frac{N_{mot}}{120} - \dot{m}_R \qquad (6.51)$$

Abgebildet wird der Liefergrad mit einem empirischen Modell - lokales Modellnetz mit 15 lokal linearen Modellen.

Der Liefergrad ist abhängig von der konstruktiven Ausführung der Strömungswege im Einlasskanal und dem Betriebszustand des Motors. Motordrehzahl, Saugrohrdruck und Stellung der Nockenwellen definieren den Betriebszustand, der die Eingänge des empirischen Liefergradmodells bildet. Mit steigender Drehzahl nehmen die Verluste durch Erwärmung, Rückströmung von Ladungsmasse ins Saugrohr sowie Strömungsverluste an den Bauteilen zu. Variable Steuerzeiten können diese Verluste teilweise ausgleichen. Weiterhin führt das Erreichen kritischer Strömungsverhältnisse zur Verringerung des Liefergrades [135].

Abbildung 6.40 zeigt den Einfluss einer verstellbaren Auslassnockenwelle anhand der Ladungswechselrechnung.

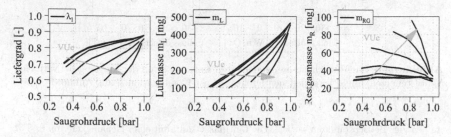

Abbildung 6.40: Einfluss von „Auslass schließt" bei konstanten Einlasssteuerzeiten auf Liefergrad, Luftmasse, Restgasmasse bei 2000 min^{-1} am Vollmotor (Ladungswechselrechnung)

Die Einlassnockenwelle befindet sich im Frühanschlag. Es ist ein starker Einfluss der Ventilüberschneidung auf Restgasmasse, Luftmasse und Liefergrad zu erkennen. Wird bei konstanter Ventilüberschneidung der Saugrohrdruck erhöht, nehmen die Luftmasse zu und der Restgasgehalt ab. Die Spätverschiebung der Auslassnockenwelle bewirkt bei konstanter Luftmasse eine Erhöhung des Saugrohrdruckes. Es findet eine verstärkte Restgasrückführung statt. Im Frühanschlag der Auslassnockenwelle, bei kleiner Ventilüberschneidung, beeinflusst der Saugrohrdruck den Restgasgehalt nur gering. Durch größere Ventilüberschneidung steigt die Druckabhängigkeit von Restgasgehalt, Luftmasse und Liefergrad.

Die Ermittlung des Massenstroms vom Saugrohr in den Zylinder wird mit einem lokalen Modellnetz des Liefergrades in Abhängigkeit von Motordrehzahl, Saugrohrdruck und der Lage der beiden Nockenwellen realisiert. Das Ergebnis ist in Abbildung 6.41 anhand zweier Drehzahlen und Lasten dargestellt. Die Phasenlage der Ein- und Auslassnockenwelle wurde

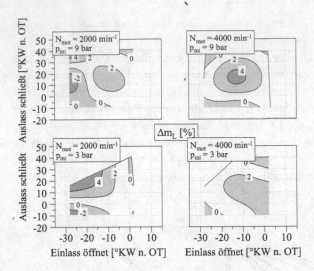

Abbildung 6.41: Abweichung der modellierten Luftmasse von der Messung bei variablen Ventilsteuerzeiten und verschiedenen Drehzahl-Last-Kombinationen am Vollmotor

an den vier Betriebspunkten variiert. Die Luftmasse kann mit einer Genauigkeit von ± 5 % berechnet werden. Bei 2000 min^{-1}, 3 bar Mitteldruck und großer Ventilüberschneidung ist der Motor nicht mehr lauffähig.

Das lokale Modellnetz des Liefergrades mit 15 lokal linearen Modellen ist als adaptives Modell ausgeführt. Die Daten der Ladungswechselrechnung dienen der Erzeugung der Modellstruktur. Anschließend wird das trainierte Modellnetz mit einem Modell gleicher Struktur additiv kombiniert, die Parameter des additiven Modellnetzes auf Null gesetzt und anhand von Messungen im Fahrzeug adaptiert. Für die Adaption wurden die gemessene Luftmasse, die interne Restgasmasse, Abgasdruck- und -temperatur entsprechend der oben beschriebenen Modelle verwendet. Die Übertragung der Parameter des additiven Liefergradmodells in das „feste" Modell und erneutes Setzen auf Null erfolgt nach der erfolgreichen Adaption. Dies ist aufgrund der gleichen Struktur einfach möglich.

Alle Modellvereinfachungen des Ladungswechselmodells bzgl. der Luftmassenbestimmung werden in diesem lokalen Modellnetz korrigiert. Eine Alternative, die Temperatur- und Druckeinflüsse getrennt zu adaptieren, wurde verworfen. Die Trennung der Einzeleinflüsse für eine Online-Adaption ist im Fahrzeug nur mit erhöhtem Aufwand möglich. Das Abgleichen des Abgasgegendruckes bzw. -temperatur mit einem Sensor online im Fahrzeug ist möglich, bietet aber hier kaum Vorteile. So müsste nach einer Adaption des Abgasdruckmodells durch den Einfluss des Restgasmodells auf die Zylinderfüllung die Luftmasse ebenfalls angepasst werden. Die getrennte Adaption von Druck- und Temperatureinfluss auf den Liefergrad ist mit der Indizierung und der Druckverlaufsanalyse möglich. Hierfür müsste die Adaption der Einzelmodelle entsprechend koordiniert erfolgen, um immer eine korrekte Luftmassenerfassung zu gewährleisten.

Für die Prozessoptimierung sind neben der Hochdruckarbeit die Ladungswechselverluste von Interesse. Eine wichtige Größe zu deren Abschätzung ist der Saugrohrdruck. Die Auswirkungen einer gewünschten Restgaserhöhung und damit einer Verstellung der Steuerzeiten muss das Saugrohrmodell abbilden. Für diese Anwendung wird der Ansaugbehälter als ein eingeständiges System modelliert, das die Drosselklappe mit Masse befüllt und der Zylinder entleert. Die Drosselklappe wird mit der Durchflussgleichung (3.19) modelliert. Der effektive Strömungsquerschnitt ist dabei abhängig von der Drosselklappenstellung.

Die verbleibende Masse im Saugrohr ergibt sich aus der Massenbilanz der durch die Drosselklappe einströmenden und in den Zylinder ausströmenden Masse. Unter Verwendung der Energiebilanz wird die Saugrohrtemperatur berechnet. Der Saugrohrdruck ergibt sich entsprechend der Thermischen Zustandsgleichung (3.5).

Zur Vorsteuerung der Drosselklappe eignet sich eine inverse Struktur des Saugrohrmodells, die in der Motorsteuerung üblicherweise Einsatz findet [48]. Der Sollluftmassenstrom ergibt sich aus einer Momentenanforderung und der aktuellen Motordrehzahl. Aus dem Sollluftmassenstrom errechnet sich ein Sollsaugrohrdruck und daraus ein Solldrosselklappenwinkel. Im Bereich überkritischer Strömung ist der Massenstrom durch die Drosselklappe unabhängig vom Saugrohrdruck. In diesem Fall beeinflusst die Stellung der Drosselklappe den Massenstrom direkt. Eine weitere Absenkung des Druckverhältnisses hat keine Auswirkung auf den Massenstrom. Für unterkritische Strömung hat neben dem Durchflussquerschnitt das Druckverhältnis über die Drosselstelle Einfluss auf den Massenstrom. Das gewünschte Verhältnis von Druck vor und nach der Drosselstelle wird mit der Durchflussgleichung (3.19) in eine effektive Fläche umgerechnet, aus der der Drosselklappenwinkel resultiert. Die Umsetzung der Ergebnisse der Verbrennungsoptimierung benötigt eine Umrechnung von Saugrohrdruck in einen Drosselklappenwinkel. Die Einstellung der Phasenlage der beiden Nockenwellen erfolgt meist betriebspunktabhängig [48]. Eine direkte Restgasvorgabe existiert nicht. Diese Sollwertstruktur der Nockenwellenlage wird hier nicht verwendet. Die Ladungswechselsteuerung setzt die Zustandsgröße Restgasgehalt in entsprechende Ventilstellungen um. Die Ventilsteuerzeiten beeinflussen auch die Füllung im Zylinder, weshalb deren Einfluss nicht nur in der Erfassung zu berücksichtigen ist. Veränderte Umgebungsbedingungen werden richtig erfasst und entsprechend korrigiert.

Für den Hochdruckprozess ist neben der Luftmasse der Restgasanteil von Bedeutung. Wird der Hochdruckprozess ohne den Ladungswechsel optimiert, ist es notwendig die maximal und minimal einstellbaren Werte für Luft- und Restgasmasse als Randbedingungen der Optimierung zu kennen. Die Größen beeinflussen sich gegenseitig. Es ist nicht sinnvoll die Maximal- und Minimalwerte unabhängig voneinander zu bestimmen. Bei maximaler Androsselung und großer Ventilüberschneidung stellt sich ein hoher Restgasgehalt ein. Die Luftmasse ist gering. Umgekehrt führen Zustände, die eine hohe Luftmasse ermöglichen, gleichzeitig zu geringer Restgasmasse. Die Sollluftmasse muss eingehalten werden, da eine direkte Beeinflussung des erreichbaren Motormomentes vorhanden ist. Eine betriebspunktabhängige Limitierung des Restgasgehaltes entsprechend zu hohen und niedrigen Werten ist erforderlich. Eine frei einstellbare Randbedingung ist der Saugrohrdruck. Die Ladungswechselarbeit, Luftmasse und Restgasgehalt werden beeinflusst. Die Stellbedingung in der Optimierung ist entsprechend ein weitgehend entdrosselter Ladungswechsel. Das bedeutet einen Saugrohrdruck nahe den Umgebungsbedingungen und einen möglichst hohen Restgasgehalt zur Entdrosselung, Verbesserung der Zündbedingungen und Senkung des Temperaturniveaus. Verändert die Ladungswechselsteuerung den Saugrohrdruck, um die optimierte Luft- und Restgasmasse einzustellen, muss der Hochdruckprozess anschließend erneut berechnet werden, um den Einfluss zu quantifizieren.

Abbildung 6.42 zeigt den Einfluss des Restgasgehaltes auf die Verbrennung bei konstanter zugeführter Luftmasse. Alle dargestellten Größen sind auf den Zustand bei einem Restgasgehalt von 0 % bezogen. Der indizierte Kraftstoffverbrauch der Hochdruckphase nimmt durch die Anhebung des Restgasgehaltes auf 20 % in diesem Betriebspunkt um ca. 2.5 % ab. Die Verbrennungstemperatur fällt um 10 %, entsprechend nehmen die Stickoxide um

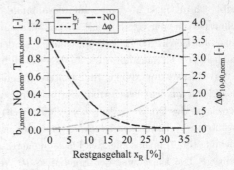

Abbildung 6.42: Einfluss des Restgasgehaltes auf die Verbrennung (Modell) bei 2000 min^{-1} und konstanter Luftmasse

mehr als 90 % ab. Die Verbrennungsdauer steigt durch die abnehmende Brenngeschwindigkeit um ca. 50 %. Eine Berechnung des Saugrohrdruckes in jedem Optimierungsschritt berücksichtigt die direkte Kopplung von Ladungswechsel und Hochdruckprozess. Die Rechenzeit ist entsprechend höher.

Der Zylinderdruck bei „Einlass schließt" ist der Startpunkt der Hochdruck-Prozessrechnung. Wird der indizierte Druckverlauf erfasst, liegen die Messwerte bei „Einlass schließt" und die Zylindermasse aus dem Saugrohrmodell bereits vor. In der Prozessoptimierung müssen die Druckverluste am Einlassventil bekannt sein. Der Sollsaugrohrdruck wird nach der Verbrennungsoptimierung mittels des Liefergrades aus der gewünschten Frischgasmasse bei gegebenem Zylindervolumen zurück gerechnet. Im Liefergrad sind Druck und Temperaturverluste enthalten. Die „Ladungstemperatur" im unteren Totpunkt kann mit der Formel nach Zapf [192] abgeschätzt werden. Eine Verbesserung der originalen Formel mit einer besseren Beschreibung der Abhängigkeit vom Luftverhältnis ist in den Arbeiten von Bargende [9] und Grill [52] zu finden.

$$T_{UT} = 286 + 0.86 \, \vartheta_e + 0.11 \, \vartheta_W + 1.35 \, c_m - 0.7 \, \varepsilon + 12.73 \, e^{-0.6 \, \lambda} \qquad (6.52)$$

Unter Annahme einer polytropen Kompression zwischen unterem Totpunkt und „Einlassventil schließt" kann T_{ES} berechnet werden.

$$T_{ES} = T_{UT} \left(\frac{V_{UT}}{V_{ES}} \right)^{n-1} \qquad (6.53)$$

Aufgrund guter Ergebnisse nach Anpassung der Koeffizienten werden die Eingangsgrößen von (6.52) beibehalten und für die Strukturierung eines empirischen Modells verwendet. Die Berechnung der Temperatur erfolgt im Gesamtmodell mit einem lokalen Modellnetz (10 lokal lineare Modelle). Anschließend wird diese Temperatur nach der Mischung mit Restgas und Kraftstoff in eine Gastemperatur im unteren Totpunkt umgerechnet:

$$T_{Z,UT} = \frac{m_L \, T_{L,UT} \, R_L + m_{Kr} \, T_{Kr} \, R_{Kr} + m_R \, T_{R,UT} \, R_R}{(m_L + m_{Kr} + m_R) \, R_Z} \qquad (6.54)$$

Mit dem lokalen Modellnetz können die prinzipielle Abweichung der Berechnung und die Gegebenheiten am realen Motor ausgeglichen werden. Der Einsatz eines lokalen Modellnetzes ist, wie bereits in Kapitel 6.1 und 6.2 gezeigt, immer dann sinnvoll, wenn eine Kombination mit physikalisch basierten Modellen möglich ist.

In Abbildung 6.43 ist die Abweichung der Gastemperatur bei „Einlassventil schließt" zwischen Druckverlaufs-/Ladungswechselanalyse und dem hier verwendeten Modell dargestellt. Die Differenz ist im gesamten Verstellbereich der Nockenwellenphasenlage kleiner als ± 5 %. Lediglich bei 2000 min^{-1}, 3 bar Mitteldruck und später Auslassphasenlage sind die Abweichungen geringfügig höher. Die Temperatur und Masse des Restgases wurden

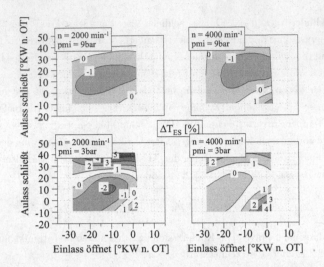

Abbildung 6.43: Differenz der modellierten Brennraumtemperatur bei „Einlass schließt" zur Messung bei variablen Ventilsteuerzeiten und verschiedenen Drehzahl-Last-Kombinationen am Vollmotor

mit den oben beschrieben Modellen, die Kraftstofftemperatur als gewichteter Mittelwert aus Saugrohr- und Kühlwassertemperatur ermittelt [48].

Die Arbeitsprozessrechnung rechnet die Temperatur bei „Einlassventil schließt" in einen Druck um. Auf eine Aufteilung des Liefergrades in einen druck- und einen temperaturbeeinflussten Teil wurde verzichtet. Prinzipiell wäre es möglich diese Temperaturberechnung in der Liefergradermittlung bzw. Luftmassenbestimmung zu nutzen. Eine große Vereinfachung des Liefergradmodells bewirkt die Kopplung aber nicht, weshalb hier keine weitere Berücksichtigung notwendig ist.

Für die Adaption des Modells sind der Zylinder- und Saugrohrdruck zu messen. Zur Reduktion des Signal-Rauschverhältnisses und der Fehlerempfindlichkeit wird anstelle der direkten Messung des Druckes bei „Einlass schließt" ein fester Punkt in der Kompression verwendet und der Startdruck mittels einer polytropen Zustandsänderung zurückgerechnet [102]. Die Berechnung der Temperatur erfolgt anschließend aus der Zylindermasse - Luftmasse gemessen, Restgasmasse aus Modell.

Fazit: Das physikalisch basierte Ladungswechselmodell eignet sich sehr gut zur Abbildung der Luft- und Restgasmasse an einem Motor mit verstellbarer Einlass- und Auslassnockenwelle. Die Ladungswechselrechnung dient der Modellentwicklung und unterstützt durch Erzeugung von Simulationsdaten die empirische Modellgenerierung. Eine Berücksichtigung von Einflüssen des Restgases auf die Verbrennung und solchen, die zu einer Luftmassenreduktion führen, ist mit diesem Ladungswechselmodell innerhalb der Verbrennungsoptimierung sehr gut möglich.

6.4 Klopfen

Zur Berücksichtigung klopfender Verbrennungen in der thermodynamischen Modellrechnung eignet sich ein Klopfkriterium. Ansätze verschiedener Detaillierung zur Beschreibung der Niedertemperaturreaktionskinetik sind in Worret [187] aufgeführt. Die Nutzung der Vorgänge im Endgas bei einer nulldimensionalen Modellierung der Verbrennung ist mit einem vereinfachten reaktionskinetischen Ansatz, dem integralen Zündverzug, möglich. Die thermodynamische Druck-Temperatur-Historie wird dazu durch den Kehrwert der momentanen Zündverzugszeit zu einem Vorreaktionszustand I_k integriert:

$$I_k = \frac{1}{6\,N_{mot}} \left(\frac{1}{C_1\,10^{-3}} \right) \int_{\varphi=\varphi_{RB}}^{\varphi=\varphi_{RE}} \frac{1}{p^{C_2}\,c^{\frac{C_3}{T}}}\,d\varphi \qquad (6.55)$$

Startpunkt der Integration ist der Zeitpunkt 90°KW vor ZOT. Die Art der Reaktionsgeschwindigkeit lässt sich als Konzentration von reaktionsbestimmenden Zwischenprodukten deuten. Die Konzentration der Zwischenprodukte wächst während der Kompression und Verbrennung bis zum Klopfzeitpunkt ein kritischer Zustand überschritten wird. Der Zustand zum Klopfeintritt ist der kritische Vorreaktionszustand.

Die Verwendung des kritischen Vorreaktionsniveaus reicht zur Kennzeichnung klopfender Betriebspunkte nicht aus. Nahe der Klopfgrenze liegende Betriebspunkte überschreiten im Laufe der Verbrennung die Schwelle, obwohl aus der Messung kein Klopfen erkennbar ist. Für die Vorausberechnung der Klopfgrenze muss der Verbrennungsfortschritt bei Erreichen des kritischen Vorreaktionsniveaus betrachtet werden [42, 187]. Nach den Untersuchungen von Franzke [42] ist die Klopfgrenze durch den klopfauslösenden Vorreaktionszustand zu einem bestimmten Anteil der Brenndauer festgelegt. Je nachdem wie viel Masse an der Selbstzündung beteiligt ist, bilden sich mehr oder weniger starke Druckwellen aus. Zum Ende der Verbrennung steigt der Vorreaktionszustand, die Masse der unverbrannten Zone nimmt ab, bis diese nicht mehr ausreicht um erkennbare Druckwellen auszulösen. Als Erklärung für den Endwert der Vorreaktionsberechnung könnte die Masse im Feuersteg sein [154]. Der Massenstrom des Feuerstegs ist proportional zur Druckänderung, die gegen Ende der Verbrennung negativ wird. Nach Schmid [154] kann von einem Einfrieren weiterer

Vorreaktionen ausgegangen werden, sobald die kalte Kraftstoffmasse aus dem Feuersteg in den Endgasbereich eintritt.

Zur Abstimmung des kritischen Vorreaktionszustandes des Klopfmodells wurden am Vollmotor Messungen an der Klopfgrenze durchgeführt. Der Klopfbeginn stammt aus der in Kapitel 3.3 beschriebenen Methodik. Für die Klopfsimulation wurden die Messdaten mit einer „100%-Iteration" (konstantes Luftverhältnis) [52, 154] ausgewertet. Kraftstoff- und Luftmasse werden entsprechend angepasst. Die Parameter des Klopfintegrals für eine einzonige Rechnung mit Wandwärmeübergang nach Woschni ($C1 = 2.714$, $C2 = -1.262$, $C3 = 3964$) sind aus Worret [187] übernommen. Der Umsatzpunkt des mittleren klopfenden Arbeitsspiels zum Klopfbeginn ist kein fester Wert, sondern schwankt zwischen 70%- und 90%-Umsatz des Brennverlaufes.

Das Modell zur Klopfsimulation berechnet den Vorreaktionsintegral bis zum 75%-Umsatzpunkt. Die Umsatzpunkte entstammen beim Einsatz innerhalb der Verbrennungs-optimierung dem Brennverlaufsmodell (siehe Kapitel 6.1). Überschreitet der Endwert einen kritischen Zustand, wird Klopfen erkannt. Als kritischer Zustand ist der Endwert des mittleren Arbeitsspieles an der Klopfgrenze definiert, siehe Abbildung 6.44 (links).

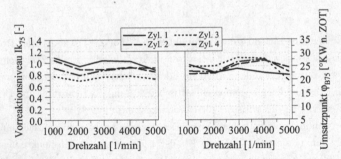

Abbildung 6.44: Kritischer Vorreaktionszustand (links) und Verbrennungslage (rechts) am Vollmotor an der Klopfgrenze der Antiklopfregelung (Mittelung aller Arbeitsspiele des klopfenden Betriebspunktes)

Der zweite und vierte Zylinder zeigen nahezu identische Werte an der Klopfgrenze. Der kritische Vorreaktionszustand des dritten Zylinders ist geringer. Die Lage des 75%-Umsatzpunktes ist nach hinten verschoben (Abbildung 6.44 (rechts)). Eine Mittelung der als klopfend erkannten Arbeitsspiele statt der Auswertung aller Arbeitsspiele eines klopfenden Betriebspunktes verschiebt kaum Tendenzen, siehe Abbildung 6.45.

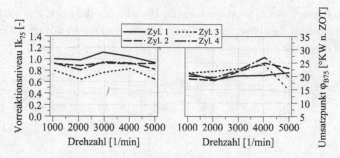

Abbildung 6.45: Kritischer Vorreaktionszustand (links) und Verbrennungslage (rechts) am Vollmotor an der Klopfgrenze (Mittelung nur der klopfenden Arbeitsspiele)

Den kritischen Vorreaktionszustand bildet eine Kennlinie über der Drehzahl ab. Die Verbrennungsoptimierung verwendet die Klopfgrenze ermittelt aus den als klopfend erkannten Arbeitsspielen.

6.5 Bewertung verschiedener Modellierungsmaßnahmen

An dieser Stelle folgt eine Untersuchung und Bewertung der Auswirkungen einiger Modelle bzw. Modellannahmen. Für die Anwendung im RCP-System wird eine hohe Genauigkeit bei gleichzeitig geringem Rechenzeitbedarf angestrebt. Die Auswahl der Modelle ist immer ein Kompromiss aus beiden Forderungen.

Als Referenz für die folgende Analyse wird das Vibe-Ersatzbrennverlaufsmodell aus Kapitel 6.1.2 mit einzoniger Rechnung, dem Kalorikansatz nach Grill [52] und dem Wandwärmeübergang nach Woschni [188] verwendet. Die Rechenzeit für die Arbeitsprozessrechnung auf dem RCP-System beträgt 12 ms. Die Ermittlung der Rechenzeit erfolgt durch Auslesen eines Timers auf dem RCP-System vor und nach der Arbeitsprozessrechnung. Eine relative Aufwandsabschätzung ist damit gut möglich. Die Nutzung des Vibe-Ersatzbrennverlaufsmodells im Vergleich zum phänomenologischen Entrainment-Verbrennungsmodell (siehe Kapitel 6.1.1) bietet in zweierlei Hinsicht Vorteile in der Rechengeschwindigkeit. Zum einen ist die Berechnung des Ersatzbrennverlaufes deutlich schneller (um ca. 22 ms). Weiterhin ist eine zweizonige Berechnung des Hochdruckteils nicht mehr zwingend notwendig. Die Rechenzeit auf dem RCP-System nimmt durch die einzonige Berechnung um ca. 1 ms ab.

In Abbildung 6.46 ist die Abweichung im Hochdruckmitteldruck, Spitzendruck und Temperatur bei „Auslass öffnet" unter Verwendung zweier Zonen im Vergleich zum Einzonenmodell dargestellt.

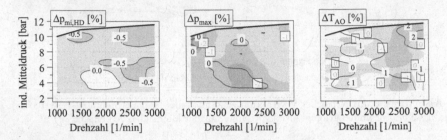

Abbildung 6.46: Abweichung im Hochdruckmitteldruck (links), Spitzendruck (Mitte) und Temperatur bei „Auslass öffnet" (rechts) bei zweizoniger Modellierung gegenüber dem Einzonemodell am Einzylindermotor

Die Abweichung des Maximaldruckes vom Einzonenmodell zur Messung ist als Fläche, die Abweichung des Zweizonen- zum Einzonenmodell als durchgezogene Linien dargestellt. Vergleichsbasis der einzonig berechneten Temperatur ist die Temperatur der Druckverlaufsanalyse. Für den Hochdruckmitteldruck ist nur die Differenz zwischen Ein- und Zweizonenmodell dargestellt. Das Einzonenmodell hat eine maximale Abweichung von 1.1 % im Mitteldruck zur Messung (siehe Abbildung 6.10 und Abbildung 6.15), 5.1 % im Spitzendruck und 1.6 % in der Temperatur bei „Auslass öffnet". Für die Beurteilung der zweizonigen Modellierung wurde das Brennverlaufsmodell an eine zweizonige Rechnung adaptiert. Die Abweichungen im Hochdruckmitteldruck zwischen Ein- und Zweizonenmodell sind maximal 0.7 %, im Spitzendruck maximal 0.8 %. Die Temperaturabweichung bei „Auslass öffnet" ist kleiner als 3 %. Es zeigt sich eine leichte Abhängigkeit von Drehzahl und Mitteldruck. Wird das Brennverlaufsmodell nicht an das Zweizonenmodell adaptiert, entstehen größere Differenzen. Bei Nutzung des mit einzonigen Parametern abgestimmten Brennverlaufsmodells für die zweizonige Rechnung (nicht dargestellt) sind die Abweichungen vor allem im Spitzendruck deutlich höher. Der Spitzendruck wird dann vor allem bei niedrigen Drehzahlen und hohen Mitteldrücken zu gering berechnet (bis zu 8 %). Dieser Fehler ist innerhalb des Brennverlaufsmodells zu berücksichtigen, weshalb ein Vergleich von einzonigen Brennverlaufsmodellen innerhalb einer zweizonigen Arbeitsprozessrechnung nicht sinnvoll und demzufolge hier nicht dargestellt ist.

Zur Beschreibung der Stoffeigenschaften des Arbeitsgases existieren mehrere Ansätze, die in Kapitel 3.1 bereits kurz vorgestellt wurden ([75], [191], [52], [28], [176]). Aufgrund der geringen Abweichung des Ansatzes nach de Jaegher im Vergleich zu Grill [52] folgt hier keine weitere Untersuchung. Für die Umsetzung auf dem RCP-System dienen abweichend zu Grill [52] Interpolationstabellen, der zur Bestimmung der exakten Stoffeigenschaften die Gleichgewichtskonzentrationen online berechnet. Als Stützstellen für den Druck wurden 0.1, 1, 10, 20, 50 und 100 bar und für die Temperatur eine Schrittweite von 100 K im Bereich 300 bis 3000 K verwendet. Die Stützstellen für das Luftverhältnis wurden im Bereich 0.6 und 2.0 mit einer Schrittweite von 0.1 gewählt. Um den steilen Anstieg der inneren Energie über dem Luftverhältnis abbilden zu können, ist in Anlehnung an [52] im stöchiometrischen Bereich eine feinere Aufteilung von 0.05 zu verwenden. Für eine sehr magere Zusammensetzung existieren weitere Stützstellen bei 3, 5, 10 und 10^6. Die Näherungsgleichungen nach Zacharias [191], Justi [75] und Urlaub [176] verbleiben in ihrer ursprünglichen Form.

Abbildung 6.47 zeigt die Abweichung im Hochdruckmitteldruck bei Verwendung des Kalorikansatzes nach Zacharias, Justi und Urlaub im Vergleich zu den Interpolationstabellen.

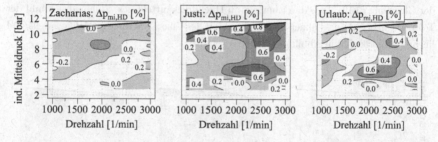

Abbildung 6.47: Abweichung im Hochdruckmitteldruck bei Verwendung der Kalorik nach Zacharias, Justi und Urlaub am Einzylindermotor

Zum Ansatz von Zacharias ergibt sich eine maximale Differenz von 0.3 %, zu Justi 0.9 % und zu Urlaub 0.6 %. Die Rechenzeiten nehmen bei Verwendung der Gleichungen nach Zacharias um 12 ms und bei Justi um 7 ms zu. Die Nutzung der Gleichung von Urlaub reduziert die Rechenzeit um 5 ms. Inwieweit sich eine andere Gestaltung der Interpolationstabellen auf die Rechenzeit und die Modellgenauigkeit auswirkt, ist hier nicht dargestellt.

Die Ansätze zur Berechnung der Kraftstoffkalorik unterscheiden sich in Bezug auf die Abweichung des Hochdruckmitteldruckes nur sehr gering. Die Differenz zwischen Heywood [61] und Pflaum [134] beträgt maximal 0.5 %, zwischen Heywood und Grill [52] maximal 0.6 % und zwischen Pflaum und Grill maximal 0.3 %, siehe Abbildung 6.48.

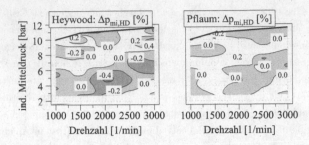

Abbildung 6.48: Abweichung im Hochdruckmitteldruck bei Verwendung der Kalorik nach Heywood und Pflaum am Einzylindermotor

Die Rechenzeiten des Ansatzes von Heywood und Grill gleichen sich nahezu. Für die Berechnung mit Pflaum werden ca. 3 ms weniger benötigt. Die Rechenzeit kann auch an dieser Stelle durch den Einsatz von Interpolationstabellen weiter gesenkt werden.

Eine weitere Verringerung der Rechenzeit um 6 ms ergibt sich durch die Verwendung der Gleichung (3.12). Die Abweichungen im Hochdruckmitteldruck, Spitzendruck und der Temperatur bei „Auslass öffnet" bei Verwendung des Vibe-Ersatzbrennverlaufsmodells und linearer Kalorik sind in Abbildung 6.49 dargestellt.

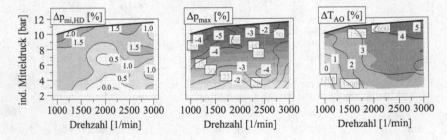

Abbildung 6.49: Abweichung im Hochdruckmitteldruck (links), Spitzendruck (Mitte) und Temperatur bei „Auslass öffnet" (rechts) bei Verwendung linearer Kalorik und Spitzendruck, Temperatur bei „Auslass öffnet" der Analyse am Einzylindermotor

Die lineare Abhängigkeit von der Temperatur ist gut an der mit steigenden Mitteldrücken zunehmenden Abweichung zur Referenz zu erkennen. Die Abweichung im Hochdruckmitteldruck übersteigt 2 % bei niedrigen Drehzahlen und hohen Mitteldrücken während die Abweichung der Maximaldrücke in diesem Bereich mehr als 5 % beträgt. Der Fehler in der Temperatur bei „Auslass öffnet" nimmt mit steigender Drehzahl und steigender Last zu. Die Spitzendrücke der Messung und die Temperatur bei „Auslass öffnet" der Druckverlaufsanalyse sind als schattierte Fläche hinterlegt. Deutlich erkennbar ist die jeweils mit steigenden Absolutwerten zunehmende Abweichung der Rechnung mit linearer Kalorik.

Einen weiteren Einfluss auf die Rechenzeit hat der verwendete Ansatz zur Berechnung des Wandwärmeübergangs. Wird im Vergleich zu Woschni der Ansatz nach Bargende [8] verwendet, steigt die Rechenzeit auf dem RCP-System um ca. 1 ms. Wird kein Wandwärmeübergang berechnet, nimmt die Rechenzeit um 2 ms ab. Dies ist nicht zu empfehlen, da die Fehler im Hochdruckmitteldruck bei Drehzahlen unterhalb 1500 min^{-1} bereits größer als 5 % werden und dies durch das Brennverlaufsmodell kompensiert werden müsste. Die Abweichung im Hochdruckmitteldruck zum Wandwärmeübergang nach Bargende ist in einem weiten Bereich kleiner als 1.5 %.

Die Verwendung eines 4-Schrittverfahrens (Runge-Kutta) im Vergleich zu einem 2-Schrittverfahren (Runge-Kutta) erhöht die Rechenzeit um ca. 8 ms während durch die Benutzung der Trapezregel zur numerischen Integration der Rechenaufwand um etwa 8 ms abnimmt. Die Auswirkungen auf die Mitteldruckabweichung sind mit maximal 4 % bei Verwendung der Trapezregel ganz beträchtlich während sich die Verwendung des 2-Schrittverfahrens mit weniger als 1.5 % nur gering auswirkt.

Durch ein Annähern der Kompression von „Einlass schließt" bis zum Zündzeitpunkt durch eine polytrope Kompression mit konstantem Polytropenexponenten, kann der Rechenaufwand um ca. 2 ms reduziert werden. Gleichzeitig ist die Auswirkung auf die Abweichung des Mitteldruckes mit maximal 0.3 % sehr gering. Die Annäherung der Expansion durch eine weitere Polytrope von Verbrennungsende bis zum Zeitpunkt „Auslass öffnet" bringt eine Verringerung der Rechenzeit um eine weitere Millisekunde. Die Abweichung im Hochdruckmitteldruck liegt im Mittel bei 0.3 %. Allerdings treten maximale Abweichungen von über 5 % im Bereich kleiner Drehzahlen auf.

Zur Reduzierung der Rechenzeit bietet sich eine Erhöhung der Rechenschrittweite an. Abbildung 6.50 zeigt die mittlere, minimale und maximale Abweichung im Hochdruckmitteldruck, Spitzendruck und Temperatur bei „Auslass öffnet" aus dem Last-Drehzahl-Kennfeld. Bis zu einer Schrittweite von 3°KW bleibt der Fehler im Hochdruckmitteldruck innerhalb von 2 % und im Spitzendruck innerhalb von 3 %. Die Genauigkeit der Temperatur bei „Auslass öffnet" beträgt 1 % im Vergleich zu einer Schrittweite von 1°KW. Die Rechenzeit wird entsprechend um den Faktor 3 reduziert.

Bei einer Schrittweite von 5°KW ist die maximale Abweichung im indizierten Hochdruckmitteldruck kleiner als 3 %. Vergleichbar dazu liegt die maximale Abweichung bei Verwendung linearer Kalorik und der Trapezintegration bei 4 %. Beide Berechnungsvarian-

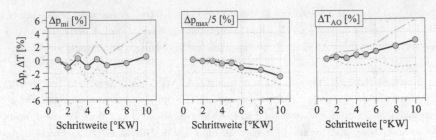

Abbildung 6.50: Abweichung im Hochdruckmitteldruck (links), Spitzendruck (Mitte) und Temperatur bei „Auslass öffnet" (rechts) bei Verwendung unterschiedlicher Schrittweiten am Einzylindermotor

ten der Hochdruckschleife benötigen auf dem RCP-System eine Rechenzeit von etwa 3 ms. Durch zusätzliche Nutzung der polytropen Kompression ist es möglich, die Berechnung der Hochdruckschleife in ca. 1 ms auszuführen. Wird das Brennverlaufsmodell mit jeweils 85 lokal linearen Modellen mit berechnet, steigt die Rechendauer um ca. eine weitere Millisekunde. Die Genauigkeit der Berechnung ist in Abbildung 6.51 dargestellt.

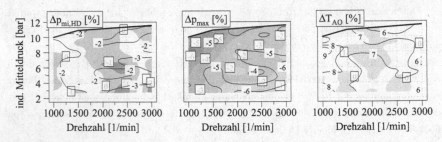

Abbildung 6.51: Abweichung im Hochdruckmitteldruck (links), Spitzendruck (Mitte) und Temperatur bei „Auslass öffnet" (rechts) bei Verwendung von 5°KW Schrittweite (Fläche) im Vergleich mit linearer Kalorik und Trapezintegration (Isolinien) am Einzylindermotor

Die Abweichung im maximalen Zylinderdruck im Vergleich zur Referenzrechnung beträgt durch die Schrittweitenerhöhung wie durch die Verwendung linearer Kalorik inklusive Trapezintegration 6 %. Der Fehler der Temperatur bei „Auslass öffnet" unterscheidet sich bei beiden Berechnungen um 7 % - bei Schrittweite 5°KW weniger als 2%-Abweichung zur Referenz, lineare Kalorik mit Trapezintegration 9%-Abweichung zur Referenz.

Wird das Modell des Umsatzwirkungsgrades zur Bestimmung des Ersatzbrennverlaufes (siehe Gleichung (6.12)) nicht berücksichtigt, entsteht ein Fehler im Vergleich zur Messung. Abbildung 6.52 zeigt die Abweichung im Mitteldruck, Spitzendruck und der Temperatur bei „Auslass öffnet".

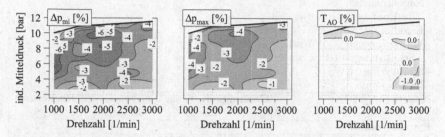

Abbildung 6.52: Abweichung im Hochdruckmitteldruck (links), Spitzendruck (Mitte) und Temperatur bei „Auslass öffnet" (rechts) ohne Verwendung des Umsatzwirkungsgrades am Einzylindermotor

Als Messsignale für das Verbrennungsluftverhältnis wurden die im Fahrzeug verfügbare Lambdasonde und die Luftmasse des in Kapitel 6.3 vorgestellten und abgestimmten Ladungswechselmodells verwendet. Mitteldruck und Spitzendruck werden im gesamten Last-Drehzahl-Kennfeld zu niedrig errechnet (maximal 6 % Δp_{mi} bzw. 5 % Δp_{max}). Die prozentuale Abweichung der Temperatur bei „Auslass öffnet" ist im Vergleich dazu gering.

Für die Verbrennungsoptimierung wird mit der Referenzkonfiguration aus Brennverlaufsmodell entsprechend Kapitel 6.1.2, einzoniger Rechnung, Kalorikansatz nach Grill [52] und dem Wandwärmeübergang nach Woschni [188] gerechnet.

Fazit: Die Berechnung der Hochdruckschleife ist mit dem gewählten Referenzansatz (Vibe-Ersatzbrennverlaufsmodell, Einzonenmodell, Kalorikansatz Grill, Wandwärmeübergang Woschni, 2-Schritt-Integrationsverfahren) mit hoher Genauigkeit unter zusätzlicher Nutzung der Kraftstoffkalorik nach Pflaum in ca. 11 ms auf dem RCP-System möglich. Die hohe Genauigkeit bei geringem Rechenaufwand ist Voraussetzung für die Anwendung der Verbrennungsoptimierung. Eine weitere Rechenzeitersparnis kann durch zusätzliche Nutzung von Interpolationskennfeldern zum Annähern analytischer Funktionen genutzt werden. Die Verwendung einfacher Ansätze ist immer dann mit Genauigkeitseinbußen verbunden, wenn diese durch andere empirische Modelle (z.B. Verbrennungsmodell) nicht ausreichend kompensiert werden können. Die Nutzung der polytropen Kompression mit entsprechender Adaption der Emissionsmodelle führt zu einer weiteren Reduktion der

Rechenzeit ohne die Genauigkeit zu beeinflussen. Damit kann die Hochdruckschleife in weniger als 10 ms berechnet werden. Abschließend zeigt Tabelle 6.1 eine Zusammenstellung der Ergebnisse dieses Kapitels.

Referenz:
- Einzonenmodell
- Vibe-Ersatzbrennverlaufsmodell
- Kalorikansatz Grill
- Wandwärmeübergang Woschni
- 2-Schritt-Integrationsverfahren
- Schrittweite 1°KW
- $t_{RCP} = 14ms$

| Ansatz | Genauigkeit (minimal-maximal) | | | Rechenzeit |
	Δp_{mi} [%]	Δp_{max} [%]	ΔT_{AO} [%]	Δt [ms]
Entrainmentmodell	-	-	-	+22
Zweizonenmodell	-0.4...+0.7	-0.8...+0.5	-0.9...+2.7	+1
Kalorik Zacharias	-0.3...+0.3	-0.1...+0.3	+1.1...+2.5	+12
Kalorik Justi	-0.2...+0.9	-2.6...-0.8	-2.1...-0.6	+7
Kalorik Urlaub	-0.3...+0.6	-2.1...+0.3	-1.8...+0.3	-5
Kalorik Heywood	-0.4...+0.6	-0.4...+0.1	-2.3...-1.1	0
Pflaum	-0.5...+0.5	-0.1...+0.3	+0.6...+1.7	-3
lineare Kalorik	-0.2...+2.4	-8.6...-0.2	+0.4...+5.6	-6
Wandwärme Bargende	-0.5...+2.2	-3.1...+0.6	-4.6...+9.4	+1
keine Wandwärme	-7.3...+12.4	-9.5...+1.4	+10.1...+41.8	-2
Runge-Kutta 4	+0.7...+1.4	+0.5...+1.2	-0.7...+0.7	+8
Trapezintegration	-4.0...-1.1	-6.9...-3.9	+5.4...+9.9	-8
polytrope Kompression	0.0...+0.3	-0.1...+0.1	-0.5...0.0	-2
polytrope Kompression & Expansion	0.0...+6.1	-0.1...+0.1	-0.5...11.6	-3

Tabelle 6.1: Bewertung von Genauigkeit und Abschätzung der Beeinflussung der Rechenzeit

7

Steuergerätetaugliche Optimierung

7.1 Problemstellung

Das in Kapitel 5 beschriebene Motormanagement verwendet einen übergeordneten Koordinator, der alle Steuermodule und damit das gesamte Prozessverhalten inklusive Verbrennung steuert. Den aktuellen Motorzustand erfassen auf Druck-, Temperatur- und Luftverhältnismessung aufbauende Prozessmodelle, die zur Steuerung des Motors invertiert werden müssen.

Eine betriebspunktabhängige Steuerung und Minimierung - bspw. des Kraftstoffverbrauches - erfolgt ausgehend vom Verbrennungskoordinator durch die Anpassung der Führungsgrößen des Gesamtsystems. Ist keine analytische Invertierung des Steuerungsproblems möglich, muss das inverse Prozessverhalten numerisch ermittelt werden. Die numerische Invertierung ist hierfür eine flexibel einsetzbare Methode zur Lösung des gestellten Optimierungsproblems. Die numerische Invertierung hat neben dem Nachteil des erhöhten Rechenaufwandes Vorteile bzgl. des Modellierungsaufwandes. Die Erstellung eines inversen Modells, das unter Umständen keine exakte analytische Invertierung darstellt, ist nicht erforderlich. Für komplexe modellierte Zusammenhänge, die nicht durch Umstellen von einfachen Gleichungen invertierbar sind, erfolgt entweder eine Vereinfachung mit anschließender Invertierung und / oder eine lokale Invertierung am entsprechenden Arbeitspunkt. Ein Vertauschen von Eingangs- und Ausgangsdaten bei der Modellerstellung mit entsprechender Modellierung des inversen Modellverhaltens kann zu Fehlern führen, da die Modellstruktur abweichen kann. Der Modellfehler zwischen Erfassungs- und inversem Steuerungsmodell muss berücksichtigt werden.

Die analytische Lösung des an den Verbrennungskoordinator gestellten Optimierungsproblems - bspw. minimaler Kraftstoffverbrauch unter Einhaltung von Emissionsgrenzen -

ist nicht möglich. Sowohl Kraftstoffverbrauch als auch Abgasemissionen hängen von mehreren Führungsgrößen gleichzeitig ab. Die numerische Invertierung erweitert die Beschränkung auf eine Regelgröße bei entsprechender Steuerung der weiteren Zustandsgrößen. Die Regelung einer Prozessgröße - bspw. der Verbrennungslage - verringert den Kraftstoffverbrauch. Der entsprechende Sollzustand - in diesem Fall die gewünschte Verbrennungslage - muss nach wie vor durch eine entsprechende Führungsgrößenstruktur ermittelt werden. Die Anpassung der Bedatung der Führungsgrößenstruktur nach definierten Optimierungskriterien ist Aufgabe der entwickelten Prozessoptimierung. Damit unterscheidet sie sich von herkömmlichen Regelstrategien des Motormanagements, die einen vorgegebenen Sollzustand einregeln.

Die Adaption der Vorsteuerung von Verbrennungslageregelung, indiziertem Mitteldruck und Gemischlage - im Fall der fremdgezündeten Betriebsarten der Zündwinkel, die Luftmasse und die Kraftstoffmasse - ist durch Nutzung von Reglerinformationen (bleibende Regelabweichung) bereits ohne Prozessoptimierung möglich und im Verbrennungskoordinator umgesetzt. Mit dieser Information sind bereits Aussagen über die Genauigkeit und Güte der Vorsteuerung möglich. Die Reglerinformationen übermitteln die einzelnen Steuerungsmodule an den Verbrennungskoordinator, der diese Informationen verarbeitet. Der Kraftstoffverbrauch wird noch nicht direkt eingeregelt. Die in Kapitel 5 beschriebene „selbstoptimierende" Regelung des Verbrennungsprozesses ist bereits eine Erweiterung zur Adaption. Das vom Motor abgegebene Drehmoment und die Verbrennungslage hält die Verbrennungsregelung konstant. Die Gemischlage regelt die Lambdaregelung der Basiseinheit. Weitere verbrennungsbeeinflussende Größen, wie Restgasmasse oder Einspritzzeitpunkt verändert der Verbrennungskoordinator online entsprechend minimalem Kraftstoffverbrauch. Wichtig für das Funktionieren dieser Vorgehensweise ist eine gute Lastregelung, die den Betriebspunkt konstant hält. Tritt eine Betriebspunktverschiebung auf, ist keine Beurteilung der Ergebnisse mehr zulässig.

Unter der Annahme eines konstanten Betriebspunktes kann somit anhand der Messgrößen festgestellt werden, ob die Variation auf ein bestimmtes Optimierungsziel (z.B. minimaler Kraftstoffverbrauch) eine betriebspunktbezogene positive Wirkung hat. Bei der Regelung des abgegebenen Momentes ist die eingespritzte Kraftstoffmasse zu bewerten. Ist die Lastregelung inaktiv und die angesaugte Luftmasse konstant, kann eine Bewertung des abgegebenen Momentes erfolgen. Folgender Ablauf muss dabei berücksichtigt werden: Nach dem Erkennen eines stationären Betriebspunktes startet die Regelung. Die Stationärpunkterkennung nutzt im einfachsten Fall Drehzahl, Motortemperatur und Mitteldruck. Die Filterung der Größen bewirkt eine geringe Phasenverschiebung. Verschwindet diese bzw. befindet sie sich innerhalb applizierbarer Grenzen, liegt ein stationärer Zustand vor.

Die Nutzung weiterer Messsignale, wie Luftverhältnis, Ansauglufttemperatur, Luftmasse
etc. ist Abhängigkeit von der Anwendung - bspw. einer Maximierung des abgegebenen
Momentes bei konstanter Luftmasse und Luftverhältnis - abzuwägen und zu nutzen.

Die Variation der freien Parameter beginnt, wenn der Betriebspunkt stationär einge-
schwungen ist. Nach der Erkennung einer Verbesserung des Verbrennungsprozesses folgt die
Adaption der Einstellungen in die Führungsgrößenstruktur. Dieser Vorgang kann jederzeit
unterbrochen werden falls der aktuelle Betriebspunkt verlassen wird. Die Speicherung
der Ergebnisse der Adaption und der Prozessoptimierung in der Führungsgrößenstruktur
erfolgt separat zu den applizierten Sollwerten. Eine Rückführung auf den Ausgangszustand
ist leicht durch Löschen der Adaptionsergebnisse möglich.

Die Variation der einzelnen Parameter folgt nach einem Optimierungsschema, welches
dem Optimierungsalgorithmus im folgenden Kapitel entspricht. Wichtig für die „selbstoptimierende" Regelung am Motor ist die Wahl kleiner Variationssprünge, um vor allem
der Lastregelung das Halten des Betriebspunktes zu vereinfachen. Die Motorsteuerung
erlernt das Prozessverhalten des Motors. Ein Nachteil dieser Vorgehensweise ist, dass
ein Überschreiten von Grenzen erst bemerkt wird, wenn die entsprechende Information
vorliegt. Die einzige Möglichkeit dies zu umgehen, ist die Verringerung der passenden
Betriebsgrenzen. Die Nutzung eines Modells verhindert dies, da das Überschreiten von
Grenzen an diesem zuvor überprüfbar ist.

Die in Kapitel 6 beschriebenen Modelle geben Kraftstoffverbrauch und Emission sehr
gut wieder. Weitere Größen zum Schutz des Motors, wie Spitzendruck oder Abgastemperatur, sind ebenfalls in einer sehr hohen Güte vorhanden. Damit sind diese Modelle
ideal für die Prozessoptimierung geeignet. Einziger Nachteil ist die hohe Rechenzeit zur
Modellausführung, die für diese Anwendung in Kauf genommen wird.

7.2   Rahmenbedingungen

Ein passender Optimierungsalgorithmus sollte möglichst universell anwendbar sein. Das
Einbetten des Prozessmodells in den Optimierer ist hierfür von Nachteil. Vorteilhaft wirkt
sich die Realisierung eines externen Modellaufrufes aus. Die Möglichkeit, dasselbe Modell
für die Erfassung des Istzustandes und für die Optimierung zu verwenden, ist die daraus
abgeleitete Forderung, die bei der Konzipierung des Optimierungsverfahrens Beachtung
finden muss. Die Realisierung eines Optimierers mit externem Modellaufruf ermöglicht
neben dem mehrfachen Einsatz des Modells pro Rechentask auch die Optimierung am realen
Motor. Ein Pausieren des Optimierers für eine definierte Zeit ist bei der Konzipierung ebenso

zu berücksichtigen, wie die Anwendbarkeit am realen Motor für die bereits beschriebene „selbstoptimierende" Regelung.

Im Gegensatz zu Online-Optimierungsverfahren, die eine Rechnerkopplung nutzen, um am Motorprüfstand zu optimieren, muss der Optimierungsalgorithmus für die steuergerätetaugliche Anwendung komplett auf dem RCP-System ausführbar sein. Das verlangt ein skalierbares Optimierungsverfahren hinsichtlich der Wahl der Eingangsgrößen. Flexibilität bei der Wahl der Eingangsgrößen ist neben der freien Auswahl der Optimierungskriterien eine weitere zu erfüllende Forderung. Damit ergibt sich die Möglichkeit je nach Anwendungsfall bzw. Betriebspunkt online die Anzahl der zu berücksichtigenden Eingangsgrößen zu verändern. Beispielsweise darf das Verbrennungsluftverhältnis zur Einhaltung einer bestimmten Abgastemperatur verwendet werden. Für die Einhaltung von Emissionsgrenzwerten wird das Luftverhältnis nicht mit einbezogen. Dem Optimierungsverfahren stehen je nach Betriebszustand und Wahl des Optimierungsproblems unterschiedliche Freiheitsgrade zur Verfügung.

Die Umsetzung der freien Auswahl der Optimierungskriterien ist durch entsprechende Gewichtung der Verlustfunktion realisierbar. Die Anwendungsfälle müssen vor dem Kompilieren erstellt werden. Erst zur Laufzeit erfolgt dann die Auswahl der Verlustfunktion und ihrer Eingangsgrößen durch das Einlesen von Applikationslabeln. Eine Verletzung von Stellgrenzen muss in der Optimierung Berücksichtigung finden. Neben einer Begrenzung der absolut gestellten Werte ist eine Begrenzung der Gradienten zu benachbarten Sollwertstützstellen notwendig. Dies ist erforderlich um glatte Führungsgrößenkennfelder zu gewährleisten. Das Ersetzen der Führungsgrößenkennfelder durch lokale Modellnetze [57] reduziert dieses Verhalten. Einer möglichen Entstehung von Unstetigkeit kann bereits während der Modellerstellung entgegengewirkt werden.

Die folgenden Abbildungen dienen der Darstellung von Auswirkungen verschiedener Stell- und Zustandsgrößen-Variationen auf den Kraftstoffverbrauch. Diese Betrachtung eignet sich zur Plausibilisierung der Optimierungsergebnisse und dem Darlegen der Rahmenbedingungen der Verbrennungsoptimierung.

Abbildung 7.1 zeigt den Einfluss des 50%-Umsatzpunktes und des Verbrennungsluftverhältnisses auf den Kraftstoffverbrauch, den indizierten Mitteldruck und den Wirkungsgrad der Hochdruckphase (UT-UT). Der Bezugspunkt ist der Betriebspunkt minimalen Verbrauches innerhalb der Variation. Das Gebiet minimalen Verbrauches liegt bei einer Verbrennungslage von 3-10°KW nach ZOT (vgl. [10]) und einem Verbrennungsluftverhältnis zwischen 1.0 und 1.05. Im Bereich minimalen Kraftstoffverbrauches ist der Einfluss der Verbrennungslage auf den Verbrauch gering. Eine späte bzw. frühe Lage der Verbrennung resultiert in einer Zunahme des Verbrauches. Die Abmagerung des Gemisches führt zu

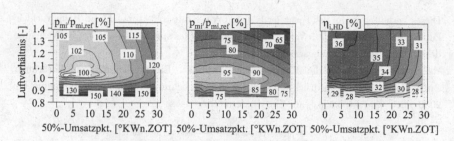

Abbildung 7.1: Einfluss von 50%-Umsatzpunkt und Verbrennungsluftverhältnis auf Kraftstoffverbrauch, Mitteldruck, Hochdruckwirkungsgrad (UT-UT), Prozessrechnung am Einzylindermotor bei 2000 min^{-1} und 0.4 bar Saugrohrdruck

einer Abnahme des Mitteldruckes und zu einer Zunahme des Hochdruckwirkungsgrades. Es ist hier gut zu erkennen, dass eine alleinige Optimierung der Hochdruckphase bei konstanten Eingangsbedingungen zu anderen Ergebnissen führen wird, als eine Optimierung des gesamten Prozesses aus Hochdruck und Ladungswechsel.

Zur genaueren Analyse sind im Anhang A.2 die Wirkungsgrade und Mitteldrücke von Hochdruck und Ladungswechsel dargestellt. Abbildung A.1 und A.2 zeigen, dass der Ladungswechsel die Verbesserung des Hochdruckwirkungsgrades mit steigendem Luftverhältnis überkompensiert. Die Abnahme der eingespritzten Kraftstoffmasse bewirkt den Anstieg des Hochdruckwirkungsgrades.

Durch die Anhebung des Saugrohrdruckes bei konstanten Steuerzeiten verschiebt sich das Gebiet minimalen Verbrauches weiter in Richtung magerer Verbrennung, siehe Abbildung 7.2. Der Einfluss sowohl der Verbrennungslage als auch der Gemischzusammensetzung auf den Verbrauch wird geringer. Der Einfluss der Hochdruckphase nimmt zu.

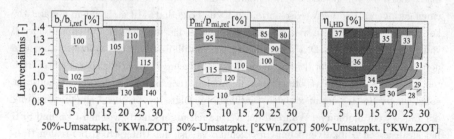

Abbildung 7.2: Einfluss von 50%-Umsatzpunkt und Verbrennungsluftverhältnis auf Kraftstoffverbrauch, Mitteldruck, Hochdruckwirkungsgrad (UT-UT), Prozessrechnung am Einzylindermotor bei 2000 min^{-1} und 0.6 bar Saugrohrdruck

Dieses Verhalten ist an der Form der Isolinien von Kraftstoffverbrauch und Hochdruckwirkungsgrad zu erkennen. Das Verhalten des Mitteldruckes spiegelt das qualitative Verhalten des Ladungswechselwirkungsgrades wider.

Abbildung 7.3 zeigt den Einfluss vom Zeitpunkt „Einlass schließt" auf Verbrauch, Luftmasse und Saugrohrdruck anhand der Prozessrechnung inklusive Verbrennung bei 2000 min^{-1} und 4.5 bar p_{mi} am Einzylindermotor.

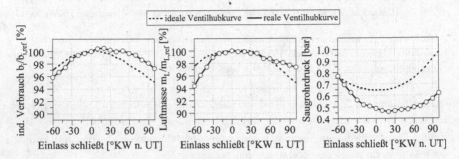

Abbildung 7.3: Einfluss von „Einlass schließt" auf Kraftstoffverbrauch, Luftmasse und Saugrohrdruck am Einzylindermotor bei 2000 min^{-1} und 4.5 bar p_{mi}

Der Saugrohrdruck dient der Lasteinstellung. Bezugspunkt für die Verbrauchsbeurteilung ist der untere Totpunkt UT. Bei Verwendung ideal rechteckiger Ventilhubkurven (Ventilhub 9 mm) nimmt der indizierte spezifische Verbrauch b_i durch die Früh- bzw. Spätverschiebung des Zeitpunktes „Einlass schließt" gleichermaßen ab. Hier ist der Effekt des frühen (FES) und späten (SES) Schließens der Einlassventile gut zu erkennen. Dieses Verhalten spiegelt sich im Saugrohrdruck wider. Für die Steuerung der benötigten Luftmasse durch die volumetrische Verknappung bedarf es eines höheren Saugrohrdruckes, der einen geringeren Ladungswechselmitteldruck zur Folge hat. Mit steigendem Gesamtwirkungsgrad ist entsprechend weniger Luftmasse notwendig, um den konstanten Mitteldruck von 4.5 bar darzustellen. Das Verwenden realer Ventilhubkurven des Vollmotors anstelle der idealisierten verschiebt das Verhalten des Verbrauches in Richtung späterer Steuerzeiten. Der Zeitpunkt „Einlass öffnet" und die Auslasssteuerzeiten wurden jeweils konstant gehalten. Im Bereich des maximalen Ventilhubes erfolgte entsprechend eine Erweiterung der Einlassventilhubkurve. Während der Verbrauchsunterschied zwischen FES und SES bei idealisierten Hubkurven kaum zu erkennen ist, ist der Unterschied bei realen Hubkurven markanter. Bei frühem Schließen der Einlassventile ist der Verbrauch geringer als bei vergleichbarem SES. Um einen vergleichbaren Verbrauch zu erhalten, ist das Ventil später als der zum UT spiegelbildliche Punkt zu schließen. Der Saugrohrdruck spiegelt wiederum den Gewinn im Ladungswechsel wider. Für FES wird weniger Luft benötigt als für den vergleichbaren Betriebspunkt mit spätem Einlassschluss. Die Verwendung gleicher Steuerzeiten bei realem und idealisiertem Ventilhubverlauf bewirkte eine unterschiedliche Restgasmasse im Zylinder. Entsprechend der größeren effektiven Öffnungsfläche während der Ventilüberschneidungsphase ist der Restgasgehalt mit idealisierten Ventilhubkurven mehr als doppelt so hoch. Deutlich erkennbar ist, dass bei einer Optimierung des Kraftstoffverbrauches durch Verstellung der Ventilsteuerzeiten die Luftmasse angepasst werden muss, um den Mitteldruck konstant zu halten.

In Abbildung 7.4 ist der Einfluss vom Öffnungszeitpunkt der Auslassventile auf Verbrauch, Luftmasse und Saugrohrdruck bei konstantem Mitteldruck zu sehen.

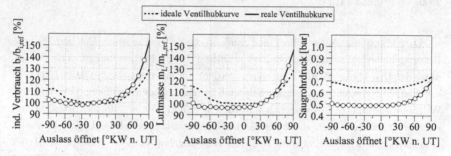

Abbildung 7.4: Einfluss von „Auslass öffnet" auf Kraftstoffverbrauch, Luftmasse und Saugrohrdruck am Einzylindermotor bei 2000 min^{-1} und 4.5 bar p$_{mi}$

Einlasssteuerzeiten und „Auslass schließt" sind konstant. Ein Öffnen der Auslassventile nach dem unteren Totpunkt behindert das Ausschieben der Verbrennungsgase stark. Die Auswirkungen auf den Verbrauch sind bei realen Ventilhubkurven durch die geringere Öffnungsfläche zu Beginn des Öffnungsvorgangs größer. Die zunehmende Arbeit zum Ausschieben der verbrannten Gasmasse ist ebenfalls im Verhalten der Luftmasse zu erkennen, die bei konstantem Mitteldruck entsprechend zunimmt. Um die erhöhte Luftmasse bereit zu stellen, muss der Saugrohrdruck angehoben werden, was wiederum den Ladungswechselmitteldruck senkt. Die erhöhte Ausschiebearbeit überkompensiert diesen Effekt. Bei sehr frühem „Auslass öffnet" steigt der Verbrauch durch den Verlust an Nutzarbeit durch die verkürzte Expansion.

Eine Verstellung der Zeitpunkte „Einlass öffnet" und „Auslass schließt" wird zum Steuern des Restgasgehaltes benutzt. Abbildung 7.5 zeigt bei Nutzung realer Ventilhubkurven die Auswirkungen auf Verbrauch, benötigte Luftmasse und Saugrohrdruck.

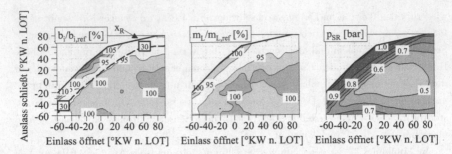

Abbildung 7.5: Einfluss von „Auslass schließt" und „Einlass öffnet" auf Kraftstoffverbrauch, Luftmasse und Saugrohrdruck am Einzylindermotor bei 2000 min^{-1} und 4.5 bar p_{mi}

Die Steuerzeiten „Auslass öffnet" und „Einlass schließt" sind konstant. Das Verhalten des Restgasgehaltes ist gut am Saugrohrdruck abzulesen. Ist viel Restgas im Zylinder enthalten, muss der Druck im Saugrohr angehoben werden, um einen konstanten Mitteldruck zu erhalten. Mit steigendem Restgasgehalt und Saugrohrdruck nimmt der Verbrauch ab. Wird ein bestimmter Restgasgehalt - in diesem Fall ca. 30 % - überschritten, nimmt der Verbrauch durch den abnehmenden Hochdruckwirkungsgrad zu. Durch die weiter zunehmende Ventilüberschneidung steigt der Restgasgehalt in dieser Richtung weiter an. Ein realer Motorbetrieb ist nicht mehr möglich, da die Laufruhe stark zunehmen würde.

Mit dem Vollmotor ist nur ein kleinerer Stellbereich nutzbar. Die Auslassnockenwelle ist um 60°KW, die Einlassnockenwelle um 40°KW verstellbar. In Abbildung 7.6 ist die Beeinflussung von Verbrauch, Luftmasse und Saugrohrdruck dargestellt.

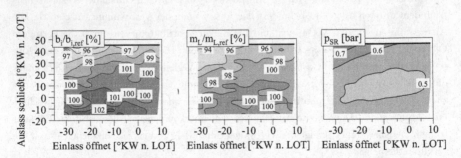

Abbildung 7.6: Einfluss von Auslass- und Einlasssteuerzeitenverstellung auf Kraftstoffverbrauch, Luftmasse und Saugrohrdruck am Vollmotor bei 2000 min^{-1} und 4.5 bar p_{mi}

Öffnungs- und Schließt-Zeitpunkt der Gaswechselventile sind gekoppelt. Die Frühverstellung der Einlassnockenwelle bewirkt eine Erhöhung des Restgasgehaltes. Das Einlassventil schließt nach dem unteren Totpunkt während das Auslassventil im gesamten Stellbereich vor dem unteren Totpunkt öffnet. Durch die Einlassnockenwellen-Frühverstellung wird die Entdrosselung durch spätes Schließen der Einlassventile reduziert, während die Entdrosselung durch Restgasrückführung zunimmt. Ein Einfluss auf den Verbrauch ist erst bei späten Auslasssteuerzeiten zu erkennen. Bei frühen Positionen der Auslassnockenwelle ist kaum eine Beeinflussung des Verbrauchs durch die Einlassnockenwellenverstellung vorhanden. Beim Vergleich mit Abbildung 7.3 fällt der flache Verlauf des Kraftstoffverbrauches (reale Ventilhubkurve) mit dem Schließen nach dem unteren Totpunkt auf. Das veränderte Schließen beeinflusst den Verbrauch nur geringfügig. Ein frühes Öffnen der Auslassventile bewirkt einen Verbrauchsanstieg, was auch Abbildung 7.4 zeigt. Weiterhin bewirkt die Frühverstellung eine Restgasreduktion.

Eine mögliche Aufgabe der Prozessoptimierung besteht nun darin, den Betriebspunkt minimalen Verbrauches innerhalb der Stellgrenzen zu ermitteln. Weitere Restriktionen wie Abgastemperatur, Emissionen, Klopfen, etc. sind dabei zu beachten.

7.3 Algorithmus

Für die Prozessoptimierung auf dem RCP-Steuergerät wird ein Algorithmus benötigt, der verschiedene nichtlineare Optimierungskriterien und Randbedingungen berücksichtigt. Die situationsabhängige Verwendung mehrerer verschiedener Stellgrößen muss möglich sein. Im Unterschied zu PC-Anwendungen darf die Anzahl der Signale nach dem Kompilieren nicht verändert werden. Demzufolge ist eine maximale Stellgrößenanzahl vorzuhalten. Der Optimierer verwendet je nach Situation nur eine Auswahl der verfügbaren Stelleingriffe. Für verschiedene Optimierungsaufgaben können so verschiedene Stellmöglichkeiten verwendet bzw. deren Benutzung verboten werden. Die Struktur sieht eine maximale Anzahl an Stellgrößen beim Entwurf vor, deren Aktivierung während der Optimierung folgt. Weiterhin muss die Möglichkeit sowohl ein Modell als auch den realen Prozess zur Optimierung zu verwenden, erhalten bleiben. Zwischen dem Modell - als Ersatzfunktion des realen Prozesses - und dem realen Prozess ist innerhalb des Optimierungsverfahrens ein Hin- und Herschalten möglich. Eine denkbare Anwendung wäre eine Voroptimierung am Modell mit anschließender Feinoptimierung am realen Prozess. Voraussetzung ist, dass das Modell den realen Prozess hinreichend gut abbildet.

Das Simplex-Verfahren nach Nelder und Mead [120, 100] ist ein robustes Suchverfahren mit geringen Anforderungen an die Glattheit der Zielfunktion. Dieser Optimierungsalgorithmus - auch Downhill-Simplex-Verfahren genannt - kann für Probleme mit kleinen Unstetigkeiten oder numerisch verrauschten Zielfunktionen angewandt werden [110]. Im Gegensatz zu Gradientenverfahren verzichtet dieses Suchverfahren auf Ableitungen der Zielfunktion, was die Robustheit erhöht. Können die Gradienten der Zielfunktion in jede Richtung nur numerisch bestimmt werden, sind pro Iterationsschritt demzufolge weniger Funktionsauswertungen erforderlich. Die Konvergenz ist aber im Vergleich zu Gradientenverfahren schlechter. Problematisch für das Simplex-Verfahren sind, ähnlich wie für andere Optimierungsalgorithmen, lokale Minima. Weiterhin kann es passieren, dass sich der Simplex zu früh zusammenzieht. Beides kann eine Steuerung der Anfangspunkte beheben. Durch mehrfaches Ausführen des Simplex-Algorithmus mit entsprechender Wahl des Startpunktes kann dieses lokale Optimierungsverfahren auch zur globalen Optimierung eingesetzt werden [106].

Ein Simplex ist ein geometrisches Gebilde im n-dimensionalen Raum mit (n+1)-Punkten. Im zweidimensionalen Raum entspricht dies einem Dreieck mit den Eckpunkten als Kombination der Eingangsvariablen. Der berechnete Funktionswert der Zielfunktion an jedem der (n+1)-Eckpunkte wird ausgewertet. In jedem Iterationsschritt erfolgt ein Ersetzen des „schlechtesten" Punktes durch Vergleiche der Funktionswerte. Der „beste" Punkt bleibt als bisher beste Lösung erhalten. Ist ein Anhalten oder Abbrechen des Optimierungsalgorithmus erforderlich, wenn bspw. die maximale Anzahl an Rechenschritten erreicht ist, ist diese Lösung als Ergebnis immer vorhanden. Gesetzt den Fall ein Optimierungslauf benötigt sehr viele Einzelschritte, um ein Optimum zu finden, kann der Optimierungslauf abgebrochen, der Simplex gespeichert und an gleicher Stelle zu einem späteren Zeitpunkt fortgesetzt werden. Eine andere Möglichkeit ist, den Simplex ausgehend vom bisherigen Bestpunkt neu zu initialisieren und die Optimierung damit fortzuführen.

Zur Darstellung der Austauschoperationen des Simplex-Verfahrens wird ein zweidimensionales Beispiel verwendet, siehe Abbildung 7.7. Ausgangspunkt sei der Punkt $\underline{x}_2$. Die Punkte $\underline{x}_1$, $\underline{x}_2$ und $\underline{x}_3$ bilden den Initial- oder Anfangs-Simplex, welcher gestrichelt in jeder der Operationen in Abbildung 7.7 dargestellt ist. Die Bildung des Initial-Simplex erfolgt nur einmal zu Beginn eines Optimierungslaufes. Alle weiteren Operationen des Simplex-Algorithmus basieren auf dem Initial-Simplex. Die Punkte $\underline{x}_1$ und $\underline{x}_3$ können entweder aus $\underline{x}_2$ ermittelt oder durch Vorgabe eines weiteren Ausgangspunktes bestimmt werden. Die Bestimmung der fehlenden Eckpunkte des Simplex aus dem ersten Ausgangspunkt erfolgt durch Erhöhen nur jeweils eines Parameters. Bei Vorgabe eines zweiten Punktes müssen sich alle Parameter von denen des ersten unterscheiden. Es existieren dann für jeden Parameter jeweils zwei verschiedene Ausgangswerte. Ist das nicht gegeben, reduziert sich die Optimierungsaufgabe automatisch um eine Dimension. Die Parameter des ersten

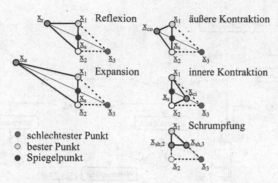

Abbildung 7.7: Operationen des Simplex-Verfahrens

Eckpunktes des Simplex entsprechen denen des ersten Ausgangspunktes. Die Bildung der weiteren Eckpunkte des Simplex folgt aus den Parametern des ersten Vorgabepunktes, wobei jeweils ein Parameter aus dem zweiten Vorgabepunkt Verwendung findet. Damit kann die Erzeugung der (n+1)-Eckpunkte des Initial-Simplex aus einem bzw. aus zwei Vorgabepunkten erfolgen. Eine weitere Möglichkeit zur Generierung des Ausgangszustandes ist die Vorgabe des kompletten Initial-Simplex. Diese Variante wurde vorgehalten, um andere Verfahren zur Bildung des Initial-Simplex ankoppeln zu können, ohne den implementierten Simplex-Algorithmus anpassen zu müssen.

Die Funktionswerte f_i an den Eckpunkten des Simplex werden jeweils durch Auswertung des Modells bzw. der Messwerte des realen Motors an der Zielfunktion bestimmt. Anschließend werden der beste und der schlechteste Punkt ermittelt. In Abbildung 7.7 seien $\underline{x}_1$ als der beste und $\underline{x}_3$ als der schlechteste Punkt angenommen. Zur Bestimmung des besten $\underline{x}_1$ und schlechtesten Punktes $\underline{x}_{n+1}$ erfolgt ein Sortieren aller Punkte aufsteigend nach deren Funktionswerten. Der schlechteste Punkt steht an letzter und der beste an erster Stelle des Simplex. Anschließend folgt eine Überprüfung, ob eine maximale Anzahl an Iterationen oder Funktionsaufrufen überschritten ist (Counter-Check). Ist dies der Fall oder ist der Bestpunkt $\underline{x}_1$ gut genug (Tolerance-Check) endet das Verfahren. Andernfalls ersetzt ein neuer Punkt den schlechtesten Punkt $\underline{x}_{n+1}$. Ob ein Punkt gut genug ist, wird anhand der Verbesserung der letzten n-Schritte ($\Delta f_{max} > \Delta f_{Abbruch}$) und der minimalen Veränderung der Parameter der letzten Punkte ($\Delta x_{max} > \Delta x_{Abbruch}$) beurteilt.

Zur Veranschaulichung des Simplex-Verfahrens zeigt Abbildung 7.8 die Einordnung der Operationen in den Ablauf des gesamten Algorithmus. Zu Beginn einer jeden Iteration berechnet der Algorithmus eine Reflexion des schlechtesten Punktes als Punktspiegelung

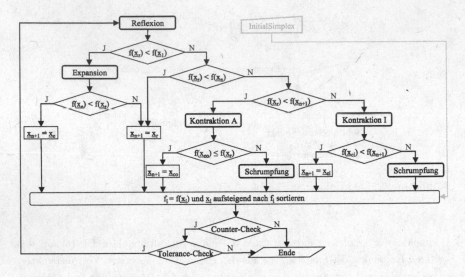

Abbildung 7.8: Ablauf des Simplex-Verfahrens

am Mittelpunkt der restlichen Punkte. Der Spiegelpunkt $\underline{x}_s$ ist der Schwerpunkt der verbleibenden Punkte und wird folgendermaßen ermittelt:

$$\underline{x}_s = \frac{1}{n} \sum_{i=1}^{n} \underline{x}_i \tag{7.1}$$

Die Operation der Reflexion lautet:

$$\underline{x}_r = (1 + \rho) \cdot \underline{x}_s - \rho \cdot \underline{x}_{n+1} \tag{7.2}$$

Ist der Funktionswert des Reflexionspunktes $f(\underline{x}_r)$ kleiner als der bisher beste Punkt $f(\underline{x}_1)$, folgt ein noch größerer Schritt (Expansion) in dieselbe Richtung und die Ermittlung seines Funktionswertes. Der Simplex dehnt sich in die eingeschlagene Suchrichtung weiter aus. Ist dieser neue Punkt $\underline{x}_e$ (Expansionspunkt) ebenfalls besser als alle anderen Punkte und besser als der Reflexionspunkt ($f(\underline{x}_e) < f(\underline{x}_r)$), wird der Expansionspunkt verwendet und der Algorithmus beginnt von vorn.

$$\underline{x}_e = (1 + \chi \cdot \rho) \cdot \underline{x}_s - \chi \cdot \rho \cdot \underline{x}_{n+1} \tag{7.3}$$

Ist der Expansionspunkt schlechter als der Reflexionspunkt, wird der Reflexionspunkt verwendet und eine neue Iteration beginnt.

Ist der Reflexionspunkt nicht besser als der bisher beste Punkt $(f(\underline{x}_r) > f(\underline{x}_1))$, folgt eine Prüfung, ob dieser Punkt besser als der zweitschlechteste Punkt $\underline{x}_n$ des Simplex ist. Wenn ja $(f(\underline{x}_r) < f(\underline{x}_n))$ ersetzt der Reflexionspunkt den schlechtesten Punkt $\underline{x}_{n+1}$ und der Algorithmus startet von vorn. Ist der Reflexionspunkt nur besser als der schlechteste Punkt $(f(\underline{x}_r) < f(\underline{x}_{n+1}))$ schließt sich die Berechnung einer Kontraktion nach außen $\underline{x}_{co}$ an.

Die Kontraktion nach außen entspricht einer Spiegelung des schlechtesten Punktes mit einer Schrittweite kleiner eins. Führt dies zu einer Verbesserung $(f(\underline{x}_{co}) \leq f(\underline{x}_r))$, ersetzt der äußere Kontraktionspunkt $\underline{x}_{co}$ den schlechtesten Punkt. Der Simplex-Algorithmus beginnt anschließend von vorn.

$$\underline{x}_{co} = (1 + \psi \cdot \rho) \cdot \underline{x}_s - \psi \cdot \rho \cdot \underline{x}_{n+1} \tag{7.4}$$

Führt die äußere Kontraktion zu keiner Verbesserung, werden alle Punkte $\underline{x}_2$ bis $\underline{x}_{n+1}$ des Simplex in Richtung des besten Punktes gerückt. Der Simplex schrumpft in Richtung des besten Punktes. Die n-Schrumpfungspunkte $\underline{x}_{sh,j}$ und der bisher beste Punkt $\underline{x}_1$ bilden den neuen Simplex. Anschließend startet der Simplex-Algorithmus eine neue Iteration.

Ist der Reflexionspunkt schlechter als der bisher schlechteste Punkt des Simplex $(f(\underline{x}_r) > f(\underline{x}_{n+1}))$, folgt anstelle der äußeren Kontraktion eine Kontraktion nach innen. Führt die innere Kontraktion zu einer Verbesserung $(f(\underline{x}_{co}) < f(\underline{x}_{n+1}))$, ersetzt der innere Kontraktionspunkt $\underline{x}_{ci}$ den schlechtesten Punkt. Der Simplex-Algorithmus beginnt anschließend von vorn.

$$\underline{x}_{ci} = (1 - \psi) \cdot \underline{x}_s + \psi \cdot \underline{x}_{n+1} \tag{7.5}$$

Führt die innere Kontraktion zu keiner Verbesserung, schließt sich, wie zuvor nach der äußeren Kontraktion, eine Schrumpfung der Punkte $\underline{x}_2$ bis $\underline{x}_{n+1}$ an. In jeder der einzelnen Operationen wird ein Funktionsaufruf ausgeführt. Die Schrumpfung benötigt n Funktionsaufrufe. Nach Durchlauf einer Iteration beginnt der Algorithmus erneut mit einer Reflexion.

$$\underline{x}_{sh,j} = \underline{x}_1 + \sigma \cdot (\underline{x}_j - \underline{x}_1) \tag{7.6}$$

Die konstanten Faktoren zur Berechnung der Reflexion, Expansion, Kontraktion und der Schrumpfung sind zu $\rho = 1, \chi = 2, \psi = 0.5$ und $\sigma = 0.5$ gewählt [120, 100].

Zur Abschätzung des Rechenaufwandes ist im Anhang A.3 eine Bewertung des Simplex-Verfahrens im Vergleich mit drei weiteren Optimierungsverfahren dargestellt. Das Simplex-Verfahren benötigt im Vergleich zu gradientenbasierten Optimierungsverfahren zwar mehr Funktionsaufrufe um das Optimum zu finden, aber insgesamt weniger Rechenzeit. Dieses Verhalten dreht sich zu Ungunsten des Simplex-Verfahrens, wenn die Rechenzeit für einen Funktionsaufruf stark ansteigt. Die Rechenzeit für eine Iteration, das Finden einer verbesserten Einstellung, bleibt aber weiterhin deutlich geringer. Das ist auch am besseren Verhalten der Funktionsaufrufe für eine Iteration abzulesen. Das Simplex-Verfahren benötigt weniger Funktionsaufrufe für das Finden einer verbesserten Einstellung als Gradientenverfahren. Die Verbesserung pro Iteration ist bei Verwendung von Gradientenverfahren tendenziell größer. In der praktischen Anwendung auf dem RCP-System ist neben der Robustheit die Rechenzeit für eine Iteration bzw. einen Funktionsaufruf entscheidend. In der bisherigen Abschätzung wurden nur glatte Funktionen untersucht. Die guten Ergebnisse des Rechenaufwandes in Kombination mit der Einfach- und Robustheit haben die Wahl des Simplex-Verfahrens bestätigt.

Bei Funktionen mit mehreren lokalen Minima kann das globale Minimum durch mehrere Optimierungsläufe mit unterschiedlichen Startwerten gefunden werden [106]. Der Simplex-Algorithmus ist eher als ein lokales Optimierungsverfahren zu betrachten. Das Finden des globalen Minimums darf auf dem RCP-System mit mehreren Optimierungsläufen erfolgen. Dafür ist die Initialisierung des Simplex entscheidend.

Für die Anwendung in MATLAB™ Simulink™ musste der Simplex-Algorithmus so strukturiert werden, dass innerhalb einer Operation die Auswertung des Prozessmodells an der Verlustfunktion möglich ist. Das Prozessmodell ist nicht in der eigentlichen Schleife des Optimierungsalgorithmus enthalten. Durch die Auslagerung des Modells aus dem eigentlichen Optimierungsverfahren kann gewählt werden, ob das Prozessmodell oder der reale Motor die Funktionswerte für die Optimierung liefert. Die Trennung von Prozessmodell und Optimierer erlaubt zudem eine unabhängige Entwicklung der beiden Funktionen. Der Optimierer kann, da die Modellauswertung außerhalb der eigentlichen Optimierungsschleife stattfindet, ohne zusätzlichen Programmieraufwand mehrfach innerhalb des Gesamtmodells eingesetzt werden. Es ist möglich verschiedene Prozesse gleichzeitig zu optimieren. Das Prozessmodell kann ebenfalls mehrfach verwendet werden. Beispielsweise können die Erfassung des aktuellen Zustandes und die Optimierung mit ein und demselben Modell geschehen.

Der in Abbildung 7.8 dargestellte Ablauf des Simplex-Algorithmus zeigt die Stellen, an denen aus der Optimierungsroutine herausgesprungen wird, um das Prozessmodell aufzurufen, als dick umrandete Kästchen. Dies sind der Initial-Simplex und die einzelnen

Operationen Reflexion, Expansion, Kontraktion und Schrumpfung. Um die Optimierungs-
routine verlassen und an der richtigen Stelle wieder eintreten zu können, wird vor dem
Verlassen ein Status definiert. Der Status gibt an, welche Rechenoperation nach dem
Wiedereintritt in die Optimierungsroutine auszuführen ist.

Die Optimierungsroutine ist in Abschnitte entsprechend einer Baumstruktur gegliedert.
Innerhalb eines Abschnittes wird entweder ein Funktionsaufruf vorbereitet, der Funktionswert der Verlustfunktion evaluiert, geprüft welcher Schritt als nächstes auszuführen ist
oder die Funktionswerte der letzten Aufrufe mit den entsprechenden Stellgrößen sortiert.
Beim Aufruf des Optimierungsalgorithmus im folgenden Rechenschritt, erfolgt zunächst
die Auswertung der Statusvariable. Die Statusvariable legt den Abschnitt fest, der in
diesem Aufruf auszuführen ist. Nachdem die Rechenoperationen des jeweiligen Abschnittes
ausgeführt sind, definiert der Algorithmus erneut den Pfad, in den beim folgenden Aufruf
zu springen ist. Nach dem Auswerten der Verlustfunktion folgt beim nächsten Rechenschritt die Fortführung der Optimierungsschleife an der zuvor definierten Stelle. Diese
gewählte Strukturierung ermöglicht sowohl die Steuerung des Algorithmus entsprechend
Abbildung 7.8 als auch das koordinierte Verlassen und Wiedereintreten in die Optimierung.

Die ausgegebene Statusvariable dient unter Zuhilfenahme der jeweiligen Stellgrößen
zur Plausibilisierung einer Optimierung. Die Nachvollziehbarkeit des Algorithmus wird
dadurch deutlich verbessert. Eine neu entwickelte Funktionsbibliothek stellt die Vektor- und
Matrixoperationen bereit, aus denen der Simplex-Algorithmus im Wesentlichen besteht.

Zur Berücksichtigung von Stellgrenzen in der Optimierung erfolgt eine Erweiterung
des Simplex-Algorithmus [106]. Jede neu berechnete Stellgröße begrenzt ein Maximal-
und Minimalwert. Dafür müssen die Stellgrenzen dem Optimierer übergeben werden.
Es ist nicht ausreichend, die Ausgabe des Optimierers zu begrenzen. Die Einführung
von aktiven Stellgrößen ermöglicht, gezielt nur einzelne Veränderungen zur Optimierung
zu verwenden. Deaktivierte Stellgrößen bleiben innerhalb des Optimierungsalgorithmus
unberücksichtigt. Die Einführung und Verarbeitung der aktiven Stellgrößen erlaubt eine
betriebspunktabhängige Wahl der relevanten Führungsgrößen zur Optimierung.

Eine weitere Verbesserung ist die Prüfung ob ein Optimierungsziel einstellbar ist,
was der Optimierer vor der Initialisierung des Simplex prüft. Diese Anwendung ist nur
dann sinnvoll, wenn sowohl das Optimierungsziel quantifizierbar als auch die Wirkung
der Stellgrößen prinzipiell bekannt sind. Ziel dieser Erweiterung ist eine Beschleunigung
der Optimierung. Beispielsweise nutzt die Regelung des Restgasgehaltes im Zylinder die
Stellung der Ein- und Auslassnockenwelle. Befindet sich der Saugrohrdruck unterhalb des
Abgasgegendruckes, dient eine Stellung mit maximaler und minimaler Ventilüberschneidung
der Prüfung auf die Einstellbarkeit des Restgases. Liegt der geforderte Sollrestgasgehalt

oberhalb des maximalen Restgasgehaltes bzw. unterhalb des minimalen, endet die Optimierung bereits an dieser Stelle. Damit wird zu jedem Sollzustand ein maximal und minimal stellbarer Zustand gebildet. Für die Einstellung mehrerer Zustandsgrößen ist eine Gewichtung dieser in der entsprechenden Verlustfunktion notwendig. Die Interpretation des maximal und minimal stellbaren Zustandes wird erschwert. Unter Umständen ist eine Anpassung der Gewichtung ausschließlich zur Bestimmung der Einstellbarkeit erforderlich. Die Erweiterung des oben genannten Beispiels der Restgasregelung um die Luftmasse dient der Erläuterung. An die Ermittlung der Maximal- und Minimalwerte stellbarer Luftmasse, schließt sich die Bestimmung des maximal und minimal stellbaren Restgasgehaltes bei konstanter Luftmasse an. Das Ablegen der Ergebnisse dieser Voroptimierung in einer Kennfeldstruktur bzw. einem lokalen Modellnetz ist möglich.

Der Simplex-Algorithmus endet, wenn sich die Verbesserung der letzten n-Schritte und die minimale Veränderung der letzten Stellgrößen unterhalb einer Grenze befindet ($\Delta f_{max} \leq \Delta f_{Abbruch}$ und $\Delta x_{max} \leq \Delta x_{Abbruch}$). Bei Stellgrößen verschiedener Wertebereiche dient eine Normierung der Beurteilung der minimalen Verstellung. Die Normierung jeder Stellgröße auf den minimal stellbaren Zustand erlaubt die individuelle Berücksichtigung der Abbruchbedingung. Dem Simplex-Algorithmus wird dazu ein minimaler Stellgrößenvektor übergeben. Weiterhin sollte die Änderung der Stellgröße jeder Operation größer als die minimale Verstellung sein. Ist ein Einstellen unterhalb dieser Grenze nicht möglich, entstehen Unstetigkeiten in der Verlustfunktion. Dieses Vorgehen berücksichtigt sowohl eine Modellgenauigkeit als auch eine Messgenauigkeit. Ist bspw. eine Verstellung des 50%-Umsatzpunktes nicht um Werte kleiner 1°KW möglich, bleibt die Operation des Optimierers ohne Wirkung, wenn eine Verstellung kleiner eins gefordert wird. Diese Weiterentwicklung beseitigt die Auswirkungen von Unstetigkeiten durch minimale Stellgrößen.

Die Untersuchung der Verwendung des jeweils aktuell eingestellten Wertes brachte keine Verbesserung. Das bedeutet, dass für die Berechnung der nachfolgenden Operationen nicht die vom Simplex-Verfahren geforderten Werte Verwendung finden, sondern die vom Prozess tatsächlich einstellbaren Größen. Den Vorteilen bei Stellgrößenbegrenzungen stehen die Nachteile eines unter Umständen erheblich verzerrten Simplex gegenüber.

Zur Überwindung von Plateaus könnte bspw. nach der Prüfung, ob die Expansion eine Verbesserung gebracht hat, bei Gleichheit statt der Reflexion die Verwendung der Expansion folgen (vergleiche Abbildung 7.8). Eine allgemeine Verbesserung des Algorithmus bewirkt dies nicht, da Zustände existieren bei denen dieses Vorgehen eine Verschlechterung des gesamten Optimierungslaufes nach sich zieht. Die Kontraktion nach innen wird erschwert. Vorteilhaft kann dieses Vorgehen nur Einsatz finden, wenn die Funktion genau bekannt ist.

Der implementierte Simplex-Algorithmus verarbeitet pro Aufruf einen Funktionsaufruf. Dafür wird durchschnittlich eine Rechendauer von weniger als 3 ms benötigt. Die Berechnung eines Optimierungsschrittes inklusive Signalvorverarbeitung, Verbrennungs-, Emissions- und Klopfmodell benötigt weniger als 20 ms und ist damit echtzeitfähig auf dem verwendeten RCP-System.

Auf ein mehrfaches Ausführen der Modelle in einer Schleife innerhalb eines Rechentasks wird verzichtet. Pro Rechenschritt erfolgt die Berechnung eines Optimierungsschritts inklusive eines einzigen Funktionsaufrufs. Die Ausführung der Optimierungsschleife dehnt sich dadurch auf mehrere Arbeitsspiele aus. Dieses Vorgehen ist notwendig, um die Rechenzeit nicht exorbitant ansteigen zu lassen. Der Wunsch nach physikalisch basierten Modellen und einer Prozessoptimierung mit vertretbaren Hardwareressourcen wird gewissermaßen mit Rechendauer bezahlt. Die weitere Vereinfachung der physikalisch basierten Modelle durch Einführung empirischer Funktionen führt zu einem erhöhten Applikationsaufwand der Modelle an sich, was nicht gewünscht ist. Die Funktionsaufrufe für die Erfassung des aktuellen Zustandes sind durch einen zusätzlichen Modellaufruf neben der Ausführung der einzelnen Modelle für die Optimierung realisiert.

Zur Optimierung mehrerer konkurrierender Zielfunktionen bzw. einer Zielgröße mit entsprechenden Nebenbedingungen werden die verschiedenen Zielgrößen gewichtet und zu einer Größe zusammengefasst [56, 57, 119, 117]. Die Integration der Nebenbedingungen in eine so genannte Lagrange-Gleichung unter Berücksichtigung der Kuhn-Tucker-Gleichungen findet hier keine Verwendung. Die Berechnung der ersten Ableitung der Verlustfunktion inklusive der Nebenbedingungen nach jeder Stellgröße kann entsprechend unterbleiben.

Für die Beachtung von Emissionsgrenzwerten ist es möglich den entsprechenden Fahrzyklus auf wenige repräsentative Betriebspunkte zu reduzieren, die entsprechend ihrer Häufigkeit bzw. deren Verbrauchseinfluss zu gewichten sind [56, 57, 119, 92]. Damit werden nur die für den jeweiligen Fahrzyklus relevanten Betriebspunkte optimiert. Alle Betriebspunkte außerhalb des Fahrzyklus bleiben hier unberücksichtigt.

Zur Berücksichtigung des Abgasverhaltens innerhalb eines Kennfeldbereiches, welcher für den Fahrzyklus relevant ist, dient hier die Bestrafung einer Emissionsverschlechterung zum Ausgangszustand in der Verlustfunktion. Eine Verbrauchsverbesserung bezogen auf den Ausgangszustand ist nur verfolgenswert, wenn damit keine Verschlechterung der Emissionen einhergeht. In der Verlustfunktion J (7.7) erfolgt eine Normierung jeder Zustandsgröße

y auf ihren Ausgangszustand y_{ref}. Dies bewirkt eine vergleichbarere Sensitivität der Verlustfunktion bezüglich der zu gewichtenden Teilziele [57].

$$J = \sum_{i=1}^{n} k_i \frac{y_i(u)}{y_{i,ref}} \tag{7.7}$$

Restgasgehalt, Verbrennungslage und Luftmasse bilden die zu optimierenden Stellgrößen u der Verbrauchsoptimierung. Das Verbrennungsluftverhältnis bleibt von der Optimierung unberührt, um die Funktionsfähigkeit des Katalysators nicht zu beeinträchtigen.

Eine zweite Optimierungsroutine stellt die beiden Führungsgrößen Luftmasse und Restgasgehalt der Verbrauchsoptimierung durch Anpassen der Ventilsteuerzeiten und des Saugrohrdruckes simultan ein. Die Endergebnisse Saugrohrdruck und -temperatur, Abgasgegendruck und -temperatur, Ventilsteuerzeiten, Luft- und Restgasmasse dienen der Verbrennungsoptimierung. Ist das Einstellen von Luft- und Restgasmasse nicht bis zum nächsten Funktionsaufruf der Verbrennungsoptimierung realisiert, verbleibt diese in einem Haltemodus. Der nächste Optimierungsschritt wird nicht ausgeführt bis das Stellen von Luft und Restgas abgeschlossen ist.

Die Abfolge der Verbrennungsoptimierung bestimmt eine Ablaufsteuerung innerhalb des Verbrennungskoordinators, siehe Abbildung 7.9. Nacheinander werden mehrere Status durchlaufen, die im Folgenden kurz beschrieben sind. Parallel zur Erkennung eines stationären Betriebspunktes erfolgt die Überprüfung, ob die Optimierung nicht bereits aktiv und durch die Applikation freigegeben ist. Sind alle drei Bedingungen erfüllt, liegt die Bereitschaft zur Verbrennungsoptimierung vor und der Wechsel in den nächsten Zustand ist möglich. Für eine definierbare Anzahl weiterer Arbeitsspiele muss der aktuelle Betriebspunkt gehalten werden, um bei starken Lastwechseln den thermischen Zustand des Verbrennungsmotors einschwingen zu lassen. Der Zustandsautomat beginnt von vorn falls in diesem Status der Betriebspunkt wechselt. Hält der Fahrer den Betriebspunkt, wechselt die Ablaufsteuerung in den nächsten Zustand. Der Ausgangszustand der Optimierung - Betriebspunkt, Kraftstoffverbrauch, Emissionen - wird zwischengespeichert und anschließend die Verbrennungsoptimierung gestartet. Während der Optimierung ist kein stationärer Zustand erforderlich. Der Betriebspunkt kann wechseln. Damit ist der Motor während der gesamten Optimierung uneingeschränkt betreibbar. Allein das Starten einer zweiten Verbrennungsoptimierung ist ausgeschlossen.

Ist die Optimierung erfolgreich beendet, prüft die Ablaufsteuerung erneut, ob ein stationärer Zustand erreicht ist und der aktuelle Betriebspunkt dem optimierten Betriebspunkt entspricht. Hat die Optimierung eine Verbesserung bzgl. des Optimierungsziels bewirkt, verwendet der Verbrennungskoordinator das Ergebnis vorläufig zur Steuerung des Motors.

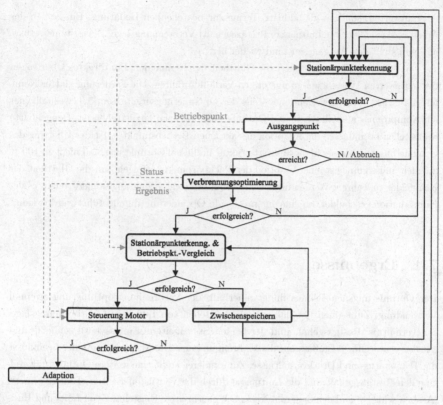

Abbildung 7.9: Ablauf der Optimierung

Bei Nichterreichen des optimierten Betriebspunktes nach einer definierten Zeitdauer erfolgt ein Zwischenspeichern oder Verwerfen dieses Zustandes. Ein langes Warten auf das erneute Erreichen des Betriebspunktes blockiert den Optimierer entsprechend lang. Ein kurzes Warten auf den Ausgangszustand führt oft zu einer Optimierung, deren Ergebnis nicht nutzbar ist. Das Zwischenspeichern mehrerer optimierter Betriebspunkte benötigt Speicherplatz. Weiterhin muss nach Erreichen eines Stationärpunktes eine Prüfung erfolgen, ob ein Zustand im Zwischenspeicher vorliegt, der bereits optimiert ist.

Ist ein Halten des Betriebspunktes mit den optimierten Stellgrößen gewährleistet und die mit dem Modell ermittelte Verbrauchsverbesserung am realen Motor bestätigt, aktiviert der Verbrennungskoordinator nach Ablauf einiger Arbeitsspiele die Adaption der neuen Stellgrößen. Die Stellgrößenadaption in der Sollwertstruktur erfolgt nicht in Form von

Absolutwerten, sondern als additive Terme zur bestehenden Bedatung. Ein Setzen der Adaptionskennfelder für Luftmasse, Restgasgehalt, Verbrennungslage, Einspritzmasse usw. auf Null stellt den Ausgangszustand wieder her.

Die Sollwert-Adaption steuert die Glattheit der Kennfelder. Ein direktes Übertragen der optimierten Werte kann zu unstetigen Verläufen führen. Die Forderung glatter Kennfelder bewirkt das Verwerfen eines Teils der Optimierungsergebnisse [57], weshalb hier ein Kompromiss aus Glattheit und Optimierungspotenzial anzustreben ist. Benachbarte Stützstellen beeinflussen die Adaption des aktuellen Betriebspunktes. Ist der Übertrag des Optimierungsergebnisses in die Sollwertstruktur in diesem Optimierungslauf nicht zu 100 % möglich, muss zunächst eine Adaption der Nachbarpunkte erfolgen, um die Glattheit der Kennfelder zu wahren. Werden diese Betriebspunkte nicht gezielt angesteuert, bleibt es der Fahrsituation geschuldet, ob eine entsprechende Optimierung durchgeführt werden kann.

7.4 Ergebnisse

Der Optimierungsalgorithmus findet innerhalb der Verbrennungsoptimierung zweimal Verwendung. Zum einen übt das optimierte Stellen von Luftmasse, Verbrennungslage, Luftverhältnis, Restgasgehalt und der beiden Steuerzeiten „Einlassventil schließt" und „Auslassventil öffnet" Einfluss auf die Verbrennung aus. Die Masse im Zylinder beeinflusst die Temperatur- und Druckverhältnisse. Zum anderen stellt eine weitere Optimierungsroutine den Restgasgehalt und die Luftmasse durch die Ventilsteuerzeiten „Einlass öffnet", „Auslass schließt" und den Saugrohrdruck. Die gleichzeitige Einstellung von Luft- und Restgasmasse ist möglich, obwohl eine gegenseitige Beeinflussung vorhanden ist. Das Ansteuern der Drosselklappe bzw. das Umsetzen des Saugrohrdruckes zur Luftmasseneinstellung beeinflusst den Restgasgehalt. Je höher der Saugrohrdruck desto größer muss die Ventilüberschneidung für eine konstante Restgasmasse eingestellt werden. Eine Restgaserhöhung durch Vergrößern der Ventilüberschneidung im Saugbetrieb verringert die Luftmasse, was folglich zu einer Saugrohrdruckerhöhung führen muss. Die Verstellung der Einlassnockenwelle hat auch Auswirkungen auf die angesaugte Gasmasse aus dem Saugrohr (siehe Abbildung 7.3).

Beide Optimierungsroutinen sind miteinander gekoppelt. Die Verbrennungsoptimierung fordert eine Luftmasse und einen Restgasgehalt. Diese Zustandsgrößen stellt der Ladungswechselteil gleichzeitig durch das Verändern der Steuerzeiten der Gaswechselventile und des Saugrohrdruckes ein. Die einzustellenden Steuerzeiten, die einstellbare Luft- und Restgasmasse werden mit den Drücken und Temperaturen im Saugrohr und Krümmer an das Hochdruckmodell übergeben. Das Hochdruckmodell quantifiziert den Verbrauchs- und Emissionseinfluss für die Verbrennungsoptimierung.

Die Verbrennungsoptimierung inklusive dem Verbrennungs-, Klopf- und Emissions-modell wird im 100ms-Task, das Umsetzen der Luft- und Restgasmasse im schnelleren 10ms-Rechenraster gerechnet. Das Einstellen des Gaswechsels kann dementsprechend schneller erfolgen. Ein mehrfacher Modellaufruf des Ladungswechselmodells innerhalb eines Rechentasks bzw. die vollständige Umsetzung der Luft- und Restgasforderung wird hier nicht angestrebt. Mit dem RCP-System und entsprechender Parametrierung der Opti-mierungsroutine wäre dies möglich, aber keine realistische Anwendung. Die Auslastung des 10ms-Rechenrasters allein mit der simultanen Einstellung von Restgas- und Luft-masse würde keinen Platz mehr für weitere Berechnungen lassen. Die Berechnung eines zusätzlichen Modellaufrufes für die Optimierung - neben der Füllungserfassung - ist hier die bessere Umsetzung. Die Verbrennungsoptimierung in ein schnelleres Rechenraster zu verschieben, wurde nicht realisiert, um zunächst bzgl. der Wahl der Einzelmodelle flexibel zu bleiben. Als Modell dient das einzonige Verbrennungsmodell aus Kapitel 6.1.2 mit der Kalorik nach Grill [52], dem Wandwärmeübergang nach Woschni und dem 2-Schritt-Integrationsverfahren. Mit diesem Prozessmodell, den empirischen Emissionsmodellen und dem Klopfmodell könnte - aufgrund der benötigten Rechenzeit - die Verbrennungsoptimie-rung ins 20ms-Raster verschoben werden.

Am Einzylinder-Versuchsmotor ist es möglich, den Restgasgehalt ausschließlich durch die Steuerung des Schließt-Zeitpunktes der Auslassventile einzustellen. Die Verstellung der Auslass- und der Einlassnockenwelle ist am Vollmotor im Fahrzeug begrenzt. Zudem sind Öffnungs- und Schließt-Zeitpunkt über die starre Nockenwelle gekoppelt. Aufgrund der begrenzten Vielfalt der Stellmöglichkeiten der Gaswechselventile kann das Ladungswechsel-modell relativ einfach bleiben. Unter den Annahmen konstanter Drücke und Temperaturen im Saugrohr und Abgaskrümmer innerhalb eines Arbeitsspiels ist die Beschreibung des Gasaustausches am Vollmotor mit ausreichender Genauigkeit realisiert (siehe Kapitel 6.3). Am Einzylinder-Versuchsmotor war dies zunächst nur mit Einschränkung der Verstell-möglichkeiten realisierbar. Eine entsprechende Erweiterung des Ladungswechselmodells könnte diesen „Mangel" beseitigen. Die Vorteile der Allgemeingültigkeit einer steuergeräte-fähigen Echtzeit-Ladungswechselanalyse werden aber nicht erreicht. Auch das Einbringen von Simulationsdaten der Ladungswechselrechnung oder Messdaten der Ladungswechsel-analyse in Form von Vorwissen für die Entwicklung empirischer Teilmodelle beschränkt das Ladungswechselmodell auf definierte Anwendungsfälle bei der Modellentwicklung.

Eine Stellaufgabe, die mit dem Optimierer gelöst wird, ist das Einstellen des Restgas-gehaltes im Fahrzeug. Der Restgasgehalt ist durch die Steuerzeiten „Einlassventil öffnet" und „Auslassventil schließt" gleichermaßen einstellbar. Das Rückhalten von Restgas durch frühes Schließen der Auslassventile vor dem LOT und spätes Öffnen der Einlassventile nach dem LOT [60] wird durch das Setzen von Stellgrenzen vermieden.

Abbildung 7.10 zeigt die Regelung des Restgasgehaltes mit der Einlass- und Auslass-nockenwelle als Stellgröße am Vollmotor.

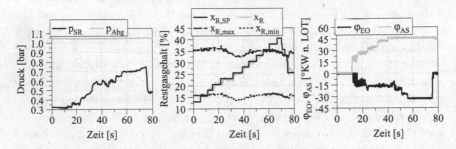

Abbildung 7.10: Regelung des Restgasgehaltes mit Auslass- und Einlasssteuerzeitenverstellung am Vollmotor bei 1700 min^{-1} und 2 bar p_{mi}

Das Einregeln der Luftmasse für konstanten Mitteldruck erfolgt durch Ansteuerung der Drosselklappe. Der Sollrestgasgehalt wird von 13 % in Schritten von 2.5 % bis auf 40 % applikativ erhöht. Die minimal und maximal stellbaren Restgasgehalte zu jedem Messpunkt sind entsprechend eingezeichnet. Die Verbrennungslageregelung sorgt für eine nahezu konstante Verbrennungslage von 8°KW nach ZOT bis zu einem Restgasgehalt von 25 %. Durch die weitere Erhöhung des Restgasgehaltes muss infolge des steigenden Zündverzuges eine Zündwinkelverstellung nach früh folgen. Eine weitere Frühverstellung des Zündwinkels ist mit dem verwendeten Motorsteuergerät nicht möglich. Die Grenze des frühestmöglichen Zündwinkels ist erreicht. Die Laufruhe des Motors nimmt oberhalb von 25 % Restgasgehalt erheblich ab. Um den Mitteldruck weiterhin konstant zu halten, folgt eine Erhöhung des Saugrohrduckes.

Bevor die Optimierung startet, erfolgt die Prüfung der Einstellbarkeit des geforderten Restgasgehaltes. Das Restgasmodell dient mit den aktuellen Druckwerten im Saugrohr und Abgaskrümmer der Ermittlung des maximal und minimal stellbaren Restgasgehaltes. Die Auswertung der entsprechenden Steuerzeiten mit maximaler und minimaler Ventil-überschneidung geschieht zunächst nur am Modell. Liegt der Sollrestgasgehalt unter dem minimalen Restgasgehalt, was zu Beginn der Messung der Fall ist, endet die Optimie-rung. Die Nockenwellen werden sofort nach der ersten Modellauswertung in die Position der minimalen Ventilüberschneidung gestellt. In gleicher Weise verfährt die Optimierung bei Überschreiten des maximal stellbaren Restgasgehaltes. Durch dieses Vorgehen wird, zugehörig zum Sollrestgasgehalt, ein einstellbares Band aus Minimal- und Maximalwert gebildet. Dieses Band berücksichtigt nur die Einstellbarkeit. Laufruhe, Verbrauch etc. bleiben unberücksichtigt.

Zur Einstellung des Sollzustandes dient die Verstellung der Einlass- und Auslassnockenwelle innerhalb der Optimierung. Eine entsprechende Gewichtung bewirkt, dass die Auslassnockenwelle vorwiegend zum Stellen des Restgasgehaltes Einsatz findet. Die Verstellung der Einlass- oder der Auslassnockenwelle wurde in dieser Messung (siehe Abbildung 7.10) gleichermaßen gewichtet. Der Optimierungsalgorithmus nutzt dadurch automatisch die Stellgröße, die den maximalen Einfluss auf den Restgasgehalt ausübt. Ausgehend vom minimalen Restgasgehalt können beide Nockenwellen weit verschoben werden bis der Restgasgehalt merklich zunimmt (siehe auch Abbildung 6.33). Zu Beginn der Restgasvariation beim Wechsel des Restgassollwertes $x_{R,SP}$ von 15.5 % auf 18 % erfolgt zuerst eine Spätverschiebung allein der Auslassnockenwelle. Der Restgasgehalt steigt. Die Saugrohrdruckerhöhung muss folgen, um die Luftmasse konstant zu halten. Eine Frühverschiebung der Einlass- und Auslassnockenwelle schließt sich an. Der Restgasgehalt wird dadurch gehalten. Die Verstellung der Einlassnockenwelle ist größer als die der Auslassnockenwelle. Durch die Beeinflussung der Luftmasse folgt die Veränderung des Saugrohrdruckes. Dieses Verhalten führt zu einem Hin- und Herschwingen der Ein- und Auslassnockenwelle ohne die Einstellung des Restgasgehaltes negativ zu beeinflussen. Eine stärkere Gewichtung der Auslasssteuerzeit ist hier sinnvoll, da deren Beeinflussung der Luftfüllung geringer ist. Ist das Verstellen einer Stellgröße - Einlass- oder Auslassnockenwelle - in großen Bereichen möglich, ohne den Restgasgehalt merklich zu beeinflussen, resultiert dies in einer starken Stellbetätigung. Falls nur das Einregeln des Restgasgehaltes gefordert ist, kann die Ventilüberschneidung konstant gehalten oder sogar reduziert werden und durch deren Lage die Beeinflussung des Restgasgehaltes erfolgen. Dies ist hier nicht erwünscht, da keine eindeutige Lösung des Optimierungsproblems gewährleistet ist. Die Begrenzung der Steuerzeiten in der Optimierungsroutine grenzt die Mehrdeutigkeit bereits ein.

Die Restgaserhöhung führt durch die Entdrosselung des Ladungswechsels und die Absenkung der Verbrennungstemperatur infolge verbesserter kalorischer Gaseigenschaften zu einer Wirkungsgradverbesserung. Die verringerten Verbrennungstemperaturen beeinflussen die thermische Stickoxid-Bildung und die Wandwärmeverluste positiv. Der erhöhte Inertgasanteil bewirkt weiterhin eine Verlängerung des Zündverzugs und damit die Vergrößerung der Zyklenschwankungen. Das hat Auswirkungen auf den Hochdruckwirkungsgrad, die HC-Emissionen und den Fahrkomfort [66].

Abbildung 7.11 zeigt die Beeinflussung des Kraftstoffverbrauches (Hochdruck) durch die Erhöhung des Restgasgehaltes am Fahrzeug bei einer Geschwindigkeit von ca. 45 km/h.

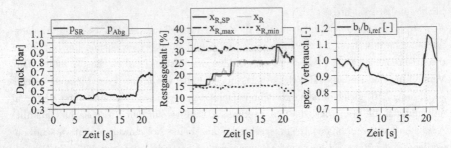

Abbildung 7.11: Saugrohr- und Abgasgegendruck (links), Restgasgehalt (Mitte) und relativer spezifischer Verbrauch (rechts) bei Regelung des Restgasgehaltes mit Auslass- und Einlasssteuerzeitenverstellung am Vollmotor bei 2200 min^{-1} und 2.5 bar p_{mi}

Das entspricht einem Betriebspunkt von 2200 min^{-1} und 2.5 bar Mitteldruck. Den Mitteldruck hält die Verbrennungsregelung nahezu konstant. Die Reglerparametrierung stammt vom Einzylindermotor. Der indizierte spezifische Kraftstoffverbrauch der Hochdruckphase ist hier bezogen auf den Ausgangspunkt relativ dargestellt. Die Berechnung des Prozessmodells, das den Verbrauchseinfluss beziffert, erfolgt im 100ms-Rechenraster, während das Restgasmodell im 10ms-Rechenraster berechnet wird. Die Filterung der Eingangsdaten für die Verbrauchsberechnung ist bei einem direkten Eins-zu-Eins-Vergleich der einzelnen Größen zu berücksichtigen.

Die Zeit zwischen einem Sollwertsprung und der ersten Änderung des erfassten Restgasgehaltes beinhaltet neben der Zeit für die Optimierung die Verstellung der Nockenwellen. Die Optimierung rechnet in jedem Optimierungslauf bis zum Erreichen der Abbruchbedingung (siehe Kapitel 7.3), d.h. bis zum Erreichen einer minimalen Stellbewegung und minimaler Restgasabweichung. Die Einstellung des Bestpunktes des jeweiligen Simplex innerhalb eines Optimierungslaufes erfolgt hier nicht. Der aktuelle Bestwert ist innerhalb der Optimierung vorhanden und kann die Einstellung des Sollwertes wesentlich beschleunigen. Eine zusätzliche Verringerung der Totzeit bewirkt das mehrfache Aufrufen des Modells in einem Rechentask. Pro Rechentask erfolgt die Durchführung mehrerer Funktionsaufrufe der Optimierung und des Modells. Die Einstellung des Sollzustandes verkürzt sich entsprechend der Anzahl der Funktionsaufrufe pro Rechentask. Die komplette Optimierung innerhalb eines Rechentasks ist ohne Änderung der Parametrierung des Optimierers nicht möglich. Für eine entsprechende Steuergeräteanwendung muss im Einzelfall geprüft werden, ob die Einstellung des jeweiligen Bestpunktes innerhalb der Optimierung sinnvoll nutzbar ist. Ändert sich der Sollwert sehr schnell, folgt oft eine Neuinitialisierung der Optimierung. Die Initialisierung des Simplex-Algorithmus selbst benötigt (n+1)-Funktionsaufrufe, wobei n die Anzahl der zur Verfügung stehenden Stellgrößen ist. Pro Rechentask (n+1)-Funktionsaufrufe auszuführen, ist ein vielversprechender Kompromiss aus kleiner Totzeit und geringem Rechenaufwand.

Die Erhöhung des Restgasgehaltes auf 25 % führt in der dargestellten Messung zu einer Verringerung des Kraftstoffverbrauches. Oberhalb eines Soll-Restgasgehaltes von 25 % werden die Luftmasse und entsprechend der Saugrohrdruck durch die Verbrennungsregelung angehoben. Das führt zu einer Verschiebung der einstellbaren Restgasgrenzen. Die Standardabweichung des Mitteldruckes als Maß für die Laufruhe nimmt durch den erhöhten Anteil an Inertgas zu. Der Verbrauch steigt an. Die Verbrennungsregelung kann aufgrund der Begrenzung des Zündwinkels eine optimale Verbrennungslage nicht einhalten. Die angesaugte Luftmasse nimmt, um den Mitteldruck konstant zu halten, durch die verschlechterte Verbrennung zu.

Abbildung 7.12 zeigt, passend zu dieser Restgasvariation, den Mitteldruck, die Luftmasse der Füllungserfassung und die Steuerzeiten zur Einstellung des geforderten Restgasgehaltes.

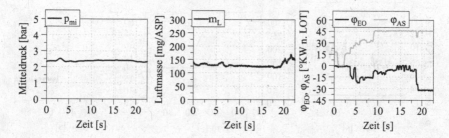

Abbildung 7.12: Mitteldruck (links), Luftmasse (Mitte) und Ventilsteuerzeiten (rechts) bei Regelung des Restgasgehaltes mit Auslass- und Einlasssteuerzeitenverstellung am Vollmotor bei 2200 min^{-1} und 2.5 bar p$_{mi}$

Zur Verbrauchsoptimierung wird das Prozessmodell mit dem Optimierungsverfahren verbunden. Eine Nebenbedingung ist die Einhaltung des Lastpunktes, der durch Drehzahl und indizierten Mitteldruck definiert ist. Die Führungsgrößenkennfelder im Verbrennungskoordinator werden über Drehzahl und Mitteldruck adressiert. Zur Optimierung eines Betriebspunktes sind beide Größen konstant zu halten. Die Luftmasse stellt damit eine frei zu optimierende Betriebsgröße dar. Einer Verbesserung des Prozesswirkungsgrades folgt die Reduktion der Luftmasse. Weitere Nebenbedingung ist die Einhaltung der Klopfgrenze in Form des kritischen Reaktionszustandes (siehe Kapitel 6.4).

In Abbildung 7.13 und Abbildung 7.14 ist die Verbrauchsoptimierung im Fahrzeug bei einer Drehzahl von 2000 min^{-1} und 3 bar Hochdruckmitteldruck dargestellt.

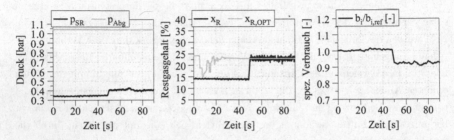

Abbildung 7.13: Saugrohr- und Abgasgegendruck (links), Restgasgehalt (Mitte) und relativer spezifischer Verbrauch (rechts) bei Optimierung des Kraftstoffverbrauches am Vollmotor bei 2200 min^{-1} und 3 bar p_{mi}

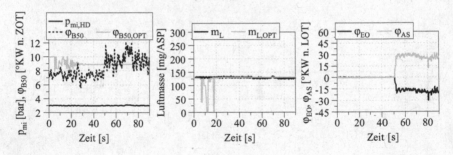

Abbildung 7.14: Mitteldruck, Verbrennungslage (links), Luftmasse (Mitte) und Ventilsteuerzeiten (rechts) bei Optimierung des Kraftstoffverbrauches am Vollmotor bei 2200 min^{-1} und 3 bar p_{mi}

Zum Zeitpunkt 0 s wird ein stationärer Zustand erkannt und anschließend die Optimierung gestartet (ca. 6s). Nach ca. 30 s ist die Optimierung beendet. Die Zustandsgrößen Restgas (Abbildung 7.13 (Mitte)), Verbrennungslage und Luftmasse (Abbildung 7.14) während der Optimierung sind mit Index OPT gekennzeichnet. Die Verbrennungslage wird nur in einem kleinen Bereich von 7-10°KW variiert, während der Restgasgehalt zwischen 15 und 25 % verhältnismäßig große Schritte vollzieht. Die Optimierungsschritte sind zunächst bewusst klein gewählt, um den anschließenden Motorbetrieb nicht zu stark zu beeinträchtigen. Nach ca. 50 s wechselt die Ablaufsteuerung zur Koordination der Optimierung in den nächsten Zustand (siehe Abbildung 7.9). Die optimierten Zustandsgrößen dienen vorläufig zur Steuerung und Regelung des Motors. Da der Betriebspunkt während der Zeit der Optimierung nicht verlassen wurde, sind aktueller Betriebspunkt und Ausgangszustand identisch. Ein Abwarten bis sich der Ausgangszustand einstellt, ist nicht notwendig. Die Regelung des optimierten Restgasgehaltes ist, wie oben bereits erläutert, aktiv. Die Verbrennungsregelung sorgt für die Umsetzung der ermittelten Verbrennungslage. Das Ladungswechselmodell ermittelt die Luftmasse, die der Vorsteuerung für die Regelung des Mitteldruckes durch die Verbrennungsregelung dient. In Abbildung 7.14 (Mitte) ist gut zu erkennen, dass die aus der Optimierung stammende Luftmasse sehr genau zur anschließend eingestellten Luftmasse passt. Die Verbrennungsregelung reduziert die Luftmasse nur geringfügig. Der auf den Ausgangszustand bezogene spezifische Kraftstoffverbrauch nimmt durch die neuen Einstellungen ab, wobei der Betriebspunkt gehalten wird.

Statt den Mitteldruck durch die Verbrennungsregelung einzuregeln und die Abweichung der Luftmasse zu beurteilen, ist ein Einstellen der Luftmasse mit Hilfe des Ladungswechselmodells möglich. Die Abweichung vom Mitteldruck ist entsprechend zur Bewertung heranzuziehen. Dieses alternative Vorgehen ist sinnvoll, wenn die Nutzung der Verbrennungsregelung ausgeschlossen ist. Der reale Motorbetrieb bestätigt die Verbrauchsverbesserung, was dazu führt, dass die neuen Zustandsgrößen in die Vorsteuerung adaptiert werden.

Das durch die Verbrennungsoptimierung im Drehzahl-Last-Kennfeld ermittelte Verbrauchspotenzial ist in Abbildung 7.15 (links) dargestellt.

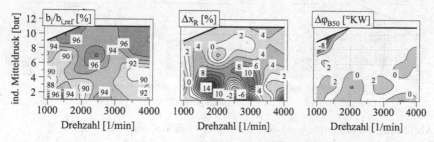

Abbildung 7.15: Optimierung des Kraftstoffverbrauches, Anpassung des Restgasgehaltes und der Verbrennungslage am Vollmotor

Die nötige Verstellung von Restgasgehalt und Verbrennungslage ist im mittleren und rechten Teil der Abbildung zu sehen. Die Darstellung des Verbrauchs ist jeweils auf den Ausgangszustand bezogen. Ausgangszustand war eine aus Prüfstandsmessungen ermittelte Bedatung der Sollwertstruktur.

Im gesamten Kennfeld ist eine durchschnittliche Verbrauchsverbesserung von 6.2 % bzw. eine maximale von 13.2 % erkennbar. Der Restgasgehalt wird dazu um bis zu 14%-Punkte angehoben, die Absenkung der Luftmasse ist vergleichweise dazu gering. Um die Fahrbarkeit und die Laufruhe nicht zu stark zu beeinträchtigen, ist die Stellgröße Restgasgehalt des Verbrennungsoptimierers auf 25 % begrenzt, was in allen Betriebspunkten eingehalten wurde. Die Verbrennungslage ermittelt die Verbrennungsoptimierung verbrauchsoptimal passend zum Restgasgehalt. Im gesamten Kennfeld ist nur eine geringe Veränderung der Verbrennungslage erkennbar. Im Bereich kleiner Drehzahlen und hoher Lasten verhindern klopfende Verbrennungen eine weitere Frühverschiebung. In jedem Optimierungsschritt erfolgt eine Prüfung auf Einstellbarkeit aller Größen. Die Verbrennungsoptimierung ohne Berücksichtigung des Ladungswechsels ist hier nicht dargestellt, da die Einstellbarkeit der geforderten Restgas- und Luftmasse in jeder Kombination nicht ohne die Nutzung der Optimierungsroutine gegeben ist. Eine Möglichkeit ist die Ermittlung des maximal und minimal einstellbaren Restgasgehaltes bei konstanter Luftmasse. Da die Luftmasse ebenfalls eine Variationsgröße darstellt und die Beeinflussung des Verbrennungsmodells durch den Ladungswechsel zu berücksichtigen ist, ist das hier gewählte Vorgehen zweckmäßiger.

In Abbildung 7.16 sind die Veränderung des Saugrohrdruckes, der Einlass- und Auslassnockenwelle zur Verbrauchsoptimierung dargestellt.

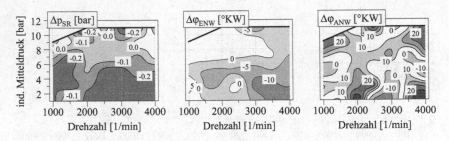

Abbildung 7.16: Optimierung des Kraftstoffverbrauches, Anpassung des Saugrohrdruckes und der Nockenwellenphasenlage am Vollmotor

Um die weitere Erhöhung des Restgasgehaltes bei konstantem Mitteldruck stellen zu können, sind eine geringe Absenkung des Saugrohrdruckes und eine Frühverschiebung der

Einlassnockenwelle notwendig. Den Füllungsverlust durch die Saugrohrdruckabsenkung gleicht die Verschiebung der Einlassnockenwelle teilweise aus. Die Auslassnockenwelle wird entsprechend einer großen Ventilüberschneidung tendenziell nach spät verstellt. Die Expansion wird verlängert.

Der höhere Restgasgehalt bewirkt eine Reduzierung der Verbrennungstemperaturen, was die Stickoxidbildung hemmt, siehe Abbildung 7.17.

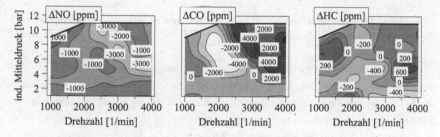

Abbildung 7.17: Optimierung des Kraftstoffverbrauches, Änderung der Stickoxid-, Kohlenmonoxid- und Kohlenwasserstoffkonzentrationen am Vollmotor

Durch die optimierten Einstellungen nehmen nicht nur die Stickoxidemissionen ab. Kohlenmonoxid- und Kohlenwasserstoffemissionen sind in einigen Bereichen reduziert. Das Einbeziehen der Verringerung der Abgasemissionen in die Optimierung reduziert den nutzbaren Verbrauchsvorteil. Eine Gewichtung von Verbrauch mit eins, Abweichung Mitteldruck mit 5, Abweichung NO vom Ausgangszustand mit 0.5, CO mit 0.05 und HC mit 0.1 führt zu den Ergebnissen in Abbildung 7.18 und Abbildung 7.19.

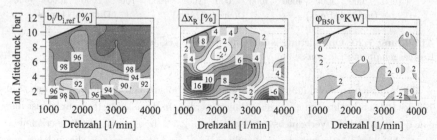

Abbildung 7.18: Optimierung Kraftstoffverbrauch und Emissionen, Anpassung Restgasgehalt und Verbrennungslage am Vollmotor

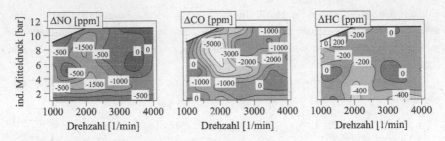

Abbildung 7.19: Optimierung Kraftstoffverbrauch und Emissionen, Änderung der Stickoxid-, Kohlenmonoxid- und Kohlenwasserstoffkonzentrationen am Vollmotor

Im oberen Kennfeldbereich ist die Anhebung des Restgasgehaltes geringer als bei alleiniger Verbrauchsoptimierung. Entsprechend nehmen die CO-Emissionen ab. Die Zunahme der Kohlenwasserstoffe kann ebenfalls verhindert werden. Im Vergleich zu Abbildung 7.15 nimmt die durchschnittliche Verbrauchsverbesserung auf 4.0 %, die maximale auf 9.8 % ab.

Durch die Adaption der Ergebnisse der Optimierung in die Führungsgrößenstruktur geht ein Teil des Verbrauchsvorteils infolge der adaptionsbedingten Glättung der Kennfelder verloren. Abbildung 7.20 zeigt Luftmasse und Restgasgehalt sowie die daraus resultierende Verbrauchseinsparung.

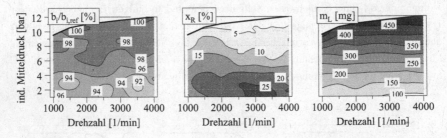

Abbildung 7.20: Optimierung Kraftstoffverbrauch, geglättete Sollwerte für Restgasgehalt und Luftmasse am Vollmotor

Im Vergleich zu Abbildung 7.15 ist deutlich der höhere Verbrauch zu erkennen. Ein Teil der Betriebspunkte konnte nicht optimiert werden. Im Last-Drehzahl-Kennfeld ist hier eine durchschnittliche Verbrauchsverbesserung von 2.5 % bzw. maximal 8.9 % erkennbar.

In Abbildung 7.21 sind zur eingestellten Luft- und Restgasmasse die zugehörigen Steuerzeiten der Ventile („Einlass schließt", „Auslass öffnet") und der Saugrohrdruck dargestellt. Die Glattheit der Steuerzeitenkennfelder wurde in der Adaption der Sollwerte mit berücksichtigt.

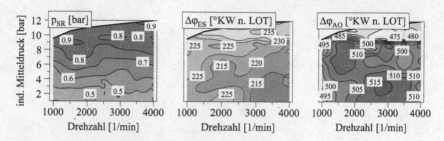

Abbildung 7.21: Optimierung Kraftstoffverbrauch, geglättete Sollwerte - Saugrohrdruck und Nockenwellenphasenlage am Vollmotor

Fazit: Die steuergerätetaugliche Verbrennungsoptimierung ist mit den verwendeten Modellen auf dem eingesetzten RCP-System erfolgreich umgesetzt. Weiterhin konnte dieser Ansatz eine Verringerung des Kraftstoffverbrauchs im gesteuerten Betrieb realisieren, was anhand von Messungen im Fahrzeug nachgewiesen wurde. Die Modellierung der Verbrennung, der Emissionen und des Ladungswechsels erweist sich als effiziente und geeignete Methode, um innerhalb der Steuergeräteanwendung das Prozessverhalten eines Verbrennungsmotors zu optimieren.

8

Schlussfolgerungen und Ausblick

Das Ziel dieser Arbeit bestand in der Realisierung einer steuergerätetauglichen Optimierung des Prozessverhaltens eines Ottomotors. Erreicht wurde dies durch den Einsatz physikalisch basierter Modelle zur Abbildung des Motorverhaltens und eines darauf aufbauenden Optimierungsalgorithmus.

Das Motormanagementsystem, in welchem die Verbrennungsoptimierung Einsatz findet, zeichnet sich durch eine dezentrale Architektur aus, d.h. das Gesamtsystem ist in funktional kapselbare Teilsysteme partitioniert. Diese Strukturierung fördert eine parallele Entwicklung sowie die Verwendung bereits entwickelter Teilsysteme. Damit ist dieses Motormanagementsystem ein mögliches Alternativkonzept zu reinen Kennfeld-Ansätzen und sehr gut für komplexe Systeme geeignet. Im fremdgezündeten und selbstzündenden Betrieb wurde das Zusammenwirken der Einzelsysteme als geeignetes Motormanagementsystem nachgewiesen. Für alle Betriebsarten stellt der Verbrennungskoordinator konsistente Führungsgrößen bereit und schaltet die entsprechenden Eingriffspfade. Die Führungsgrößen müssen für einen kraftstoffverbrauchsarmen Betrieb an den jeweiligen Verbrennungsmotor angepasst werden. Eine Adaption der Vorsteuerung anhand von Informationen der Subsysteme wurde erfolgreich dargelegt. Damit ist bereits die Verbesserung der Wirkung einiger Führungsgrößen auf die Verbrennung gelungen. Darüber hinaus ist das Motormanagement in der Lage, eine Optimierung nach Zielvorgabe durchzuführen. Dabei ist die Berücksichtigung mehrerer Zielgrößen gleichzeitig möglich. Dieses Anpassen der Motorsteuerung im laufenden Betrieb entspricht einem selbstlernenden Verhalten. Ein Abbilden des Motorverhaltens durch physikalisch basierte Modelle für Verbrennung, Emissionen, Luft- und Restgasmasse ermöglicht eine Optimierung am virtuellen Abbild des Motors. Während eine Optimierung am laufenden Motor dessen Verhalten negativ beeinflussen kann, ist dies durch den Modelleinsatz vermindert. Die Adaptierbarkeit der Verbrennungs- und Ladungswechselmodelle gewährleistet eine korrekte Berücksichtigung des Prozessverhaltens in der Optimierung.

Rechenzeitvergleiche zeigen, dass die Modelle in der Lage sind, das Motorverhalten schnell genug für eine Motorsteuerungsanwendung abzubilden. Die Nachteile der Inter- und Extrapolation empirischer Modellierungsansätze wurden durch das Aufprägen physikalischen Verhaltens beseitigt. Ein Nachweis der Eignung der physikalisch basierten Modelle für steuergerätetaugliche Verbrennungsoptimierung wurde erbracht. Der eingesetzte Optimierungsalgorithmus zeichnet sich durch eine Strukturierung aus, die es ermöglicht, die selben Modelle zur Optimierung und Erfassung des aktuellen Motorzustandes zu verwenden. Somit lässt sich eine Optimierung sowohl am Motor als auch am Prozessmodell durchführen. Die Verbesserung der Vorsteuerung durch die Verbrennungsoptimierung mit dem Ziel einer Verbrauchsminimierung zeigt die Tauglichkeit dieses Konzeptes für eine Steuergeräte-Anwendung.

Die Verbrennungsoptimierung ist nicht auf die Optimierung von Kraftstoffverbrauch beschränkt. Alternativ denkbar wäre eine Maximierung der Abgasenthalpie zum Aufheizen der Abgasanlage mit entsprechenden Verbrauchseinbußen. Zur erforderlichen Berücksichtigung des Verhaltens des Ladungswechsels inklusive dessen Einflusses auf die Verbrennung waren die Modelle während der Entwicklung der Optimierungsstrategie in den Verbrennungskoordinator integriert. Für eine bessere Verteilung des Rechenaufwandes innerhalb des Gesamtsystems sollte eine Übertragung der Modelle des Ladungswechsels inklusive der notwendigen Struktur zur Verbrennungsoptimierung auf das passende Subsystem - die Ladungswechselsteuerung - stattfinden. Die Optimierung der homogenen Selbstzündung war mit diesen Modellen noch nicht möglich. Eine Verbrennungsoptimierung an der mehrere Subsysteme beteiligt sind, wäre die Optimierung der zwei Betriebsarten Fremdzündung und Selbstzündung inklusive der Anforderung zum Betriebsartenwechsel. Die physikalischen Schnittstellen des Motormanagements erlauben bereits eine Berücksichtigung von Zustandsgrößen, wie Restgasgehalt und -temperatur während des Betriebsartenwechsels. Für einen physikalisch gesteuerten Wechsel von homogener Selbstzündung zu Fremdzündung und zurück sind die in dieser Arbeit eingesetzten Modelle zu erweitern.

Der nächste Schritt zur Verwirklichung eines selbstlernenden Motormanagements ist die Übertragung dieses Optimierungsansatzes auf ein aktuelles Motorsteuergerät mit geringerer Rechenleistung als die des verwendeten RCP-Systems. Ein Ansatz zur weiteren Reduzierung des Rechenaufwandes wurde bereits in dieser Arbeit vorgeschlagen. Der Entwurf einer Motorsteuerung und die Integration der Verbrennungsoptimierung in die Vorsteuerung der Führungsgrößen ohne das Adaptieren der Optimierungsergebnisse scheint zunächst ausgeschlossen. Für eine Optimierung mit nur zehn Iterationsschritten bedarf bspw. eines Modells, welches für einen Modellaufruf bei unverändert hoher Genauigkeit weniger als 1 ms Rechenzeit benötigt. Während der Umsetzung in ein Motorsteuergerät muss ein weiteres Augenmerk auf dem Konvergenzverhalten der Optimierung liegen.

Das Zusammenwirken der Adaption der Prozessmodelle, der Vorsteuerung und der Verbrennungsoptimierung ist weiter zu untersuchen. Weicht das Verhalten des Modells vor der Adaption vom Motorverhalten ab, startet die Adaption. Inwieweit ein unzureichend adaptiertes Modell die Ergebnisse der Optimierung verfälscht, wurde in dieser Arbeit nicht untersucht.

Zur Berücksichtigung der integralen Grenzwerte der einzelnen Schadstoffe, die gesetzlich vorgeschrieben sind, ist die Verwendung von Häufigkeitskennfeldern des zugrundeliegenden Fahrzyklus notwendig [119]. Die Häufigkeit der einzelnen Betriebspunkte bestimmt deren Gewichtung. Dies stellt eine Erweiterung der Definition von betriebspunktindividuellen Grenzwerten für Kraftstoffverbrauch bzw. Emissionen zum Unterbinden einer Verschlechterung innerhalb der Verbrennungsoptimierung dar. Beispielsweise wäre eine Optimierung des Betriebspunktes möglich, der die größte Verbesserung bzgl. der integralen Zielwerte bewirkt. Dafür ist die Zielfunktion in jedem Betriebspunkt zu bestimmen. Der höchste Wert entspricht der größten erzielbaren Verbesserung.

Mit dem vorgestellten Motormanagementsystem ist durch die Berücksichtigung der Steuergerätetauglichkeit ein wichtiger Grundstein gelegt, um eine selbstadaptierende Motorsteuerung inklusive Optimierung nach physikalischen Zielvorgaben für komplexe Verbrennungsmotoren mit anspruchsvoll anzusteuernden Betriebsarten zu realisieren.

Literaturverzeichnis

[1] ADOLPH, N.: *Messung des Klopfens an Ottomotoren.* Dissertation, Rheinisch-Westfälische Technische Hochschule Aachen, 1983.

[2] AFT ATLAS FAHRZEUGTECHNIK GMBH: *PROtroniC.* http://www.aft-werdohl. de/index.php?option=com_content\&view=article\&id=29\&Itemid=31\ &lang=de, 27. Oktober 2012.

[3] ALFIERI, E.; AMSTUTZ, A.; GUZZELLA, L.; SCHILLING, A.: *Emissionsgeregelte Dieselmotoren.* Motortechnische Zeitschrift 68, Nr. 11: S. 982–989, 2007.

[4] ANGERMANN, A.: *Matlab - Simulink - Stateflow : Grundlagen, Toolboxen, Beispiele.* Oldenbourg Verlag, München, 2002.

[5] BABIC, G.; BARGENDE, M.: *Betriebsstrategien Benzinselbstzündung - Untersuchung verschiedener Betriebsstrategien zur Benzinselbstzündung in Ottomotoren mit Direkteinspritzung und vollvariablem Ventiltrieb.* In: *Abschlussbericht zum FVV-Vorhaben Nr. 883.* Forschungsvereinigung Verbrennungskraftmaschinen, Frankfurt am Main, 2010.

[6] BABIC, G.; BARGENDE, M.: *Betriebsstrategien für die Benzinselbstzündung.* Motortechnische Zeitschrift 71, Nr. 9: S. 628–633, 2010.

[7] BARBA, CH.: *Erarbeitung von Verbrennungskennwerten aus Indizierdaten zur verbesserten Prognose und rechnerischen Simulation des Verbrennungsablaufes bei Pkw-DE-Dieselmotoren mit Common-Rail-Einspritzung.* Dissertation, Eidgenössische Technische Hochschule Zürich, 2001.

[8] BARGENDE, M.: *Ein Gleichungsansatz zur Berechnung der instationären Wandwärmeverluste im Hochdruckteil von Ottomotoren.* Dissertation, Technische Hochschule Darmstadt, 1991.

[9] BARGENDE, M.: *Ein umfassendes Indizierdatenerfaß- und Auswertesystem.* In: *VDI-Berichtsband Nr. 974*, S. 381–393, 1992.

[10] BARGENDE, M.: *Schwerpunkt-Kriterium und automatische Klingelerkennung.* Motortechnische Zeitschrift 56, Nr. 10: S. 632–638, 1995.

[11] BARGENDE, M.: *Berechnung und Analyse innermotorischer Vorgänge.* Vorlesungsmanuskript, Institut für Verbrennungsmotoren und Kraftfahrwesen, Stuttgart, 2004.

[12] BARGENDE, M.; BURKHARDT, CH.; FROMMELT, A.: *Besonderheiten der thermodynamischen Analyse von DE-Ottomotoren.* Motortechnische Zeitschrift 62, Nr. 1: S. 56–68, 2001.

[13] BARGENDE, M.; HEINLE, M.; BERNER, H.-J.: *Einige Ergänzungen zur Berechnung der Wandwärmeverluste in der Prozessrechnung.* In: *13. Tagung „Der Arbeitsprozess des Verbrennungsmotors"*, S. 45–63, Graz, 2011.

[14] BARGENDE, M.; SPICHER, U.; KÖHLER, U.; SCHWARZ, F.: *Entwicklung eines allgemeingültigen Restgasmodells für Verbrennungsmotoren.* In: *Abschlussbericht zum FVV-Vorhaben Nr. 740.* Forschungsvereinigung Verbrennungskraftmaschinen, Frankfurt am Main, 2002.

[15] BASSHUYSEN, R. VAN; SCHÄFER, F.: *Handbuch Verbrennungsmotor.* Vieweg Verlag, Wiesbaden, 2005.

[16] BAUER, M.; BREDENBECK, J.; RAUBOLD, W.: *Dynamisches Motormanagment.* In: *Abschlussbericht zum FVV-Vorhaben Nr. 498.* Forschungsvereinigung Verbrennungskraftmaschinen, Frankfurt am Main, 1993.

[17] BAUER, M.; BREDENBECK, J.; RAUBOLD, W.: *Dynamisches Motormanagment II.* In: *Abschlussbericht zum FVV-Vorhaben Nr. 600.* Forschungsvereinigung Verbrennungskraftmaschinen, Frankfurt am Main, 1996.

[18] BAUER, M.; NAUMANN, T.; OFFER, T.: *Dynamische Prozessoptimierung.* In: *Abschlussbericht zum FVV-Vorhaben Nr. 658.* Forschungsvereinigung Verbrennungskraftmaschinen, Frankfurt am Main, 1999.

[19] BERNARD, L.; FERRARI, A.; MICELLI, D.; PEROTTO, ALDO; RINOLFI, R.; VATTANEO, F.: *Elektrohydraulische Ventilsteuerung mit dem „MultiAir"-Verfahren.* Motortechnische Zeitschrift 70, Nr. 12: S. 892–899, 2009.

[20] BERNER, H.-J.; CHIODI, M.; BARGENDE, M.: *Berücksichtigung der Kalorik des Kraftstoffes Erdgas in der Prozessrechnung.* In: *9. Tagung „Der Arbeitsprozess des Verbrennungsmotors"*, S. 149–172, Graz, 2003.

[21] BREDENBECK, J.: *Statistische Versuchsplanung für die Online-Optimierung von Verbrennungsmotoren.* In: *Tagungsband Mess- und Versuchstechnik im Fahrzeugbau, VDI-Berichte 1470*, S. 1–13. VDI-Gesellschaft Fahrzeug und Verkehrstechnik, Mainz, 1999.

[22] BRONSTEIN, I. N.; SEMENDJAJEW, K. A.; MUSIOL, G.; MÜHLIG, H.: *Taschenbuch der Mathematik.* 7. Auflage, Verlag Harri Deutsch, Frankfurt am Main, 2008.

[23] BURKHARDT, CH.; BARGENDE, M.: *Eine praktische Methode zur Bestimmung des realen Verdichtungsverhältnisses.* In: *Klopfregelung für Ottomotoren II*, S. 119–136. Haus der Technik, Berlin, 2006.

[24] CAIRNS, A.; BLAXILL, H.: *The Effects of Two-Stage Cam Profile Switching and External EGR on SI-CAI Combustion Transitions.* SAE-Paper, 2007-01-0187, 2007.

[25] CEBI, E. C.: *In-Cylinder Pressure Based Real-Time Estimation of Engine-Out Particulate Matter Emissions of a Diesel Engine.* SAE-Paper, 2011-01-1440, 2011.

[26] CHIODI, M.; BERNER, H.-J.; BARGENDE, M.: *Investigation on Mixture Formation and Combustion Process in a CNG-Engine by Using a Fast Response 3D-CFD-Simulation.* SAE-Paper, 2004-01-3004, 2004.

[27] CSALLNER, P.: *Eine Methode zur Vorausberechnung der Änderung des Brennverlaufes von Ottomotoren bei geänderten Betriebsbedingungen.* Dissertation, Technische Universität München, 1981.

[28] DEJAEGHER, P.: *Einfluss der Stoffeigenschaften der Verbrennungsgase auf die Motorprozessrechnung.* Habilitation, Technische Universität Graz, 1984.

[29] DENGER, D.; WOLKERSTORFER, J.; ALLMER, I.; TEICHMANN, R.; WINKELHOFER, E.: *Bestimmung des globalen Energie- und Strukturzustandes der Zylinderladung als maßgebliche Einflußgröße auf die Verbrennung.* In: *6. Internationales Symposium für Verbrennungsdiagnostik*, S. 39–55, Baden-Baden, 2004.

[30] DOLT, R.: *Untersuchung zur Motorsteuerung von Ottomotoren mit thermodynamischen Kenngrößen.* Dissertation, Technische Hochschule Darmstadt, 2000.

[31] DSPACE GMBH: *dSPACEHelpDesk*. Paderborn, 2007.

[32] DSPACE GMBH: *Echtzeit-Hardware*. `http://www.dspace.com/de/gmb/home/applicationfields/automotive/functionprototyping/realtimehw.cfm`, 27. Oktober 2012.

[33] DSPACE GMBH: *RapidPro Control Unit mit MPC565*. `http://www.dspace.com/de/gmb/home/products/hw/rapidpro/rapidpro_control_unit.cfm`, 27. Oktober 2012.

[34] ENDERLE, CH.; MÜRWALD, M.; TIEFENBACHER, G.; KARL, G.; LAUTENSCHÜTZ, P.: *Neue Vierzylinder-Ottomotoren von Mercedes-Benz mit Kompressoraufladung*. Motortechnische Zeitschrift 63, Nr. 7/8: S. 580–587, 2002.

[35] FESEFELDT, TH.: *Ganzheitliche Betrachtung zur Auswahl der Starteinrichtung des Verbrennungsmotors eines Parallel-Hybrids mit Trennkupplung*. Dissertation, Technische Universität Darmstadt, 2010.

[36] FISCHER, G.: *Reibmitteldruck - Ottomotor - Ermittlung einer Formel zur Vorausberechnung des Reibmitteldrucks von Ottomotoren*. In: *Abschlussbericht zum FVV-Vorhaben Nr. 629*. Forschungsvereinigung Verbrennungskraftmaschinen, Frankfurt am Main, 1999.

[37] FISCHER, M.; GÜNTHER, M.; RÖPKE, K.; LINDEMANN, M.; PLACZEK, R.: *Klopferkennung im Ottomotor - Neue Tools und Methoden in der Serienentwicklung*. Motortechnische Zeitschrift 64, Nr. 3: S. 186–194, 2003.

[38] FISCHER, W.; KARRELMEYER, R.; LOFFLER, A.; KULZER, A.; HATHOUT, J.-P.: *Closed-Loop Control of a Multi-Mode GDI Engine with CAI*. 5. IFAC Symposium on Advances in Automotive Control, 2007.

[39] FIVELAND, S.; ASSANIS, D.: *Development and Validation of a Quasi-Dimensional Model for HCCI Engine Performance and Emissions Studies Under Turbocharged Conditions*. SAE-Paper, 2002-01-1757, 2002.

[40] FLIERL, R.; HOFMANN, R.; LANDERL, CH.; MELCHER, T.; STEYER, H.: *Der neue BMW Vierzylinder-Ottomotor mit VALVETRONIC - Teil 1: Konzept und konstruktiver Aufbau*. Motortechnische Zeitschrift 62, Nr. 6: S. 450–463, 2001.

[41] FLIERL, R.; SCHMITT, S.; KLEINERT, G.; ESCH, H.-J.; DISMON, H.: *Univalve - Ein vollvariables mechanisches Ventiltriebsystem für zukünftige Verbrennungsmotoren*. Motortechnische Zeitschrift 72, Nr. 5: S. 380–385, 2011.

[42] FRANZKE, D.: Beitrag zur Ermittlung eines Klopfkriteriums der ottomotorischen Verbrennung und zur Vorausberechnung der Klopfgrenze. Dissertation, Technische Universität München, 1981.

[43] FÜRHAPTER, A.; PIOCK, W. F.; FRAIDL, G. K.: Homogene Selbstzündung - Die praktische Umsetzung am transienten Vollmotor. Motortechnische Zeitschrift 65, Nr. 2: S. 94–101, 2004.

[44] FRØLUND, K.; SCHRAMM, J.: Simulation of HC-Emissions from SI-Engines - A Parametetric Study. SAE-Paper 972893, 1997.

[45] FUERHAPTER, A.; PIOCK, W. F.; FRAIDL, G. K.: CSI - Controlled Auto Ignition - the Best Solution for the Fuel Consumption - Versus Emission Trade-Off? SAE-Paper, 2003-01-0754, 2003.

[46] GERHARDT, J.; BENNINGER, N.; HESS, W.: Drehmomentorientierte Funktionsstruktur der elektronischen Motorsteuerung als neue Basis für Triebstrangsysteme. In: 6. Aachener Kolloquium Fahrzeug- und Motorentechnik, S. 817–849, Aachen, 1997.

[47] GÜHMANN, C.; LACHMANN, S.; RÖPKE, K.; TAHL, S.; LINDEMANN, M.; JOERRES, M.: Messtechnische Untersuchung von Störgeräuschen in Klopfregelsystemen. Motortechnische Zeitschrift 67, Nr. 1: S. 40–47, 2006.

[48] GOTTER, A.; PISCHINGER, S.: Motorsteuerung mit Eingriffsmöglichkeit über ein Applikationssystem für stationär betriebene DI - Benzin - Motoren. In: Abschlussbericht zum FVV-Vorhaben Nr. 843. Forschungsvereinigung Verbrennungskraftmaschinen, Frankfurt am Main, 2007.

[49] GREBE, U.; NITZ, T.: Voltec - Das Antriebssystem für Chevrolet Volt und Opel Ampera. Motortechnische Zeitschrift 72, Nr. 5: S. 342–351, 2011.

[50] GREBE, U. D.; M.ALT; DULZO, J.; CHANG, M.-F.: Closed Loop Combustion Control for HCCI. In: 8. Stuttgarter Symposium. Expert, Renningen, 2008.

[51] GRIEBEL, C.-O.; RABENSTEIN, F.; KLÜTING, M.; KESSLER, F.; KRETSCHMER, J.; HOCKGEIGER, E.: The Full-Hybrid Powertrain of the BMW ActiveHybrid 5. In: 20. Aachener Kolloquium Fahrzeug- und Motorentechnik, S. 1–17, Aachen, 2011.

[52] GRILL, M.: Objektorientierte Prozessrechnung von Verbrennungsmotoren. Dissertation, Universität Stuttgart, 2006.

[53] GRILL, M.; BILLINGER, T.; BARGENDE, M.: *Quasi-Dimensional Modeling of Spark Ignition Engine Combustion with Variable Valve Train*. SAE-Paper, 2006-01-1107, 2006.

[54] GÄRTNER, U.: *Die Simulation der Stickoxid-Bildung in Nutzfahrzeug-Dieselmotoren*. Dissertation, Technische Hochschule Darmstadt, 2001.

[55] GSCHWEITL, K.; LEITHGOEB, R.; PFLUEGL, H.; FORTUNA, T.: *Steigerung der Effizienz in der modellbasierten Motorenapplikation durch die neue CAMEO Online DoE-Toolbox*. Automobiltechnische Zeitschrift 103, Nr. 7/8: S. 636–643, 2001.

[56] HAASE, D.: *Ein neues Verfahren zur modellbasierten Prozessoptimierung auf der Grundlage der statistischen Versuchsplanung am Beispiel eines Ottomotors mit elektromagnetischer Ventilsteuerung (EMVS)*. Dissertation, Technische Universität Dresden, 2004.

[57] HAFNER, M.: *Modellbasierte stationäre und dynamische Optimierung von Verbrennungsmotoren am Motorenprüfstand unter Verwendung neuronaler Netze*. Fortschrittsberichte VDI Reihe 12 Nr. 482, VDI Verlag Düsseldorf, 2002.

[58] HART, M.: *Auswertung direkter Brennrauminformationen am Verbrennungsmotor mit estimationstheoretischen Methoden*. Dissertation, Universität-Gesamthochschule Siegen, 1999.

[59] HEIDER, G.; ZEILINGER, K.; WOSCHNI, G.: *Berechnung der Schadstoffemissionen von Dieselmotoren II*. In: *Abschlussbericht zum FVV-Vorhaben Nr. 602*. Forschungsvereinigung Verbrennungskraftmaschinen, Frankfurt am Main, 1996.

[60] HERRMANN, H.; HERWEG, R.; KARL, G.; PFAU, M.; STELTER, M.: *Regelungskonzepte in Ottomotoren mit homogen-kompressionsgezündeter Verbrennung*. In: *Kontrollierte Selbstzündung*, S. 236–256. Haus der Technik, Essen, 2005.

[61] HEYWOOD, J.B.: *Internal Combustion Engine Fundamentals*. McGraw-Hill, New York, 1988.

[62] HOCKEL, K.: *Untersuchung zur Laststeuerung beim Ottomotor*. Dissertation, Technische Universität München, 1982.

[63] HOHENBERG, G.: *Experimentelle Erfassung der Wandwärme von Kolbenmotoren*. Habilitation, Technische Universität Graz, 1983.

[64] HOHLBAUM, B.: *Beitrag zur rechnerischen Untersuchung der Stickstoffoxid-Bildung schnelllaufender Hochleistungsdieselmotoren*. Dissertation, Universität Karlsruhe (TH), 1992.

[65] HOPPE, N.: *Vorausberrechnung des Brennverlaufes von Ottomotoren mit Benzin-Direkteinspritzung*. Dissertation, Technische Universität München, 2002.

[66] HOPPE, N.: *Erfahrungen mit dem Einsatz eines modifizierten Restgasmodells und die Weiterentwicklung zum online-fähigen Optimierungstool*. In: *7. Internationalen Symposium für Verbrennungsdiagnostik*, S. 333–344, Baden-Baden, 2006.

[67] HUBER, K.: *Der Wärmeübergang schnelllaufender, direkt einspritzender Dieselmotoren*. Dissertation, Technische Universität München, 1990.

[68] IAV GMBH: *IAV Flexibles Motorsteuergerät FI^{2RE}*. http://www.iav.com/engineering/methods-tools/produkte/flexibles-motorsteuergeraet-fi2re, 27. Oktober 2012.

[69] JELITTO, CH.; WILLAND, J.; JAKOBS, J.; MAGNOR, O.; SCHULTALBERS, M.; KÖLLER, M.: *Potentials of the GCI combustion process*. In: *8. Internationales Stuttgarter Symposium*. Expert, Renningen, 2008.

[70] JELITTO, CH.; WILLAND, J.; JAKOBS, J.; MAGNOR, O.; SCHULTALBERS, M.; MILLICH, E.: *Gasoline Compression Ignition Aus den Forschungslabors in die Anwendung*. In: *16. Aachener Kolloquium Fahrzeug- und Motorentechnik*, S. 1177–1194, Aachen, 2007.

[71] JESCHKE, J.: *Konzeption und Erprobung eines zylinderdruckbasierten Motormanagement für PKW-Dieselmotoren*. Dissertation, Universität Magdeburg, 2002.

[72] JESCHKE, J.; LANG, TH.; WENDT, J.; MANNIGEL, D.; HENN, M.; NITZKE H.-G.: *Verbrennungsgeregeltes Motormanagement für direkteinspritzende Dieselmotoren*. In: *16. Aachener Kolloquium Fahrzeug- und Motorentechnik*, S. 1391–1410, Aachen, 2007.

[73] JIPPA, K.: *Onlinefähige thermodynamikbasierte Ansätze für die Auswertung von Zylinderdruckverläufen*. Dissertation, Universität Stuttgart, 2003.

[74] JUNG, M.: *The BMW Active E. The next step by BMW Group towards electric mobility*. In: *8. Symposium Hybrid- und Elektrofahrzeuge*, Braunschweig, 2011.

[75] JUSTI, E.: *Spezifische Wärme, Enthalpie, Entropie und Dissoziation technischer Gase*. Springer, Berlin, 1938.

[76] KANNAPIN, O.; GUSKE, TH.; PREISNER, M.; KRATZSCH, M.: *Partikelreduktion - Neue Herausforderungen für Ottomotoren mit Direkteinspritzung*. Motortechnische Zeitschrift 71, Nr. 11: S. 776–780, 2010.

[77] KAPUS, E.; PREVEDEL, K.; BANDEL, W.: *Potenzial von Motoren mit variablem Verdichtungsverhältnis*. Motortechnische Zeitschrift 73, Nr. 5: S. 394–399, 2012.

[78] KAPUS, P.; JANSEN, H.; OGRIS, M.; HOLLERER, P.: *Reduzierung der Partikelanzahl durch applikative Maßnahmen*. Motortechnische Zeitschrift 71, Nr. 11: S. 782–787, 2010.

[79] KAUFMANN, M.; BERKMÜLLER, M.; WETZEL, M.; HARTMANN, M.; SCHENK, M.; BREHM, N.; SCHWARZ, CH.: *Thermodynamische Analyse des ottomotorischen HCCI-DI-Brennverfahrens*. In: *Direkteinspritzung im Ottomotor V*, S. 240–261. Haus der Technik, Essen, 2005.

[80] KELLER, U.; GÖDECKE, T.; WEISS, M.; ENDERLE, CH.; HENNING, G.: *Diesel Hybrid - The Next Generation of Hybrid Powertrains by Mercedes-Benz*. In: *33. Internationales Wiener Motorensymposium*, 2012.

[81] KEMPF, S.; GÖBELS, J.; SLOBODA, R.: *Zylinderdruckbasierte Klopfregelung zur Bewertung von Klopregelungsapplikation und automatisierten Zündwinkelapplikation*. In: *Klopfregelung für Ottomotoren II*, S. 225–244. Haus der Technik, Berlin, 2006.

[82] KLAUS, B.; DREXLER, G.; EDER, T.; EISENKÖLBL, M.; LUTTERMANN, CH.; SCHLEUSENER, M.: *Weiterentwicklung der vollvariablen Ventilsteuerung BMW-Valvetronic*. Motortechnische Zeitschrift 66, Nr. 9: S. 650–658, 2005.

[83] KLEIN, P.: *Zylinderdruckbasierte Füllungserfassung für Verbrennungsmotoren*. Dissertation, Universität Siegen, 2009.

[84] KLEINSCHMIDT, W.: *Untersuchung des Arbeitsprozesses und der NO-, NO_2 und der CO-Bildung in Ottomotoren*. Dissertation, Rheinisch-Westfälische Technische Hochschule Aachen, 1974.

[85] KNÖDLER, K.; POLAND, J.; FLEISCHHAUER, TH.; MITTERER, A.; ULLMANN, S.; ZELL, A.: *Modellbasierte Online-Optimierung moderner Verbrennungsmotoren - Teil 2: Grenzen des fahrbaren Suchraums*. Motortechnische Zeitschrift 64, Nr. 6: S. 520–526, 2003.

[86] KOCH, T.: *Numerischer Beitrag zur Charakterisierung und Vorausberechnung der Gemischbildung und Verbrennung in einem direkteinspritzenden, strahlgeführten Ottomotor.* Dissertation, Eidgenössische Technische Hochschule Zürich, 2002.

[87] KOŽUCH, P.: *Ein phänomenologisches Modell zur kombinierten Stickoxid- und Rußberechnung bei direkteinspritzenden Dieselmotoren.* Dissertation, Universität Stuttgart, 2004.

[88] KRATZSCH, M.; GÜNTHER, M.; ELSNER, N.; ZWAHR, S.: *Modellansätze für die virtuelle Applikation von Motorsteuergeräten.* Motortechnische Zeitschrift 70, Nr. 9: S. 665–670, 2009.

[89] KREYKENBOHM, B.: *Untersuchungen des Arbeitsprozesses von Schichtladungsmotoren mit unterteiltem Brennraum.* Dissertation, Rheinisch-Westfälische Technische Hochschule Aachen, 1981.

[90] KRÄMER, G.: *Laststeuerverfahren für vollvariable Ventiltriebe zur Berechnung in Echtzeit-Motorsteuerungssystemen.* Dissertation, Universität Kaiserslautern, 2003.

[91] KRUG, C.: *Ein Beitrag zur dynamischen Modellierung des Verbrennungsmotors für Aufgaben der Echtzeit-Simulation.* Dissertation, Technische Universität Dresden, 2003.

[92] KUBERCZYK, R.; BARGENDE, M.: *Wirkungsgradoptimaler Ottomotor - Darstellung der Wirkungsgradunterschiede zwischen Otto- und Dieselmotoren. Bewertung wirkungsgradsteigernder Maßnahmen bei Ottomotoren.* In: *Abschlussbericht zum FVV-Vorhaben Nr. 875.* Forschungsvereinigung Verbrennungskraftmaschinen, Frankfurt am Main, 2008.

[93] KUBERCZYK, R.; BERNER, H.-J.; BARGENDE, M.: *Wirkungsgradunterschiede zwischen Otto- und Dieselmotor.* Motortechnische Zeitschrift 70, Nr. 1: S. 82–89, 2009.

[94] KUDER, J.; KRUSE, TH.: *Parameteroptimierung an Ottomotoren mit Direkteinspritzung.* Motortechnische Zeitschrift 61, Nr. 6: S. 378–384, 2000.

[95] KULZER, A.: *BDE-Direktstart Startoptimierung eines Ottomotors mit Direkteinspritzung mittels eines thermodynamischen Motorsimulationsmodells.* Dissertation, Universität Stuttgart, 2004.

[96] KULZER, A.; FISCHER, W.; KARRELMEYER, R.; SAUER, CH.; WINTRICH, TH.; BENNINGER, K.: *Kontrollierte Selbstzündung beim Ottomotor - CO$_2$ Einsparpotenziale.* Motortechnische Zeitschrift 70, Nr. 1: S. 50–57, 2009.

[97] KULZER, A.; HATHOUT, J.; SAUER, CH.; FISCHER, W.; KARRELMEYER, R.; LÖFFLER, A.; CHRIST, A.: *Das Verbrauchskonzept CAI - Verbrennung und Regelung für das CAI-Brennverfahren mit BDE Technologie und vollvariablem Ventiltrieb.* In: *16. Aachener Kolloquium Fahrzeug- und Motorentechnik,* S. 1195–1218, Aachen, 2007.

[98] KULZER, A.; NIER, T.; FUCHSBAUER, A.: *Untersuchungen zum aufgeladenen HCCI-Betrieb an einem 4-Zylinder Ottomotor.* In: *Motorische Verbrennung,* S. 461–472. Haus der Technik, München, 2011.

[99] LACHMANN, S.; TAHL, S.; LINDEMANN, M.: *Störgeräusche in Klopfregelsystemen.* In: *Abschlussbericht zum FVV-Vorhaben Nr. 805.* Forschungsvereinigung Verbrennungskraftmaschinen, Frankfurt am Main, 2004.

[100] LAGARIAS, J.C.; REEDS, J. A.; WRIGHT, M. H.; WRIGHT, P. E.: *Convergence Properties of the Nelder-Mead Simplex Method in Low Dimensions.* SIAM Journal of Optimization, 9(1): S. 112–147, 1998.

[101] LANDERL, CH.; KLAUER, N.; KLÜTING, M.: *Die Konzeptmerkmale des neuen BMW Reihensechszylinder Ottomotors.* In: *13. Aachener Kolloquium Fahrzeug- und Motorentechnik,* S. 357–380, Aachen, 2004.

[102] LARINK, J.: *Zylinderdruckbasierte Auflade- und Abgasrückführregelung für PKW-Dieselmotoren.* Dissertation, Universität Magdeburg, 2005.

[103] LÖBBERT, PH.: *Möglichkeiten und Grenzen der Teillaststeuerung von Ottomotoren mit vollvariablem Ventilhub.* Dissertation, Technische Universität Dresden, 2006.

[104] LIEBL, J.; KLÜTING, M.; POGGEL, J.; MISSY, S.: *Die Steuerung der neuen BMW Valvetronic-Motoren - Teil 2: Thermodynamik und funktionale Eigenschaften.* Motortechnische Zeitschrift 62, Nr. 7/8: S. 570–579, 2001.

[105] LIEBL, J.; MUNK, F.; HOHENNER, H.; LUDWIG, B.: *Die Steuerung der neuen BMW Valvetronic-Motoren.* Motortechnische Zeitschrift 62, Nr. 7/8: S. 516–526, 2001.

[106] LUERSEN, M. A.; RICHE, R. LE: *Globalized Nelder-Mead method for engineering optimization.* Computers and Structures, Nr. 82: S. 2251–2260, 2004.

[107] MEIER, K.: *Berechnung der Verbrennung und Schadstoffbildung im OTTO-Motor bei großen Abgasrückführraten.* Dissertation, Universität Karlsruhe (TH), 1997.

[108] MERKER, G.; SCHWARZ, CH.; STIESCH, G.; OTTO, F.: *Verbrennungsmotoren. Simulation der Verbrennung und Schadstoffbildung.* 3. Auflage, Teubner, Wiesbaden, 2006.

[109] MERKER, G.P.; STIESCH, G.: *Technische Verbrennung Motorische Verbrennung.* Teubner, Stuttgart, Leipzig, 1999.

[110] MEYWERK, M.: *CAE-Methoden in der Fahrzeugtechnik.* Springer, Berlin, 2007.

[111] MIDDENDORF, H.; THEOBALD, J.; LANG, L.; HARTEL, K.: *Der 1,4-l-TSI-Ottomotor mit Zylinderabschaltung.* Motortechnische Zeitschrift 73, Nr. 3: S. 186–193, 2012.

[112] MILLET, J.-B.; MAROTEAUX, F.; EMERY, P.; SORINE, M.: *A Reduced Model of HCCI Combustion in View of Application to Model Based Engine Control Systems.* SAE-Paper, 2006-01-3297, 2006.

[113] MILOVANOVIC, N.; BLUNDELL, D.; GEDGE, S.; TURNER, J.: *SI-HCCI-SI Mode Transition at Different Engine Operating Conditions.* SAE-Paper, 2005-01-0156, 2005.

[114] MILOVANOVIC, N.; BLUNDELL, D.; GEDGE, S.; TURNER, J.: *Strategien zur Erweiterung des HCCI-Betriebsbereiches für Ottomotoren.* In: *14. Aachener Kolloquium Fahrzeug- und Motorentechnik,* S. 435–454, Aachen, 2005.

[115] MILOVANOVIC, N.; BLUNDELL, D.; PEARSON, R.; TURNER, J.: *Enlarging the Operational Range of a Gasoline HCCI Engine By Controlling the Coolant Temperature.* SAE-Paper, 2005-01-0157, 2005.

[116] MISCHKER, K.; DENGER, D.: *Die Elektrohydraulische Ventilsteuerung EHVS - System und Potenzial.* In: *Variable Ventilsteuerung II,* S. 227–243. Haus der Technik, Essen, 2004.

[117] MITTERER, A.: *Optimierung vielparametriger Systeme in der Ktz-Antriebsentwicklung.* Fortschrittsberichte VDI Reihe 12 Nr. 434, VDI Verlag Düsseldorf, 2000.

[118] MLADEK, M.: *Cylinder Pressure for Control Purposes of Spark Ignition Engines.* Dissertation, Eidgenössische Technische Hochschule Zürich, 2002.

[119] NAUMANN, T.: *Wissensbasierte Optimierungsstrategien für elektronische Steuergeräte an Common-Rail-Dieselmotoren.* Dissertation, Technische Universität Berlin, 2002.

[120] NELDER, J. A.; MEAD, R.: *A simplex method for function minimization.* Computer Journal, 7: S. 308–313, 1965.

[121] NELLES, O.: *Nonlinear System Identification with Local Linear Neuro-Fuzzy Models.* Dissertation, Technische Hochschule Darmstadt, 1999.

[122] NELLES, O.: *Nonlinear System Identification.* Springer, Berlin, 2001.

[123] NELLES, O.; BÄNFER, O.; KAINZ, J.; BEER, J.: *Lokale Modellnetze - Die zukünftige Modellierungsmethode für Steuergeräte?* Automobiltechnische Zeitschrift 3 (2008), Nr. 6: S. 66–70, 2008.

[124] NEUGEBAUER, S.: *Das instationäre Betriebsverhalten von Ottomotoren - experimentelle Erfassung und rechnerische Simulation.* Dissertation, Technische Universität München, 1996.

[125] NIJS, M.; STERNBERG, P.: *Luftpfadmodell-VVT - Luftpfadmodell für variable Ventiltriebe.* In: *Abschlussbericht zum FVV-Vorhaben Nr. 938.* Forschungsvereinigung Verbrennungskraftmaschinen, Frankfurt am Main, 2010.

[126] NITZSCHKE, E.: *Stationäre und instationäre Messung und Berechnung der Abgaszusammensetzung am Ottomotor.* Dissertation, Technische Hochschule Darmstadt, 1992.

[127] NITZSCHKE, E.; KÖHLER, D.; SCHMIDT, CH.: *Zylinderdruckindizierung II. Untersuchung zur Verbesserung des Meßverfahrens Zylinderdruckindizierung.* In: *Abschlussbericht zum FVV-Vorhaben Nr. 392.* Forschungsvereinigung Verbrennungskraftmaschinen Frankfurt am Main, 1989.

[128] NOSKE, G.: *Ein quasidimensionales Modell zur Beschreibung des ottomotorischen Verbrennungsablaufes.* Fortschrittsberichte VDI Reihe 6 Nr. 211, VDI Verlag Düsseldorf, 1988.

[129] OGINK, R.: *Approximation of Detailed-Chemistry Modeling by a Simplified HCCI Combustion Model.* SAE-Paper, 2005-24-037, 2005.

[130] OHYAMA, Y.: *Engine Modeling of HCCI Transient Operations.* SAE-Paper, 2005-01-0158, 2005.

[131] OLVER, F.W.J.: *Bessel functions, Part III, University Press, Royal Soc. Math. Tables, vol. 7.* Technischer Bericht, Cambridge, 1960.

[132] ORLANDINI, I.; KULZER, A.; WEBERBAUER, F.; RAUSCHER, M.: *Simulation of Self Ignition in HCCI and Partial HCCI Engines using a Reduced Order Model.* SAE-Paper, 2005-01-0159, 2005.

[133] PATTAS, K.; HÄFNER, G.: *Stickoxidbildung bei der ottomotorischen Verbrennung.* Motortechnische Zeitschrift 34, Nr. 12: S. 397–404, 1973.

[134] PFLAUM, W.: *Mollier-Diagramme für Verbrennungsgase mit Anwendungsbeispielen und allgemeinen Vorausberechnungen für Verbrennungsmaschinen.* 2. Auflage VDI-Verlag, Düsseldorf, 1974.

[135] PISCHINGER, R.; KLELL, M.; SAMS, T.: *Thermodynamik der Verbrennungskraft-maschine.* 2. Auflage, Springer, Wien, 2002.

[136] PISCHINGER, S.; ADOMEIT, P.; EWALD, J.; STAPF, K. G.; SEEBACH, D.: *Kontrolle und Vorhersage stochastischer Entflammungsvorgänge beim ottomotorischen CAI Verfahren.* In: *8. Internationales Symposium für Verbrennungsdiagnostik,* Baden-Baden, 2008.

[137] PISCHINGER, S.; BÜCKER, CH.; STAPF, G.; KREBBER-HOFMANN, K.; MORI, S.: *Unterschiedliche Strategien für die Ventilsteuerung bei kontrollierter Selbstzündung CAI.* In: *Variable Ventilsteuerung,* S. 187–206. Haus der Technik, Essen, 2007.

[138] PISCHINGER, S.; DILTHEY, J.; LANG, O.; SALBER, W.; BÜCKER, CH.: *Kontrollierte Selbstzündung beim Ottomotor - Potenzial der Direkteinspritzung.* In: *Diesel- und Benzindirekteinspritzung.* Haus der Technik, Berlin, 2005.

[139] PISCHINGER, S.; SALBER, W.; LANG, O.; BÜCKER, CH.: *Untersuchung von Ventil-triebsvariabilitäten für Brennverfahren mit homogener Selbstzündung.* In: *Motorische Verbrennung,* S. 411–422. Haus der Technik, München, 2005.

[140] POLAND, J.; KNÖDLER, K.; FLEISCHHAUER, TH.; MITTERER, A.; ULLMANN, S.; ZELL, A.: *Modellbasierte Online-Optimierung moderner Verbrennungsmotoren - Teil 1: Aktives Lernen.* Motortechnische Zeitschrift 64, Nr. 5: S. 432–437, 2003.

[141] RECHS, M.: *Untersuchung von Zylinderdruck- und Motorstrukturschwingungen zur Auslegung von Antiklopf-Regelsystemen.* Dissertation, Rheinisch-Westfälische Technische Hochschule Aachen, 1990.

[142] REIF, K.: *Automobilelektronik.* 2. Auflage, Vieweg Verlag, Wiesbaden, 2007.

[143] REULEIN, C.; SCHWARZ, CH.; WITT, A.: *Methodeneinsatz bei der Ermittlung des Potentials von Downsizing-Motoren.* In: *Downsizing von Motoren.* Haus der Technik, München, 2000.

[144] ROSS, T.; ZELLBECK, H.: *Neues ATL-Konzept von Vierzylinder-Ottomotoren.* Motortechnische Zeitschrift 71, Nr. 12: S. 914–921, 2010.

[145] RÖPKE, K.; KNAAK, M.; NESSLER, A.; SCHAUM, S.: *Rapid Measurement Grundbedatung eines Verbrennungsmotors innerhalb eines Tages?* Motortechnische Zeitschrift 68, Nr. 4: S. 276–282, 2007.

[146] SARGENTI, R.: *Numerische Ermittlung von Brennraumwandtemperaturen bei Verbrennungsmotoren.* Dissertation, Universität Stuttgart, 2006.

[147] SAUER, CH.; KULZER, A.; RAUSCHER, M.; HATHOUT, J.-P.; BARGENDE, M.: *CAI-Betriebsstrategien und Steuerungsmöglichkeiten - Ergebnisse aus Versuch und Simulation.* In: *7. Internationales Stuttgarter Symposium.* Expert, Renningen, 2007.

[148] SAUTER, W.; HENSEL, S.; SPICHER, U.; SCHUBERT, A.; SCHIESSL, R.; MAAS, U.: *Experimentelle und numerische Untersuchung der Selbstzündungsmechanismen für einen HCCI-Benzinbetrieb.* In: *16. Aachener Kolloquium Fahrzeug- und Motorentechnik,* S. 335–370, Aachen, 2007.

[149] SCHARRER, F.: *Einflusspotenzial Variabler Ventiltriebe auf die Teillast-Betriebswerte von Saug-Ottomotoren - eine Studie mit der Motorprozess-Simulation.* Dissertation, Technische Universität Berlin, 2005.

[150] SCHERNEWSKI, R.: *Modellbasierte Regelung ausgewählter Antriebssystemkomponenten im Kraftfahrzeug.* Dissertation, Universität Karlsruhe (TH), 1999.

[151] SCHÜLER, M.: *Stationäre Optimierung der Motorsteuerung von PKW-Dieselmotoren mit Abgasturbolader durch Einsatz schneller neuronaler Netze.* Fortschrittsberichte VDI Reihe 12 Nr. 461, VDI Verlag Düsseldorf, 2001.

[152] SCHLOSSER, A.; LEHN, H.; HIRSCHMÜLLER, B.; POSCHMANNS, CH.; BLESSING, J.: *Abstimmung von Motorsteuerungs-Klopfregelparametern: Ein neues Tool in der „TOPexpert-Umgebung".* In: *Klopfregelung für Ottomotoren II,* 2006.

[153] SCHMID, A.; BARGENDE, M.: *Wirkungsgradoptimierter Ottomotor.* Motortechnische Zeitschrift 72, Nr. 12: S. 980–986, 2011.

[154] SCHMID, A.; GRILL, M.; BERNER, H.-J.; BARGENDE, M.: *Ein neuer Ansatz zur Vorhersage des ottomotorischen Klopfens.* In: *Ottomotorisches Klopfen - irreguläre Verbrennung,* S. 256–277, 2010.

[155] SCHMID, A.; GRILL, M.; BERNER, H.-J.; BARGENDE, M.: *Transiente Simulation mit Scavenging beim Turbo-Ottomotor.* Motortechnische Zeitschrift 71, Nr. 11: S. 766–772, 2010.

[156] SCHMITT, S.: *Potenziale durch Ventiltriebsvariabilität auf der Auslassseite am drosselfrei betriebenen Ottomotor mit einstufiger Turboaufladung.* Dissertation, Technische Universität Kaiserslautern, 2011.

[157] SCHWARZ, F.: *Untersuchung zur Bestimmung und Beschreibung des Restgasverhaltens von 4-Takt-Verbrennungsmotoren.* Dissertation, Universität Karlsruhe (TH), 2005.

[158] SECHTENBECK, C.: *Entwicklung eines flexiblen Steuerrechners für Forschungsvorhaben.* In: *FVV Informationstagung Motoren,* Frankfurt am Main, 2005.

[159] SHAHBAKHTI, M.; LUPUL, R.; KOCH, C. R.: *Predicting HCCI Auto-Ignition Timing by Extending a Modified Knock-Integral Method.* SAE-Paper, 2007-01-0222, 2007.

[160] SHIMIZU, K.; FUWA, N.; YOSHIHARA, Y.; HORI, K.: *Die neue Toyota Ventilsteuerung für variable Steuerzeiten und Hub.* In: *16. Aachener Kolloquium Fahrzeug- und Motorentechnik,* S. 979–994, Aachen, 2007.

[161] SINSEL, S.: *Echtzeitsimulation von Nutzfahrzeug-Dieselmotoren mit Turbolader zur Entwicklung von Motormanagementsystemen.* Dissertation, Technische Hochschule Darmstadt, 1999.

[162] SLOBODA, R.; HÄMING, W.; FISCHER, W.: *Toolkette zur effektiven Applikation von Klopregelungssystemen.* Motortechnische Zeitschrift 65, Nr. 1: S. 26–34, 2004.

[163] SPIEGEL, L.; SCHÜRMANN, M.; RAUNER, TH.; STACHE, I.; GÖHRING, M.; NEUSSER, H.-J.: *Das Antriebskonzept des neuen Cayenne S Hybrid.* In: *19. Aachener Kolloquium Fahrzeug- und Motorentechnik,* S. 53–74, Aachen, 2010.

[164] SÜSS, M.; GÜNTHER, M.; ROTTENGRUBER, H.: *Gemischbildung beim ottomotorischen HCCI-Brennverfahren.* Motortechnische Zeitschrift 72, Nr. 5: S. 394–399, 2011.

[165] STAPF, G.-K.; SEEBACH, D.; PISCHINGER, S.; HOFFMANN, K.; ABEL, D.: *Aspekte der ottomotorischen Selbstzündung - Entwicklung eines Regelungskonzepts.* Motortechnische Zeitschrift 70, Nr. 4: S. 294–301, 2009.

[166] STEUER, J.; MLADEK, M.; DENGLER, CH.; MAYER, W.; KRACKE, TH.; JAKUBEK, P.; BRUNE, A.; RICK, R.: *Flexibles Motorsteuerungssystem für die Entwicklung innovativer Brennverfahren.* Automobiltechnische Zeitschrift Elektronik 4 (2009), Nr. 5: S. 36–41, 2009.

[167] STÖLTING, E.; SEEBODE, J.; GRATZKE, R.; BEHNK, K.: *Emissionsgeführtes Motormanagement für Nutzfahrzeuganwendungen.* Motortechnische Zeitschrift 69, Nr. 12: S. 1042–1049, 2008.

[168] SUNG, A.; KLÖPPER, F.; MITTERER, A.; WACHTMEISTER, G.; ZELL, A.: *Modellbasierte Online-Optimierung in der Simulation und am Motorenprüfstand.* Motortechnische Zeitschrift 68, Nr. 1: S. 42–48, 2007.

[169] SWAN, K.; SHAHBAKHTI, M.; KOCH, C. R.: *Predicting Start of Combustion Using a Modified Knock Integral Method for an HCCI Engine.* SAE-Paper, 2006-01-1086, 2006.

[170] TABACZYNSKI, R.J.; FERGUSON, C.R.; RADHAKRISHNAN, K.: *A Turbulent Entrainment Model for Spark-Ignition Engine Combustion.* SAE-Paper, 770647, 1977.

[171] THEISSEN, M.: *Untersuchung zum Restgaseinfluß auf den Teillastbetrieb des Ottomotors.* Dissertation, Ruhr-Universität Bochum, 1989.

[172] TORKZADEH, D.: *Echtzeitsimulation der Verbrennung und modellbasierte Reglersynthese am Common-Rail-Dieselmotor.* Dissertation, Technische Hochschule Darmstadt, 2003.

[173] TÖPFER, S.; MARTINI, E.; KUNDE, CH.: *Stationäre Motorvermessung mit neuronalen Netzen.* In: ISERMANN, R. (Hrsg): *Modellgestützte Steuerung, Regelung und Diagnose von Verbrennungsmotoren,* S. 131–152. Springer, Berlin, 2003.

[174] TRAPP, CH.: *Simulation in der Motorentwicklung - Auf dem weg zur virtuellen Applikation.* Motortechnische Zeitschrift 69, Nr. 11: S. 922–927, 2008.

[175] UNLAND, S.; STUHLER, H.; STUBER, A.: *Neue effiziente Applikationsverfahren für die physikalisch basierte Motorsteuerung ME7.* Motortechnische Zeitschrift 59, Nr. 11: S. 744–751, 1998.

[176] URLAUB, A.: *Verbrennungsmotoren.* 2. Auflage, Springer, Berlin, 1995.

[177] VIBE, I.I.: *Brennverlauf und Kreisprozess von Verbrennungsmotoren.* Verlag Technik, Berlin, 1970.

[178] VOGT, R.: *Beitrag zur rechnerischen Erfassung der Stickoxidbildung im Dieselmotor.* Dissertation, Technische Hochschule Stuttgart, 1975.

[179] WALLENTOWITZ, H.; REIF, K.: *Handbuch Kraftfahrzeugelektronik.* Vieweg Verlag, Wiesbaden, 2006.

[180] WARNATZ, J.; MAAS, U.; DIBBLE, R.W.: *Verbrennung - Physikalisch-Chemische Grundlagen, Modellierung und Simulation, Experimente, Schadstoffentstehung.* 3. Auflage, Springer, Berlin, 2001.

[181] WEINOWSKI, R.; WITTEK, K.; DIETERICH, C.; SEIBEL, J.: *Zweistufige Variable Verdichtung für Ottomotoren.* Motortechnische Zeitschrift 73, Nr. 5: S. 388–392, 2012.

[182] WEYMANN, H.: *Neuronales Berechnungsmodell zur Bestimmung des Brennraumdruckverlaufs aus motorischen Messgrößen.* Dissertation, Universität Siegen, 2009.

[183] WEYMANN, H.; DINKELACKER, F.; NELLES, O.: *Neuronales Berechnungsmodell zur Bestimmung des Brennraumdruckverlaufs.* Motortechnische Zeitschrift 71, Nr. 12: S. 898–903, 2010.

[184] WIND, J.: *e-mobility Berlin/Hamburg: Konzeption und Entwicklung von batterieelektrischen Fahrzeugen.* In: *8. Symposium Hybrid und Elektrofahrzeuge,* Braunschweig, 2011.

[185] WITT, A.: *Analyse der thermodynamischen Verluste eines Ottomotors unter den Randbedingungen variabler Steuerzeiten.* Dissertation, Technische Universität Graz, 1999.

[186] WOLTERS, P.; SALBER, W.; GEIGER, J.; DUESMANN, M.; DILTHEY, J.: *Controlled Auto Ignition Combustion Process with an Electromechanical Valve Train.* SAE-Paper, 2003-01-0032, 2003.

[187] WORRET, R.; SPICHER, U.: *Klopfkriterium - Entwicklung eines Kriteriums zur Vorausberechnung der Klopfgrenze.* In: *Abschlussbericht zum FVV-Vorhaben Nr. 700.* Forschungsvereinigung Verbrennungskraftmaschinen, Frankfurt am Main, 2002.

[188] WOSCHNI, G.: *Beitrag zum Problem des Wärmeübergangs im Verbrennungsmotor.* Motortechnische Zeitschrift 31, Nr. 12: S. 491–499, 1970.

[189] WURMS, R.; DENGLER, S.; BUDACK, R.; MENDL, G.; DICKE, T.; EISER, A.: *Audi valvelift system - ein neues innovatives Ventiltriebssystem von Audi.* In: *15. Aachener Kolloquium - Fahrzeug- und Motorentechnik,* S. 1069–1094, Aachen, 2006.

[190] XU, H.; LIU, M.; GHARAHBAGHI, S.; RICHARDSON, S.; WYSZYNSKI, M.; MEGARITIS, T.: *Modelling of HCCI Engines: Comparison of Single-zone, Multi-zone and Test Data.* SAE-Paper, 2005-01-2123, 2005.

[191] ZACHARIAS, F.: *Analytische Darstellung der thermodynamischen Eigenschaften von Verbrennungsgasen.* Dissertation, Technische Universität Berlin, 1966.

[192] ZAPF, H.: *Beitrag zur Untersuchung des Wärmeübergangs während des Ladungswechsels im Viertakt-Dieselmotor.* Motortechnische Zeitschrift 30, Nr. 12: S. 461–465, 1969.

A

Anhang

A.1 Digitale Filterung

Zur Erstellung digitaler Filter fand die „Signal Processing Toolbox" von MATLAB™ [4] Verwendung. Das Hochpasssignal für die Klopfdetektion aus dem Brennraumdrucksignal wurde durch Differenzbildung aus Roh- und Tiefpasssignal erzeugt. Die Phasenverschiebung kompensiert ein zweimaliges Filtern (Vorwärts-Rückwarts). Diese Filter haben zwar ein schwaches Dämpfungsverhalten, sind aber weniger rechenaufwendig als Hochpass-Filter. Die Filtereigenschaften sind Tabelle A.1 zu entnehmen.

IIR-Butterworth-Filter	TP-Filter
Ordnung	2
Eckfrequenz	2kHz

Tabelle A.1: Parameter des verwendeten TP-Filters

A.2 Rahmenbedingungen der Optimierung

Die folgenden Abbildungen dienen der detaillierteren Darstellung aus Kapitel 7.2. Abbildung A.1 zeigt den Einfluss des 50%-Umsatzpunktes und des Verbrennungsluftverhältnisses auf den indizierten Wirkunsggrad, den indizierten Wirkungsgrad der Hochdruck- und der Ladungswechselphase (UT-UT) bei $2000\ \text{min}^{-1}$ und 0.4 bar Saugrohrdruck. Abbildung A.2 zeigt passend zur obigen Darstellung das Verhalten der Wirkungsgrade.

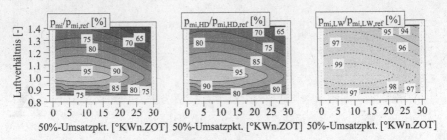

Abbildung A.1: Einfluss von 50%-Umsatzpunkt und Verbrennungsluftverhältnis auf Mitteldruck, Hochdruck-, und Ladungswechselmitteldruck (UT-UT), Prozessrechnung am Einzylindermotor bei 2000 min^{-1} und 0.4 bar Saugrohrdruck

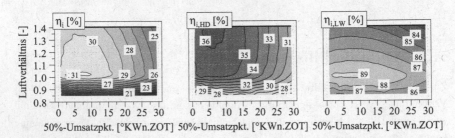

Abbildung A.2: Einfluss von 50%-Umsatzpunkt und Verbrennungsluftverhältnis auf indizierten Wirkungsgrad, Hochdruck-, und Ladungswechselwirkungsgrad (UT-UT), Prozessrechnung am Einzylindermotor bei 2000 min^{-1} und 0.4 bar Saugrohrdruck

Bei konstantem Saugrohrdruck und $\lambda > 1$ dient eine Reduzierung der Kraftstoffmasse in diesen Berechnungen der Erhöhung des Verbrennungsluftverhältnisses, wohingegen im Bereich $\lambda < 1$ die Luftmasse reduziert wird, um das Verbrennungsluftverhältnis zu reduzieren. Mit steigendem Verbrennungsluftverhältnis sowie mit später Verbrennungslage nimmt die Verbrennungsdauer zu. Die Zunahme der Brenndauer bewirkt bei konstanter Kraftstoffmasse und entsprechend niedrigerer Prozesstemperatur eine Abnahme des Hochdruckwirkungsgrades. Die Abnahme der Kraftstoffmasse mit steigendem Verbrennungsluftverhältnis bewirkt hingegen die Zunahme des Hochdruckwirkungsgrades.

Mit steigendem Verbrennungsluftverhältnis nimmt der Druck beim Öffnen der Auslassventile ab. Mit später Verbrennungslage steigt der Druck zum Zeitpunkt Auslass öffnet. Die Auswirkungen sind in der Abnahme des Ladungswechselmitteldruckes zu erkennen. Die Rückwirkungen eines steigenden Abgasgegendrucks auf die Verbrennung sind in dieser Berechnung durch die Wahl eines entsprechend großen Abgaskrümmervolumes eliminiert.

Abbildung A.3 und Abbildung A.4 zeigen, dass sich das Gebiet minimalen Kraft-stoffverbrauches durch Anhebung des Saugrohrdruckes auf 0.6 bar in Richtung magerer Verbrennung verschiebt.

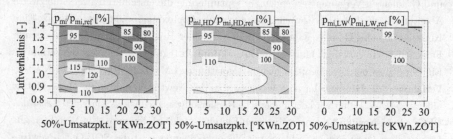

Abbildung A.3: Einfluss von 50%-Umsatzpunkt und Verbrennungsluftverhältnis auf Mitteldruck, Hochdruck-, und Ladungswechselmitteldruck (UT-UT), Prozessrechnung am Einzylindermotor bei 2000 min⁻¹ und 0.6 bar Saugrohrdruck

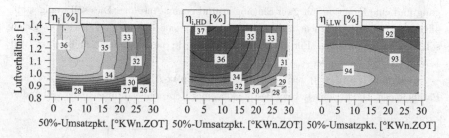

Abbildung A.4: Einfluss von 50%-Umsatzpunkt und Verbrennungsluftverhältnis auf indizierten Wirkungsgrad, Hochdruck-, und Ladungswechselwirkungsgrad (UT-UT), Prozessrechnung am Einzylindermotor bei 2000 min⁻¹ und 0.6 bar Saugrohrdruck

A.3 Bewertung des Simplex-Verfahrens

Optimierungsverfahren sind Algorithmen, die Parameter einer Funktion verändern, um damit eine Zielfunktion zu minimieren. Die linearen Optimierungsverfahren, bspw. LS (Least Squares), RLS (Recursive Least Squares), LMS (Least Mean Squares) [122] werden hier nicht weiter untersucht. Meyerwerk [110] unterteilt die nichtlinearen Opti-mierungsverfahren in Suchstrategien und Gradientenverfahren. Das Simplex-Verfahren gehört zu den Suchstrategien und kommt ohne Ableitungen der Verlustfunktion aus.

Zur Bewertung des Simplex-Verfahrens (siehe Kapitel 7.3) bezüglich Robustheit und Rechenaufwand dient ein Vergleich mit drei Gradientenverfahren und drei Funktionen. Zwei Funktionen verfügen neben dem globalen Minimum auch über lokale Minima. Die Newton- und Gradienten-Verfahren verwenden zur Optimierung die erste und teilweise die zweite Ableitung der Zielfunktion bzw. eine entsprechende Approximation der Hesse-Matrix. Eine Kombination des Gauß-Newton-Verfahrens mit einer Regularisierung, die absteigende Funktionswerte erzwingt, führt zu einem gedämpften regularisierten Newton-Verfahren. Ein Beispiel ist der Levenberg-Marquardt-Algorithmus (LM) [122, 110]. Die Quasi-Newton-Verfahren [122, 110] berechnen im Gegensatz zu den Newton-Verfahren die Hesse-Matrix näherungsweise. Damit wird der numerische Rechenaufwand reduziert. Ein Vertreter ist das BFGS-Quasi-Newton-Verfahren (Broyden-Fletcher-Goldfarb-Shanno). Ein Verfahren zur Lösung eines Optimierungsproblems mit Nebenbedingungen ist das SQP-Quasi-Newton-Verfahren (Sequential-Quadratic-Programming). In eine Lagrangefunktion sind neben der Zielfunktion die Nebenbedingungen eingearbeitet. Die quadratische Approximation dieser Funktion führt zu einem quadratischen Hilfsoptimierungsproblem, welches zu lösen ist.

Zur Bewertung dient hier jeweils eine Funktion mit einem Eingang und einem Ausgang und eine Funktion mit zwei Eingängen und einem Ausgang. Dies soll weniger ein allgemeingültiger Beweis sein, als vielmehr eine praktische Abschätzung. Dieser Vergleich soll Tendenzen aufzeigen. Für diese Bewertung wurde die „Optimization Toolbox" von MATLAB™ [4] verwendet.

Abbildung A.5 (rechts) zeigt den Pfad des Simplex-Algorithmus am Beispiel eines Paraboloiden. Die Ergebnisse bzw. Bestpunkte einer Iteration sind miteinander verbunden.

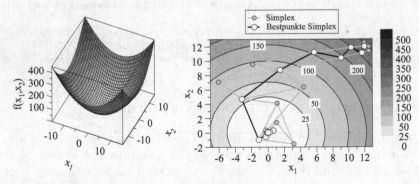

Abbildung A.5: Paraboloid mit Simplex-Verfahren

Die Dreiecke der ersten 15 Iterationen sind ebenfalls dargestellt. Gut erkennbar sind die einzelnen Operationen (siehe Abbildung 7.7). Die Funktion ist:

$$f(x_1, x_2) = x_1^2 + x_2^2 \tag{A.1}$$

Der Startwert $x_0 = [12, 12]$ ist willkürlich gewählt. Das analytische Minimum liegt bei $x_{min} = [0, 0]$. Das Simplex-Verfahren führt nach dem Initial-Simplex nacheinander eine Reflexion, fünf Expansionen, zwei Reflexionen, eine Expansion, eine Reflexion, eine Expansion, eine Kontraktion nach innen aus. Insgesamt werden 29 Iterationen mit 54 Funktionsaufrufen benötigt. Das Optimum ist erreicht, wenn sich der Funktionswert um weniger als $\Delta f_{Abbruch} = 0.001$ verändert und eine minimale Veränderung der Parameter von $\Delta x_{Abbruch} = 0.1$ unterschritten wird. Zum Vergleich benötigt das BFGS-Quasi-Newton-Verfahren nur zwei Iterationen und 12 Funktionsaufrufe, der Levenberg-Marquardt-Algorithmus drei Iterationen und 19 Funktionsaufrufe und das SQP-Quasi-Newton-Verfahren zwei Iterationen und 9 Funktionsaufrufe. Hier sind die Vorteile der Nutzung von Gradienteninformationen klar zu erkennen.

Die folgende Funktion verfügt über ein lokales und ein globales Minimum.

$$f(x) = x(0.5x - 2)(x + 3)^2 + 60 \tag{A.2}$$

Die Wahl des Startwertes beeinflusst das Finden des globalen Optimums. Für diese Abschätzung dienen Startwerte der Optimierung im Bereich $-8 < x < 6$.

Abbildung A.6 zeigt die Funktion und die Startwerte, die ins globale Minimum führen. Die Startwerte, die das lokale Minimum nicht finden, sind nicht dargestellt.

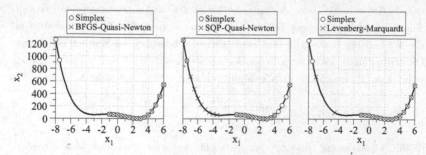

Abbildung A.6: Vergleich Optimierungsverfahren mit Startwerten, die ins globale Optimum führen, Funktion mit einem Eingang

Da die Optimierungsverfahren nur lokal konvergent sind, führen nicht alle Startwerte zum globalen Minimum der Funktion. Startet der jeweilige Algorithmus links des lokalen Minimums, verharren eine Vielzahl der Optimierungsläufe in selbigem. Das SQP-Verfahren überwindet häufig das lokale Minimum, allerdings existieren Startwerte rechts des globalen Minimums, die nicht zu diesem führen. Das Simplex-Verfahren findet das globale Minimum bei allen Startwerten, die rechts davon liegen. Das globale Minimum wird mit diesem Verfahren nicht gefunden, wenn die Startwerte nahe dem lokalen Minimum liegen. Ein Vorteil des Simplex-Algorithmus bei dieser Funktion hinsichtlich der Konvergenz zum globalen Optimum ist gegeben, wenn die Größe des Simplex groß genug bleibt, um das lokale Minimum zu überwinden.

Zur Abschätzung des Rechenaufwandes eignen sich die gemittelten Funktionsaufrufe, Iterationen und die benötigte Rechenzeit aller Optimierungsläufe, siehe Tabelle A.2.

Optimierungsverfahren	Funktionsaufrufe	Iterationen	Zeitaufwand $[t/t_{Simplex}]$
Simplex	20.4	10.2	1.0
BFGS	11.6	3.9	1.8
SQP	16.9	5.9	4.9
LM	40.3	19.2	17.7

Tabelle A.2: Vergleich verschiedener Optimierungsverfahren bzgl. Rechenaufwand anhand einer eindimensionalen Funktion

Das Simplex-Verfahren benötigt für diese Optimierungsaufgabe im Durchschnitt 2.6 mal mehr Iterationen und 1.8 mal mehr Funktionsaufrufe als das BFGS-Quasi-Newton-Verfahren, 1.7 mal mehr Iterationen und 1.2 mal mehr Funktionsaufrufe als das SQP-Verfahren aber nur ca. die Hälfte der Iterationen und Funktionsaufrufe des Levenberg-Marquardt-Algorithmus. Trotz des teilweise Vielfachen an Funktionsaufrufen benötigt das Simplex-Verfahren weniger Zeit um das Optimum zu finden. Die Zeitangaben in Tabelle A.2 beziehen sind auf die durchschnittliche Rechendauer des Simplex-Verfahrens.

Die dritte Funktion sei innerhalb des Bereiches $-15 < x_1 < 15, -15 < x_2 < 15$ gültig, hat viele lokale Minima und ein globales Minimum bei $x_1 = 0, x_2 = 0$, siehe Abbildung A.7.

$$f(x_1, x_2) = -\left(\frac{\sin(\sqrt{x_1^2 + x_2^2})}{\sqrt{x_1^2 + x_2^2}} + \frac{x_1}{80} - \frac{x_2^2}{2560} \right) + 1 \qquad (A.3)$$

Wird die Optimierung bei $x_0 = [-0.5, 6]$ gestartet, benötigt das Simplex-Verfahren 96 Funktionsaufrufe und 54 Iterationen, das BFGS-Quasi-Newton-Verfahren 81 Funktionsaufrufe und 20 Iterationen, das SQP-Quasi-Newton-Verfahren

75 Funktionsaufrufe und 23 Iterationen und der Levenberg-Marquardt-Algorithmus
202 Funktionsaufrufe und 30 Iterationen. Durch die weitere Dimension erhöht sich bei
allen Verfahren die Anzahl der notwendigen Rechenschritte. Der gewählte Startwert ist so
ungünstig, dass alle vier Verfahren nicht das globale Optimum finden, sondern alle gegen
das gleiche lokale Optimum konvergieren.

In Abbildung A.7 (rechts) sind die Bestpunkte des jeweiligen Simplex im Optimierungslauf dargestellt.

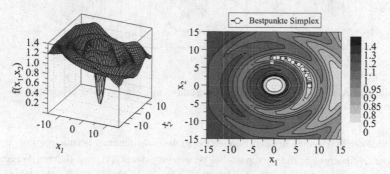

Abbildung A.7: Anwendung Simplex-Verfahren an einer Funktion mit zwei Eingängen

Anhand der farblichen Markierung und der dargestellten Bestpunkte des Simplex ist gut
zu erkennen, dass ein Überwinden des Anstieges der Funktion hin zum globalen Minimum
nicht stattfindet. Der Anstieg zu einem besseren lokalen Minimum ($x = [0, 12]$) kann ebenfalls nicht überwunden werden. Die einfachen Grundoperationen des Simplex-Verfahrens
spiegeln sich auch hier in den Rechenzeiten wider. Das BFGS-Quasi-Newton-Verfahren
benötigt für dieses Beispiel ca. 2.5 mal, das SQP-Quasi-Newton-Verfahren ca. 4.5 mal und
der Levenberg-Marquardt-Algorithmus ca. 4.8 mal so lang wie das Simplex-Verfahren.

Es existieren wie im eindimensionalen Fall verschiedene günstige Startwerte, die zum globalen Minimum führen. In Abbildung A.8 sind die Funktion und die Startwerte, die ins globale Minimum führen, dargestellt.

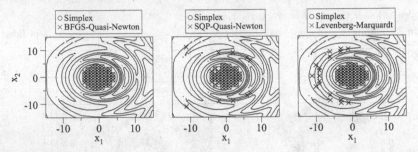

Abbildung A.8: Vergleich Optimierungsverfahren mit Startwerten, die ins globale Optimum führen, Funktion mit zwei Eingängen

Wird der Startpunkt um den Bereich des globalen Minimums herum gewählt, finden alle vier Optimierungsverfahren dieses. Bei Verwendung des SQP-Quasi-Newton-Verfahrens oder des Levenberg-Marquardt-Algorithmus existieren darüber hinaus einige Werte, die ebenfalls ins globale Minimum führen.

Zur Beurteilung des Rechenaufwandes dienen erneut die Funktionsaufrufe, Iterationen und die benötigte mittlere Rechenzeit eines Optimierungslaufes, siehe Tabelle A.3. Die

Optimierungs-Verfahren	Funktionsaufrufe	Iterationen	Zeitaufwand $[t/t_{Simplex}]$
Simplex	64.1	34.0	1.0
BFGS	54.2	11.8	1.4
SQP	55.0	15.3	2.1
LM	146.0	21.7	11.4

Tabelle A.3: Vergleich verschiedener Optimierungsverfahren bzgl. Rechenaufwand anhand einer zweidimensionalen Funktion

Verhältnisse der Funktionsaufrufe sind ähnlich wie im eindimensionalen Fall (Simplex: 1.2 mal mehr Funktionsaufrufe als das BFGS und SQP, 0.4 mal mehr als LM). Das Verhalten des Rechenaufwandes spiegelt ebenfalls die Erkenntnisse des eindimensionalen Beispiels wider.

Die Parametrierung der Abbruchbedingungen beeinflusst stark die Rechenzeit. Werden bspw. die Bedingungen $\Delta f_{Abbruch}$ und $\Delta x_{Abbruch}$ des BFGS-Quasi-Newton-Verfahrens und des SQP-Algorithmus so angepasst, dass die Rechenzeit vergleichbar des Simplex-Algorithmus ist, sind die Endergebnisse des Simplex-Verfahrens sogar besser.

Abbildung A.9 zeigt alle Endergebnisse. Die Startpunkte sind über den gesamten Eingangsraum gleichmäßig verteilt.

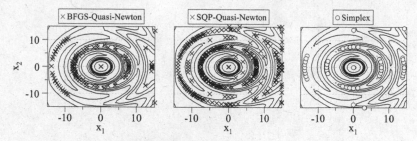

Abbildung A.9: Vergleich Optimierungsverfahren mit Startwerten, die ins globale Optimum führen, Funktion mit zwei Eingängen

Gut erkennbar ist, dass der Simplex-Algorithmus in die lokalen Minima konvergiert. Das BFGS-Quasi-Newton-Verfahren und vor allem das SQP-Verfahren zeigen hier schlechtere Ergebnisse.

Insgesamt ist das Simplex-Verfahren ein robustes und schnelles Verfahren. Das sichere Auffinden des globalen Optimums ist mit allen hier untersuchten Verfahren nicht möglich. Das Erzeugen zufälliger Startwerte mit anschließender Verwendung des Ergebnisses mit dem kleinsten Funktionswert wäre ein sinnvolles Vorgehen das globale Optimum zu finden [106].